中国という覇権に敗れない方法
令和版・『闘戦経』ノート

池田　龍紀

一、昭和天皇独白による敗戦の原因四項目

〈敗戦の原因
敗戦の原因は四つあると思ふ。

第一、兵法の研究が不十分であつた事、即（ち）孫子の、敵を知り、己を知らねば百戦危ふからずといふ根本原理を体得してゐなかつたこと。

第二、余りに精神に重きを置き過ぎて科学の力を軽視した事。

第三、陸海軍の不一致。

第四、常識ある主脳者の存在しなかつた事。往年の山縣〔有朋〕、大山〔巌〕、山本権兵衛、と云ふような大人物に欠け、政戦両略の不十分の点が多く、且軍の主脳者の多くは専門家であって部下統率の力量に欠け、所謂下克上の状態を招いた事。〉

『昭和天皇独白録』「敗戦の原因」文春文庫　九九頁。

＊昭和二十一（一九四六）年三月頃の記録という。本書　七章、二節、三、の注を参照。（但し、最新の調査ではこの記録は偽書、という説もあり、無視できない）

二、『日露戦史編纂綱領綴』添付「史稿審査に関し注意すべき事項」要旨

【①軍隊又は個人の失策に類するものは明記すべからず。
②戦闘に不利を来たしたる内容は潤色するか真相を暴露すべからず
③戦闘能力の損耗もしくは弾薬の欠乏の如きは、決して明白ならしむべからず
④司令部幕僚の執務に関する真相は記述すべからず。】

前満洲軍総司令官・参謀総長・陸軍大将　大山巌による同上綱領に、
参謀本部第４部長・大佐　大島健一が同上注意事項を指示

＊明治三十九（一九〇六）年二月

（本書　十章、四節　二、を参照）

さて、読者の皆さんはこの二つをどう受け止めどう理解するでしょうか。

目次——中国という覇権に敗れない方法　令和版・『闘戦経』ノート

今、何故、闘戦経か／闘戦経と孫子そして超限戦の現代

解説　闘戦経とは何か

「詭譎」（情報戦／歴史戦）で負ける背景／反撃に転じるために

II部　闘戦経の世界認識

八章　勝利の意味が違う日中文明

Ⅳ部　「再びの敗戦」を迎える背景

九章　「属地」日本の選良たち

十三章　将帥（指導者）の生まれ方

今、何故、闘戦経か

／闘戦経と孫子そして超限戦の現代

問題の提起　中共党の攻勢に日本は自国を守れるか

２０２０年12月25日、訪日中の中国の外相・王毅は尖閣問題について踏み込んだ発言をした。しかし、その踏み込みは日本側から一見すると理解に苦しむ表現があった。日本は偽装漁船を敏感な海域に就航させている、というのである。

あれだけ鋭敏な頭脳の持ち主が現状認識でそうしたミスを犯すとは思えない。日本側に向けてのものではなく、日本外の世界に「尖閣（魚釣島）は中国固有の領土だ」と強調するための貴重な一つの布石だった、と思われる。韜晦《とうかい》に満ちた高等政略の文脈に入る目くらまし発言である。そして、文攻である。

日本側の茂木外相は、ここで王毅の発言を受け流す失態を演じた。その発言を容認したと受け取られかねない。この茂木の応対には一国の外政を担う意識の基本的な欠落がある。ぼんやりして見過ごした、では済まない。国際社会の衆人の視線の中での発言だ。

領土をめぐり相手から仕掛けられ係争地になっているホットな課題で、その場での個々の発言は武闘と同じである。用いる言葉は、斬れば血が迸《ほとばし》る。「偽装漁船」を用いたのは、さすが中国の外相だけのことはある、と評価せざるをえない。

茂木の応対に見られるのは、一国が国際社会で存在する際に求められる「威」＊の失われた状況での、不作為の失態であると思う。76年前の敗戦と7年弱の占領下での非軍国主義化という去勢を意図した日本改造の結果が、外相・茂木の言動や動作に露出している。彼には、勢いに乗る今の中国という相手とのやりとりでは、威の裏付けが不可欠なのが不明なのだ。常在戦場において外交を演じる王毅にとっては、茂木は赤子の手を捩じるようなものだった！

日本は、戦後という特異な状況で成立した従来のような「外交」だけに限定して対応し続ければ、敗れる。すでにその露骨な揺さぶりは、今回の王毅の言動に出ている。敗北を喫しないために、どう対応すればいいのか。王毅らの動きの背景にある発想に留意し、敗けないで済む日本独自の対応が可能かどうか、切実に考える必要な時期に遭遇している。ここでの一挙一動は、場合によっては百年の禍根を残すことになるから。

＊日本の今の状況での「威」とは何か、何が日本国で欠落しているかは、半世紀前、１９７０年11月25日に楯の会隊長・三島由紀夫により提起された「檄」を参照ありたい。

(1) 戦狼外交の背景にある超限戦

戦狼外交は、「中国固有の領土である尖閣」の実効支配に向けて、硬軟合わせて様々なそして執拗な展開を継続するであろう。清朝解体以後の敗北を重ねた近代中国史において、日本の存在は最大の雪辱の対象であるのは、習近平の対日戦勝利70周年記念での特別講話に力説しているところである。

日本に対しては、最近の創作表現で言うなら、なんでもありの「超限戦」（１９９９）の全面展開である。超限戦については邦訳書や数種の解説書が既刊なのでそちらを参照ありたい。軍事力で米国に圧倒された当時の中共党の党軍の佐官クラスの空軍政治将校らが、対抗理論を編み出したのであった。結論は、この流儀でやれば強国に対峙しても勝てる、というものだ。中共党でいうなら古典になる毛沢東の持久戦論の結論と同じである。

新しい戦争学の成果と看做されているが、シナ文明の古典である孫子の21世紀版とみなせばいい。日本の安全保障を確保するために対抗を意識して「超限戦」に臨むには、日本文明流儀の視座が求められている。現状のようなノーテンキな取り組みで土俵に踏み入れれば、日本は危うい。

(2) 戦法にはその文明の精華が集中的に表れる

戦争学には、その文明の精華が集中的に表れるものだ。外交とてその前兆戦なのだ。社交ではない。危急存亡・興廃が懸かっているからである。そこを意識するところに、「敵を知り己を知りて戦う者、百戦危うからず」(孫子)への回路を見出すことができる。シナ人にはシナ風の戦いの仕方なり考え方があり、日本人には日本人固有のものがある。それが双方にとり長所でもあり弱点にもなるのだが。

超限戦法を意識した際の中共党の政治将校は、米軍との間の隔絶した戦力の落差を自覚させられて、いかに凌駕するかを考究した。劣勢をどうすれば超克できるのか、そこから「超限戦」という戦法に思い至ったのである。孫子の兵法論は、近代戦のモデルを作り上げたナポレオン戦争に触発されて、戦後の1816年から1830年にかけて『戦争論』を編み出したクラウゼヴィッツにも、かなりの影響力をもっている。彼を有名にした定言である「戦争は政治の延長である」は、孫子からその着想を得たと言われている。

ユーラシア大陸の東方に生まれた孫子による定言は西方に及び、現代にまで普遍性を帯びて継承されている。シナ古典は、世界の古典になった。では日本には孫子の兵法を凌駕する用意はあるのか。

(3) 日本には「闘戦経」という戦争学がある

平安の頃に孫子を意識して模索された闘戦経という経典がある。その教訓を妥当に学ばず修得しなかったために、日本帝国は敗戦の憂き目にあったと、この書を釈義したのは笹森順造である(1976没。享年89)。クリスチャンとしてわかい頃に在米経験があり、後年に青山学院の院長にもなり、占領下の日本で衆参両議員に選出され、国務大臣を歴任した。剣道家としても著名であった。直系の門弟筋により死後に刊行されたのが、後掲の『純日本の聖典　闘戦経』(1992年刊)である。

笹森は同著の解説で、日本文明の到達した幽明を一体にして抱《いだ》く境地から、両文明の到達した思索の比較を丁寧に試みている。笹森は、日本人は極限状況に至れば覚醒し、釈義の意味するものに思惟は至る、結果、孫子のコンセプトに優るものを持しているのがわかってくる、と痛覚し実感し得た。

現在、シナ大陸に統合的な権力が興隆し海洋強国に向けて軍拡に努めている。直近の視野に一方的に係争地にした尖閣諸島（魚釣島）が存在している。日本から見れば、相手のペースで描かれたシナリオにより作られた舞台に上《のぼ》っている。それは、1952年の米国主導による主権回復後のカウンター・パートであった戦後保守の退嬰に馴れた、だから外相茂木の前掲の応接に端的に出る。この事態の奇禍に諾諾とはまり込むか、自失によりできた状況を奇貨に転じ得るかは、一重に闘戦経の読み方にかかっている。

まことに王毅は時宜を得て日本を訪問してくれた。いずれ、日本人は彼の言動に感謝するとともに、中共中央はほぞを噛む結果になるだろう。以後に続く本文を読めば実感できるはずである。

解説　闘戦経とは何か

一、1945年の敗戦以来、戦争を直接しなかった70余年の弊

国民は空腹だったが戦意は高く、戦闘精神は旺盛だった。神国日本は負けるはずはないと信じていた。太平洋戦域の各地でも補給の劣悪な中、日本軍兵士は闘い続けていた。場合によっては補給も止まり、玉砕しか想定できない状況においても。その不屈の闘志に物量で襲う米軍兵士は手を焼いていた。戦局の帰趨について情報を得ていた中枢の選良はともかく、日本人の多くは敗戦を迎えるとは思っていなかったのである。

だが現実は、米軍の戦争法規を無視した戦略爆撃で、都市部があらかた焼夷弾で炎上していた。あげくに八月上旬に二度の原爆投下、間隙をぬっての満洲（現中国東北部）と内蒙古へのソ連軍の侵入という未曾有の事態で、

日本政府は無条件降伏をした、となっている。
昭和天皇が録音された終戦の詔勅を8月15日にラジオで放送した。前日には、敵国である連合国に条件付きで敗戦受諾の連絡をした。9月2日に東京湾に停泊する米戦艦ミズーリー号の甲板で、連合国の主要国代表の前で、大日本帝国の降伏調印を行った。１９５１年9月にサンフランシスコで対日講和条約を調印。発効は翌年の52年4月28日であった。その間、当然に日本は占領下にあった。

占領軍は日米安保条約に基づいて、そのまま日本に駐留し続けた。在日米軍となった。その「お陰」で、日本は70有余年、戦争と一切、直接しなかった。東アジア世界では日本だけであった。占領中に布告された現行の憲法の前文と九条に基づいて、戦争放棄をし、従って武力を保有しないことになっている。国際紛争の解決手段として武力を行使しないと明記している。国内でだけ通じる法理的な建前である。

この間の教育では、日本は戦争の悲惨さを知って、戦争を放棄し、平和愛好国家に変わったという。ここにハーグの「陸戦条約」を無視して「憲法」を与えた側からすれば意図的な、そして致命的な誤認が働いている。武力を暴力と断定する発想を、これでもかこれでもかと教育され続けて現在に至っている。それを強調する論旨は、暴力は暴力の連鎖を生む、そこには生命尊重がない人命の軽視である、というカッコつきの「人道主義」が用意されている。

占領中の前半、朝鮮戦争が起こる前の教育と媒体の分野では、一に平和、二に文化国家の建設。まるで、敗戦前の日本には文化は無く、平和とは逆の好戦的な暴力思考だけが支配する日本であったようだ。平和と文化を目的にしたこの発想の怖いところは、敵が居ないという錯覚に陥るところである。軍事占領を正当化するための教育と検閲下の媒体による報道しかなかった。旧世代はともかく、新状況での教育を受けた世代は、この教育をまともに受けた。

現憲法の前文には、「平和を愛する諸国民の公正と信義に信頼して、われわれの安全と生存を保持しようと決意した」とある。この日本の決意を国際社会の諸国家である相手が評価して、日本国と日本人である「われらの安全と生存」を保持してくれるなら問題は無い。

だが、現実に日本を敵視している国家は存在する。だから、日本人拉致「問題」も起きる。また、核武装し、その運搬手段としてのＩＣＢＭも実験に成功したと主張する隣国もある。その相手に対して、あなたは敵ではないと語りかけて、話し合いをすれば問題は解決するのか。拉致された日本人は帰還できるのか。また、彼らがいう日本にある米軍基地への弾道弾攻撃は止めてくれるのか。まともな常識があれば、「話し合い」の通じる相手ではないことがわかるだろう。

それでも「話し合い」が大事だとの言動に終始する者が、国権の最高機関である国会で堂々と議席を占めている。いや閣僚にも首相にもなった。こういう精神の劣化した他力依存型の珍奇な、とでも表現するしかない現象がまかり通るのは、敗戦後七十有余年の敵の無いとしたところでの結果なのである

二、平和とは敵が無い状態、という幻想

平和とは敵が無い状態ではない。敵があるからこそ、平和を存続させることに懸命になるのだ。だが、この70余年は、平和の状態とは敵が存在しないと決意したから成立した、との幻想が大手を振っている。

敵が存在するから自衛のために武力は必要なのである。「話し合い」で平和や文化を論じて敵が減じるならば、人類はとっくの昔に軍事力から解放されているはずである。

この世に敵はいないと個人が妄想するのはいい。また、宗教上の理由で信じるのもいい。だが、大人の常識では、潜在顕在は別にして、敵に備えるのは当然のことである。敵への備えを亡失した個人も集団も滅びるのは自然である。すると、現在の日本は滅びの過程にあることになる。

滅びを促進する者たちとは、敵など存在しないと錯覚している者たちも含まれる。なぜ、そうした者が横行できるのか。そうした存在も潜在的に有力な敵である、と判断できる思考回路が個人的にも社会的にも遮断されてしまっているからだ。それだけでなく、一定の立場が公的に与えられてもいるところから起きている。

では、日本人にとっての敵とは何か。敵とは、「敬神崇祖」を自《おのずか》らの振る舞いとした者たちで営々と築かれてきた、日本文明を否定する者たちである。あるいは、そういう否定者たちにより構成された諸勢力である。そうした勢力が影響力を有する諸国家の対日政策である。そうした動きに迎合する者は多い。

１９４５年９月から始まった軍事占領下では、敬神崇祖とは軍国主義の温床という偽情報によって蔽い尽くされた。代わりに与えられたのが、平和であり武装を捨てたカッコつきの民主主義である。それは、新しい正義として称揚された。非武装国家論。その内実は、「女子と小人の正義」。だが、この影響力はいまだに無視できず猖獗していて、益々侮りがたいものになっている。

その典型的な現象は、平成22年から24年にかけて閣僚が一人も靖国神社に参拝しなかったところを見ればいい。祖国を守るという大義に、国家の要求に基づいて戦場に赴いて死んだ英霊たちを無視して、恬《てん》として恥じないでいる。ここに敬神崇祖の心情は無い。こういう無知ならぬ無恥者が閣僚に就任する政権が生じた事態。それを日本の滅びと言わずして何か。こういう惨たる現象も、敵というものを自覚できない思考空間が大手を振る日本社会で生きてきた70余年の結果なのである。

惨たる敗戦を昭和20（1945）年8月に迎えるまでの日本には、そうした脆弱な発想は社会的に主力ではなかった。明確で烈々な自尊の意識があった。その気風が集約されて言語化されている日本兵法の秘本が『闘戦経』である。

三、『闘戦経』とは何か

シナ文明（中国）最古の兵法書で現在も読まれている『孫子』（注1）は、現代社会に応用されて経営書にもなっている。日本には奈良時代に移入してきた。それにより刺激を受けて、彼我の違いに覚醒した成果が本書の主題になった闘戦経である。日本文明意識に基づく戦争と戦闘という戦いについての思索が孜々《しし》としてまとめられている。

（注1）2009年11月2日、北京で開かれた中国人民解放軍共催の国際会議で、中共党序列4位の政治協商会議の賈慶林主席が、「孫子の兵法」を現代に生かす必要性を訴えたという。産経 iza! 11月11日。「中国を知るには『孫子の兵法』」。ブルームバーグ Le-Min Lim.

同書は、平安時代に記述されたと、まえがき（序）で自称する。しかし、正確な記録はない。「序」はいう、「何人の作述なるかを知らず」と。だから執筆者もわからない。序文を記した大江某は、あれこれ推察するが、想像するだけである。考証が必要であろうが、一代だけでなく、後代のだれかが当初の見地を共有して、先行の孫子と同様に書き加えられているものもある気がする。

また闘戦経には漢書から直接引用したと思われる下りもある。第四十五章の冒頭にある「輪の輪たる所以」の輪は、シナの戦車を意味している。日本には公卿が乗る牛車はあっても、龍車に相当する兵器は無かった。

その内容は、鎌倉時代に新興の武士階層に受容された五山の禅仏教における公案のように、著しく簡略にされた章句が並ぶ。全五十三章（巻末参照）。そこから、闘戦経が編まれたのは平安時代というのは創作であって、実際には鎌倉末期から応仁の乱の間という想定もできるだろう。もしそうなら、元寇の役という大規模な外敵の襲来体験を経て以降でのもの、かもしれない。ここでは、素直に平安時代の作としておこう。

本稿で明らかにする試みは、作者が主に孫子の兵法観などから触発された日中文明の違いとしたところは何か、である。違いを明らかにすることは、どちらが正しいと強いて言おうとしているのではない。違いは独自性を鮮明にする。

闘戦経は漢文で記述されている。漢心《からごころ》の表現道具でもある漢字から、彼我の違いを明らかにするところに、日中文明間の接触から来る意思疎通の在り様がある。そこで漢字が和語（ないし国字、日本語）になっている部分に気づくだろう。和語化した概念による文章から、独自の思索と見地のあることが分かる。

散文に慣れている現代の読者は、おそらくは読み方に苦労させられる。が、現代語訳よりも漢文原文の仮名交じり文で読んだ方がいい。ネットにある現代文は誤訳とまではいわないが、言葉の選び方で首を傾げる際もままあるからだ。

そこで、巻末には、笹森順造による仮名交じりの読み下し文に多少の手を加えたものを掲げることにした。読み下しの仕方で意味が多少変わる場合もあるが、その場合は原文を味読してもらいたい。漢字とは不思議なもので、眺めていると感じられる向きもあるから。この感じ方が意味の重層性を伝えるから玄妙である。

四、『孫子』の兵法を詭譎《きけつ》とした『闘戦経』

闘戦経の作者は、孫子の提言である「兵は詭道なり」の詭道を詭譎と断定した。その認識をさせた判断基準を「倭教、真鋭を説く」とし、対比させた。真鋭というのは孫子には用いられていない造語である。ここでの表現では、和語である。そこで、本文では、彼我の違いを詭譎と真鋭の対比から明らかにした内容は、一体どういうものなのかを追求する。造語でもある「倭教」とは、では何か。闘戦経を読めば鮮明になる。簡潔に言うと、詭譎と真鋭の対比に基づく信と義を背景に置いた、前述の敬神崇祖なのである（闘戦経、主に第一章と第二章を参照）。

そして、ここが最も大切なところであるが、孫子に批判的な見地に立ち、日本文明には合わないと断じておりながら、闘戦経の収めた箱に「闘戦経は孫子と表裏す」とあり、孫子の世界を無視するなと書いてあるところである。この二重性を不自然としない日本文明の自生の働きにこそ、日本人の日本人である所以がある。

孫子の明らかにした内容を意識しつつ、それに批判的な見地を提示した闘戦経を知る作業は、なぜ必要か。最近の日本社会の動静を国際環境から眺めると、かなり危うい状態になりつつあるからだ。その原因の第一に挙げられるのは、戦闘心の喪失にあるように思えてならない。

冒頭で紹介した茂木外相の王毅外相との対応にも出ている。だから、出来ごとが起きても、何を相手にするかの特定ができない。敵（対象）が特定されなければ、どう対処するかも分からない。そこで、ありていに言えば、ふたたび敗者への道を歩みつつある。

そうした状況から脱却するには、飛躍した言い方だが、古来、日本人が大切にしてきたはずの、現在の精神状況では死語になった観のある「信と義」を再興させることが求められていると思う。占領統治の意図したものは、日本人からの「信と義」の消滅であった。だから、「信と義」に基づいて、出来ごとなり現象なりを凝視すれば、自ずと何をどうするかも観えて来るはずだ。

敗者の道を歩みつつあるのは、76年前の敗戦の原因を自分たちで明らかにすることを怠ってきたからだ。なぜ日本は敗者となり占領下に置かれたのか。それは指導層が、国家としての日本の存廃にとっての敵を知らな過ぎたから。

それは同時に、自分の由って立つ所以や立ち位置を選良たちが知らな過ぎたことを意味している。「相手を知らず、我が身を知らず」が敗北の原因とすると、日本は近未来で再び公然と敗れる可能性は大である。いや「再びの敗戦」をすでに展開している。なぜか。現在の日本の醜態は、すべて指導層にあるはずの者たちが、事態の渦中にあって自分の内側に主導権を握っていないからである。だから出来《しゅったい》した事態に流されてしまう。そして、流されている事態に身を置いていることに気づいてもいない。

かつての日本の武者は、どのように劣勢で劣機であっても、我が身に主導権を握っておくことが肝要なことを自明としてきた。その精神の復活にはどうすればいいのか、闘戦経を読み解くところから明らかにする。

五、「信と義」の在り様を浮き彫りにする詭譎

上述のように、現代の日本における精神的状況において、最も欠落している表現は、「信と義」である。これほど無視されている表現は少ないはずだ。そうした状況は日本人の精神の劣化現象を示していると評してもいい。

この二つの表現が過剰にあったのは、昭和20（西暦1945）年8月の敗戦までの日本であった。それは戦争中でもあったからだ。以後の日本の現代史では、この表現は忌み嫌われるところとなった。敗戦をもたらした悪逆非道の言葉となったのである。そのように誘導したのは勝者の占領軍ＧＨＱでもあった。嬉々としてか不承不承かはともかくとして、その認知操作に動員され協力した多くの薄い「知識人」（?）がいたのも見落とせない。そうした知識人の多くは、近代日本が選択した文明開化の高等教育の忠実な、かつ優秀な生徒でもあった。

だが、それまでの日本での「信と義」がいかに悪い表現かを教えた占領軍の母国では、相変わらず、自国の国家的な行為は常に信と義によって裏付けられているかを主張する。20年かけて派兵し8月末に撤退したアフガニスタンの場合でも。９・11の首謀者としてビン・ラーディンも殺された。

それは米国だけではない。１９９１年に解体したソ連帝国も、社会主義陣営の行為は、米国など帝国主義の抑圧に対している被抑圧諸国民の信と義を背景にしていると叫び続けていた。最近のロシアは、国家的な事業として歴史に関する委員会を設置して、ソ連時代の業績を再評価すらしている。ソ連時代をやみくもに否定することは、文明としてのロシアの劣化になる、と信じているからだ。この取り組みは一面の妥当性を有してもいる。

日本の周辺では近隣諸国のうち、大陸にある中国と南北朝鮮は、その国家的な行為は信と義であると喧伝する。その見地は史実と歴史認識に裏付けられているとも。その内容は、共に近代史では日本の侵略行為による被害者であったと。その被害から立ち直ることが国家の建設でもあったと。すると、加害者であった日本は、彼ら諸国の信と義の由来を裏付けていることになる。

批判の対象になっている日本は、彼らにとって反面教師であり反面同志なのである。この認知操作は自国内だけでなく対日工作やユネスコなど国際面でも連携して主張する。この反日戦線に台湾の国民党政権も李登輝が退いた以後に参加したが、民進党が選挙で勝利し政権に復帰したことで変わった。現在の習政権は、９月３日を対日戦勝利の日として、西暦２０１５年に70周年の式典を開き大々的な軍事パレードを北京でやった。２０２０年には同様に75周年の式典を行っている。

この近代史認識を背景にした政略的に作為された信と義に直面すると、今の日本を支配している選良たちは、反日攻勢の凌駕は言うに及ばず、対峙するだけの知識や気力はない。むしろ親中派と称して同調する動きがある。米国は政官の親中分子を名を挙げて批判した。今は消えた民主党の元代表の元首相鳩山や菅《かん》の歴史認識に関わる言動はそれだ。

安倍首相も半ば参加したかに見えたのは２０１５年４月29日の米議会での演説であった。だが、それは高踏な政治言語の集成であったのは、８月14日の「戦後七十年談話」に出ていて、かなり様相を変えた。含みある文意に秘められた軌道の読み方が問題であろう。

六、『闘戦経』の思索が鮮明にするもの

ここでの問題意識からすれば、中国など彼らの主張する対日歴史認識は、自らの劣化を認識し得ずに逃げているのを隠した、本稿の扱う闘戦経認識での批判概念である「詭譎」（だまし。後掲の一章。一節〜二節。とくに二節の「一、詭道を「詭譎」にして拒む感受性」を参照）としての、我が身を知って韜晦した上での偽情報そのものになる。

どうして詭譎になるのか、その周辺と基本問題を明らかにすると、そこにはシナ（中国）文明、それに影響された朝鮮半島の住人による、虚を実に見せかけるのを主にした対日牽制の技《わざ》としての戦略戦術をもたらす、兵法の輪郭も浮上してくる。ありもしない南京「大虐殺」や、その意を受けたのか韓国の「従軍慰安婦」や「徴用工」に固執して、いかにも史実であるかのように喧伝するのも、彼らの「詭譎」に基く芸である。

相手の技を明らかにすることとは、同時に日本人にとっての信と義は何であったのか、をも明らかにせざるを得なくなる。相手の言い分に同調するようでは、日本人にとっての信も義も益々歴史の闇の中に逃げてしまう。そこで、目前に浮上してこない。それは、日本人が我が身の内面にある日本文明の一体性の自覚から遠ざかることを意味している。

本稿はもっぱら信と義の観点から『闘戦経』を扱うこととするのは、伝来の信と義を死語にして恥じない現代の風潮への異議もある。が、この書の出自はシナ文明の一つの精華でもあり兵法書である『孫子』を意識して、違和感を表面に出して登場したからである。そこで、後世の現代では、闘戦経は精神主義の原型であるかの誤認

が生まれた。巻末の拾遺《しゅうい》は、その典型例を扱っている。

しかし、近代以前の日本人は、観念的とも看做せる信と義を在り方の問題にしておりながら、戦闘の勝敗を決める過程での合理性の重要さへの認識と評価は見失っていない。

闘戦経の作者は、孫子の兵法を詭譎と断定した。断定したものの、ここで留意しておくことは、だから無視せよとはしていない。その断定には作者の考える信と義が作用している。当時の日本人が納得できる、死生の在り方である。作者の思索からは、日中両文明の違いが象徴的に出ている。違いを明らかにすることは、技法として学ぶべきものありとの認識がある。

従って漢字の「信と義」の意味が、日本ではどういうように深められてきたか。また、シナ文明とは異質な意味性を自覚してきたかの、主な部分だけでも『闘戦経』の思索を通して明らかにできる。

そこには、事態に即して主導権を握ることの日中両文明の違いが浮上してくるだろう。それは、事態に自立して当事者として臨む姿勢の違いでもある。この違いを明らかにするには、日本人にとっての「信と義」は何か、その輪郭の大凡を、日本史の軌跡に現在は秘められてしまった文脈を掘り起こし、実証的に明示する必要がある。それは我が身が何に依拠しているかを鮮明にすることであり、同時に何を守るかを自覚することでもある。それは、現在の日本では死語になっている、日本人にとっての、時に死を賭しても守らねばならないおりに発揮される、忠誠とは何かを訊ねることでもある。

本稿は、近代化という欧化の過程にあった近現代日本の「知」の世界では、奇書としか受け止められ得なかった『闘戦経』の思索を通して、近代以前の伝統日本における日本人の精神史の輪郭を浮上させる試みでもある。しかし、この作業は「如是我読」である。我、斯くの如く読めり。そして、『闘戦経』に集約されている「知」を後世が我が事として肉迫してこなかったことで、昭和以後の近現代の日本が悲劇を迎えねばならなかったことも明らかになるだろう。

扉に引用紹介した昭和天皇による「敗戦の原因」で挙げた四項目は、血を吐く思いであったと拝察される。それを一人の国民として受け止めると、以下の内容になったと考えてくだされば幸いである。

「詭譎」（情報戦／歴史戦）で負ける背景／反撃に転じるために

はじめに：ユネスコ世界記憶遺産登録などでのインテリジェンス

ユネスコでの「幻の南京大虐殺」の史実化を意図した世界遺産の登録決定（2016／10／10）という事実は、これまでと同じく、中共党の外交・情報戦の成果である。それも単発ではない。日本政府は、やられてから愕然として後始末に追われているフリをするのだが。文科省や外務省役人の後手後手が目に余る。この所作には、本来は国家選良という立場にありながら、いかに有責に無自覚であるかが浮上する。

中共党は照準を正確に合わせて、的確に打ち込んだ。日本の近代史における痛恨の「史実」にあるかさぶた状態の傷口を開けて、一定の意図の下に塩を塗り込んだのである。しかも、報道を見る限りでは、狙いを定められた日本側には、その意図にある連続性に気付いている気配はない。政官民を問わず右往左往で、打ち込まれた弾丸を打ち返す照準が定まっていないのである。

そして、宮崎市にある「平和の塔」（1945年の敗戦までは、「八紘一宇の塔」と称されていた）の石が南京市のものだから返せと、南京市民を代表していると称するシナ人がやってきた（16年10月27日）。同調する日本人も案内人として同行している。ソウルで日韓中の首脳会談が開催される直前での出来事である。この芸の細かさにはつくづく寒心（かんしん）させられる。幸い宮崎県側の対応で事なきを得たが、南京市民を連れて幾度も来るという。訪問者個人の発意でないのは一目瞭然だ。系統だった背景がある。そして、その工作に使命感？をもって協力する「反日」日本人は大勢いるところを軽視しない方がいい。

一、ユネスコの採択において中共党の意図していたもの

この一連のインテリジェンスの仕掛けの先に何があるか。しかし、日本当局も、また現在の日本の政府や内閣、立法府、媒体、経済界も、大勢はわかっているとは言えないのが困る。この関係する日本人に見られる短視眼は宿痾としか言えない。原因は、占領下を経て折角の主権回復をしながら、自前の敗戦研究をしてこなかったところからも来る。

今回のユネスコに限って微視的に見ると、「最後の最後まで、中国側が南京事件について提出した資料を公開しなかった手続き上の不公正」。それに引き替え「奇妙なことに、慰安婦の方は公開されていたのに、南京の方だけ全く公開されませんでした」。「ひょっとすると、慰安婦を落として南京を登録するつもりで、批判を避けるために公開しなかったのかもしれません」。

以上の解説は、偽情報の典型であるまぼろしの「従軍」慰安婦の像をオーストラリアの小都市で作ろうとする在住中韓の反日行動に、真っ向から対峙して撤回させたＡＪＣＮ（http://jcnsydney.blogspot.ru/）の代表山岡鉄秀が、知人北野幸伯宛てに送り公開されたメール書簡の一部抜粋である（メルマガ『ロシア政治経済ジャーナル』№．１２８８．２０１６年10月21日を参照）。この山岡の観測は当たっていると思う。今次は、「南京大虐殺」を国際間の常識にするためを最優先させたのだ。

二、現在の日本政府による対応

この問題についても、山岡の見方は、「まず、日本政府の『立ち位置』の表現が全然だめ」と断定。「非戦闘員

の殺害、略奪行為があったことは否定できないが、犠牲者の数の断定は困難」と言っている。これでは、「南京事件があったことは事実だが、犠牲者の数は未定。こう聞こえてしまい、日本政府は南京事件そのものは認めていると解釈されてしまいます」。その通りだ。

「日中歴史共同研究」の近現代史分科会では、座長北岡伸一の先行で、「20万人を上限として」虐殺された説？がある、と容認ともとれる行を報告書に記してしまった（２０１０／１／31付発表）。日本側とて20万人というのを認識範囲に入れているではないか、ならば、30万人は虚説にならない、と中共党が展開できる仕組みになっている。

すでに日本は、戦う前に相手の土俵にノコノコと足を運んでいる。これは北岡だけでなく、実際の責任の所在は、立法府に多くいる親中派の跳梁により、かねてから右顧左眄するのが習いで本籍が観えなくなってしまっている、チャイナ・スクールであろう。すると、北岡のようなこの手の曲学阿世がはびこる結果になる。

三、政府が後手後手に回るのは何故か？

前掲の山岡が適切に述べている。外務省など行政機関では対応できないのだ。サンフランシスコ市議会での慰安婦像設置決議への総領事館の無対応にも出ている（https://gahtjp.org/?p=1107）。領事館スタッフは東京に向けてフリだけはしているようだ。中共党が平時の扱いではなく、高度の総力戦（「超限戦」注2）としての戦闘行為をしている。１９４５年まで近代日本の国家が存在していた時代でいうなら、この戦闘は不正規戦を扱う特務機関の分野である。しかし、日本は76年にわたり、「平和」国家だからと、全く取り組んでこなかった。いや、国家存在には、永らえるためにそうした分野は不可欠であることを削除させられるだけでなく、忘れ去られるように仕組まれた。

76年の強制された無為を観ると、外務官僚には無理である。元々、52年の主権回復後に、国家の体を破壊するためにできた占領中の遺制を、そのまま継承させてしまった、首相吉田茂を代表とする「戦後保守」派の国際常識を軽視した偏奇な国家観・安保観に問題の所在がある。

今回の「南京大虐殺」説と共棲する日中歴史共同研究の報告書の文脈が横行するようでは、最初から敗けるようになっている。ということに、例えば上記報告書を実際にまとめている中枢のキャリアは分かっていない。上級職試験に出題する歴史や憲法認識を見よ。そして、ついにベルリンに現地在住の韓国系の策謀により、慰安婦像が設置されるに至った。これもドイツでは3例目になるらしい。認知戦争に入る歴史戦で日本は敗れている。

1930年代の満洲問題から泥沼化したシナ事変での、国際連盟を含めた欧米での情報戦に破れた挙句に、対米英戦に突入していった昭和史の清算はついていないのが、最大の理由である。シナ大陸への関与と過剰介入して行った過程での、相手側から繰り出されてきた「詭譎」に基く戦略戦術に、日本は幾度も煮え湯を飲まされるだけでなく、翻弄されていった歴史戦にも入る「認知戦争」での敗北の史実が鮮明にされていない。だから、現在以後も振り回される羽目になる。

（注2）「Ⅱ部　闘戦経の世界認識　四章　孫子の侮り難さ　一節　闘戦経が批判する孫子から学ぶもの　一、死地に臨んでの在り方は軽視できない」の注48を参照。

四、今後の対応はどうすればいいのか

基本的には、世代交代するまで無理だろう。また、現在の日本に安住している官僚を含めた選良には無理だ。米国を主軸にして、中韓の長期的な移民政策により中韓出自のエスニック集団が急激に膨張している。その彼らを手足にして、「従軍」慰安婦像の設置案が各地に出ている。カナダ豪州を含めて、欧米各地にシビリアンの不正規兵が集団を組んだ態勢になっているのだ。その動きに対処するのを在外公館に求めるのは、当初から無理がある、と判断するのが妥当だろう。外務官僚を責めても仕方ない。

歴史戦という全く新たな見地から戦線構築のできる認識転換が求められている。少なくとも、電通や博報堂など既存の広告屋から知恵を求めて、さらに委託するようでは、国費をドブに捨てているのと同じだ。

確証のある史実を執拗に繰り返して提示し、主張するしかない。その際の当方の姿勢は、「信と義」しかない。信と義に基く歴史認識を主張し続けることによってしか、「詭譎」には対処できないのだ。史実こそ当方の味方と思っても、数の多い「詭譎」には、うかうかしていると敗れるのである。第二次大戦で日本が結局は敗戦を迎えたのも、そこにあったのは本文が明らかにする。次の戦いに敗れないための智慧が『闘戦経』には秘められている。

属地日本を蘇生させる拠り所になる闘戦経

一、日本は主権国家か

西暦2009年秋に日米同盟を安全保障の基軸にしてきた自民党が下野した。代わって民主党政権が生まれたものの、日米安保体制については基本的に継承したようだ。そして、12年に自民党政権は再び政権の座に就いた。15年9月には、かねてから問題になっていた安保法制関連の法案が可決された。政権を失った民主党や他の反対派は戦争法案という異な名称をつけて反対していた。

核武装したかどうかはともかく、北朝鮮は2回にわたり核実験をし、すでに保有国になり、その運搬手段としてのICBMも度重なる実験で成功しているという現実がある。日本共産党は別に、いずれの政党もまだ米国の「差し掛けられた核の傘」（元外相椎名悦三郎の言）による安全が働いているとしているのか。旧社会党系の野党は非核3原則に固執するが、その根拠は「憲法」9条という倒錯した心理である。
傘の代わりで、米軍基地が134か所、北海道から沖縄まで。その占有権は東京都23区の1.5倍になる千平方キロの土地だけでなく、駐屯する2万人弱の兵員は日米地位協定という不平等条約によって守られ、日本国の司法に裁判権はない。日本政府の負担するコストは関連の諸経費分を含めると数兆円に上るといわれている。この問題は金額だけで済まない側面があり、むしろその部分が見落とせないのであるが。

これまで政権党は、米軍によって日本の安全は守られ、経済成長できた、と主張してきた。「戦後保守」の言い分である。その見方は間違ってもいない。半面の妥当性はある。だが、日本にある米軍基地は米国の世界戦略上の拠点であって、日本国を守ることが主目的でない現実もある。

日米安保条約上では日本を守ることになっているが、実際上は基地のある日本列島を守ることであって、日本国を守ることを最優先していない。条約は片務だからだ。米国が攻撃されても日本には守る義務はない。

これでは、日本は米軍基地の属地であって、それ以上の地位はあるのか。属国なら裁判権はあっても不思議ではないはず。それを要求することを最優先しない政権が調印した同盟関係は、従属関係というよりさらに立ち位置が悪いと観るのが妥当だ。解釈改憲によって集団的自衛権が閣議了解され、安保法制ができたことにより、事態は一歩先に進んだと一概に言えるのか。

この際、いままでの都合のいいものしか目に入らない「眼鏡越し」(「戦後保守」側の安保観)で事態を見るのではなく、日本列島の現実は米軍の属地である、という認識に立って周囲を見たらいい。目を背けていたことで観えなかった醜悪な現実が浮上してくるはずだ。

属地に堕した日本はいつからか？　第2次世界大戦での日本が降伏調印をした1945(昭和20)年9月2日

からというより、1952年4月の対日講和発効からである。主権回復というが、さてその現実は。

二、属国でもない「属地」、と理解した方が現実に即している

では日本国が近代世界で独立を持していた期間はどれくらいか？　幕末に欧米列強と結んだ和親条約は領事裁判権や関税自主権のない不平等条約であった。

その改正のために、日本は日露戦争の辛勝を経て、明治43（1910）年の列強諸国容認による朝鮮半島の併合を待たねばならなかった。国際的な責任について、一人前なら応分の責任を分担せよと。半島が空白であるのはまずいので、日本は優先的な地位を担わされた。現在から見ると、朝鮮半島の住人にこの推移の史実を容認することは不服だろう。だが、列強という大国による勢力圏がそのまま通用した時代だった。日露戦争前のロシア接近の動きで当事者能力に問題のある李王朝の意向を、米英は自国の利害から斟酌しなかった。

この「日韓併合」過程を経て、翌年11年の日米通商航海条約の改正により、関税自主権が確保された。以後、各国との間で条約改正。しかし、1945年9月には再び日本は主権を喪失。これまでの「国政」（？）エリートの怠慢により、いまだに十全ではない。彼らのような存在は隣国の中共中国の指導者は買弁という。近現代を通して、国際公法上では僅か34年の期間しかなかった実質の独立であった（注3）。

現在の日本は下士官国家ではないかと考える意見もある。諸悪の原因はそこにあると（注4）。しかし、これはまだ浅見だったといえる。属地と看做して初めて得心がいくのである。属地としてのこの日本の現実を打破する拠り所として、闘戦経の再評価を試みた。この書の問題意識を明らかにすると、精神としての失地回復になるし、現代日本の再生に回路をもたらしてくれる。現代において、現行憲法で破棄された「武力」とは何か、兵事とは何かも明らかになる用意ができるだろう。

何を守るのかとともに、守るための方法や方略も明らかになる。何を守るかが不鮮明になったから属地に堕し

てしまったのである。守るとは、変わらないものがあると考えるところから来る行為である。それは、信じられるものは何か、ということを不断に問いかけることでもある。

(注3) 因みに1840年と42年の2次にわたるアヘン戦争以後、半植民地状態に堕した中国は、1949年になって現在の中国として独立国家になった。台湾吸収がされていないという言い分もあるが、すでに62年を経ている。近現代では中国の方が日本に比して2倍近い独立の年数を経ている。

(注4) 池田憲彦『日本は〝下士官国家〟から離脱できるか』を参照。『自由』第49巻3号。平成19(2007)年3月号。

三、東日本大震災・福島原発損壊/人災に観る「再びの敗戦」

天災以後は人災

2011年3月11日、慣用では3・11、東日本大震災、それによって惹起された福島原発損壊から発した放射能で汚染された空気と水の地上と海への垂れ流し。日本政府には事故の管理能力が無いことを示してしまう結果となり、ダメージ・コントロールやリスク・マネージメントを含む日本の技術への信頼を、致命的に落としている。安倍政権になって、五輪の東京誘致の環境作りのために、際限もなくもたらされる汚染水の問題化に、アンダー　ザ　コントロールだと、候補地を決める会議で安倍首相(当時)は発言したのだが。

事態は天災であった。想定外というはやり言葉は虚言でもない。が、事態解決のための取り組みは、人災そのものであった。アンダーは期待であって、その実態はアウト　オブ　コントロールになってしまった。

地震とツナミによる福島原発損壊を、多分、衛星で眺めていた米国政府は、次の日の3月12日の段階で、ホワイトハウスから日本政府に、高出力発電機を空輸する、と申し入れた。菅直人首相の率いる?日本政府は直ちに断った、という。

次いで廃炉の決断を渋った。監督官庁であるはずの原子力安全・保安院が「安全・保安」に全く役だっていなかったのも明らかになったのは、平成24年2月になって、国会の事故調査委員会の聴取に応じた、当時の院長の「専門家ではない云々」発言に出ている。ならば、院長を引き受けなければいい。ここに職責意識はない。関東大震災の際は、復興院など、事態収拾の関連法の制定や諸政策を40日以内に編成した。サバイバルへの取り組みに政府は一体になっていた。菅政権と政府は、2か月を過ぎても、あらゆる現象の見通しを立てなかった。野田政権が登場しても、その歩みは遅かった。平成24年4月になって、やっと復興庁が発足したものの、復興への道のりは遅いのは、その後の経緯が示している。

唯一、4月17日に東電が事態収拾の工程表を発表したが、首相菅の記者会見での言い分を聞いていると、責任を全て東電に背負わせて、逃げ道を作っていた。事態は国家有事の国難にも拘わらず、だ。これが民主党政権の触れ回った政治指導の現実である。この工程表すら、米国とフランスの合作という説まである。安全だ、事態は改善していると言いながら、レベル7に引き上げた。その真相も不明。米国が支持して、ロシアとフランスは、この決定を批判した。

一カ月余の推移を見ると、無政府状態。「再びの敗戦」の意を強くする。

先の敗戦と今回の敗戦の違い

1945年8月15日の敗戦は、ご聖断に基づく自らの敗戦であった。9月2日の降伏調印まで、詔勅に従う一糸乱れずの軍と政府。連合国は、統帥の生きたその整然たる日本軍、政府、そして国民の振る舞いに、内心舌を巻いた。日本国民は、その心境において負けていなかったからである。アンダー　ザ　コントロールだった。米国は、ドイツの敗戦末期の無政府状態と比べての、この日本人全体の敗北の仕方に新たな危機感を持ち、それはその後の占領政策に如実に反映された。去勢を徹底しないと、また厄介なことになる、と。それは9月2日の降伏調印後の、米国務長官のコメントに端的に出ている（後掲、八章、二節、二、にある（注94）を参照）。

今回は、終始狼狽して為すところを知らないのが政府と政権。選良？　のだらしなさを他所に、国民は3月11日から、整然とした振る舞いに終始し、諸外国は讃嘆した。

対日評価は、福島原発の後処理の拙劣さ、放射能汚染水の事前通告なしの海洋投棄など、情報公開の仕方の稚拙さ、情報隠ぺいが重なり、暗転していく。政権と国民の振る舞いの落差に気付き始めた。にもかかわらず、首相以下の閣僚の動きを観ると、公的な任務に基づく者の有する責任感（ノーブレス・オブリージュ）がどこまで働いているか。その自覚を彼らの振る舞いと言動から看取することは難しい。それは、事態収拾を意図したのかフリだけだったのかは不明だが、乱立する会議の関係議事録を作っていなかったことからも分かる。

クリントン米国務長官が4月17日に訪日して5時間居た。その間、天皇皇后両陛下とお茶を飲み、松本外相から東電の工程表を受け取り、米は米で分析すると表明。後処理は、形式は日米共同の取り組みだが、実際は米主導で行うことの確認をしたのだろう。

先回の敗戦は日本の自主性による敗北の受け入れ、今回の原発問題は、どうしていいかわからない「想定外の出来ごと」にして、主権（があったとしたら）を米国に投げ出した、と観るのが自然だろう。問題は、日本側の当事者であったはずの首相・菅直人が、それに気づいている風に観えないところである。

前述の、先回の敗戦を決めてからの一糸乱れぬ振る舞いに寒心しての、米国の占領政策にある去勢教育で育った優等生である。菅、官房長官・仙谷、外相・岡田、そして野田らである。両陛下のお振る舞いが、からくも日本の矜持の在り方を示唆している。両陛下がご高齢にもかかわらず、足繁く被災地めぐり（行幸啓）を執拗に試みるのは何かを、永田町や霞が関の住人はどこまで気づいているのやら。天皇は国民統合の中心なのである。国民は行幸啓される両陛下に接して、それを実感して安心する。一方では、視察した菅首相に対し、被災民は、なんだ、もう帰るのか、と問い詰めた。菅は狼狽するだけであった。

大震災を天与の機会にする認識の仕方

「再びの敗戦」を国家自立の起点にするには、どのように考えればいいのか。今回の出来事は悲劇である。が、生き延びた被災民だけでなく我々日本人全ては、この機会を復興と自立の糸口にしないと、数万の死者が浮かばれない。

大震災による被災地が、ズルズルと復旧という形態になると、それは第二次大戦での戦災で跡形も無くなった大東京が、都市計画の放置により、天与の機会を活かさなかったことと同じになる。関東大震災後の復興院による昭和通りの建設などの知恵は、活かされなかった。

これは、占領中のGHQのアシスタントでもないサーバントの役回りを余儀なくされた、吉田ら外務官僚の「知」の限界である。焼土を奇貨とする構想力が無かった。間接統治の下請けとして、幾分かは保持しているはずの統治能力に問題があった、と言わざるをえない。

サバイバル（兵権）の無いところでの復興

どのような発想で取り組むことが、死者の死を活かすことになるか、という見地が大切だと思う。1945年の際の敗戦後は、その見地が、占領されたこともあって薄かった。

いや、GHQは、日本人の復興意欲に火がついて、日本の再生が勢いづくことを懼《おそ》れたのかもしれない。敗戦後の日本の復興には、ある限界が付きまとうことになった。「戦争放棄」の第9条である。基本でサバイバルに他力はあり得ないのを、在り得るかのように幻想させたのだ。経済（食）を選択して兵を他国に任せると。三四半世紀が経って、そうした事態を不思議としない特異な「保守」という心理状況はどこから来るのか。属地でしかないことに違和感が無いからだ。その優等生は指揮統率とは何かもわからないようになっていた。戦いの基本が観えていないのである。

だからこそ、本人が取り組めば取り組むだけ、日本国のこれまで以上の劣化を強化する展開になる、という見方もあり得る。ここに、「再びの敗戦」の力学が示す悲劇の本質がある。それを闘戦経の読み解きから明らかにしていきたい。

この作業は、日露戦争後の明治の日本が「東洋の君子国」と敬と畏怖の対象となった際の、日本人が有していた「矜持と誇り」の内容を明らかにしてくれるだろう。それは「信と義」に裏付けられていたのだが。それを明らかにする作業は、同時に、日本文明の再生には何をどう考えればいいのかを指し示してくれるだろう。

こう考えれば日本は敗れない／日本文明の原形質を明らかにする闘戦経

グローバリゼーションは言語の世界にも乱入し、一説には日本語もいずれ英語に淘汰されるだろうという見解もある。そこまで来るかどうか、と誰でも思うのが普通だ。だが、実際面では、着実に日本語は衰退している。

ＩＴの就業生活における多元的な必要性と普及から、日本語限界説はまんざらコケオドシの説ともいえないからである。それはＡＩなど製造業だけでなく金融を含めたサービス業やあらゆる産業が、世界市場を前提にして成立しているからだ。そこで共通語が幅を利かすことになる。英語が先行している由来だ。

英語が国際語として第二国語化する傾向は、日本列島における日常生活での意思疎通としての日本語の衰退を意味してはいない。ボーダーレス関連業務での情報伝達や抽象世界を問題とする意思疎通の手段としての言語では、日本語のポストはほとんど無いに等しい現実を意味している。

従って、産業だけでなく知的分野でも同様になっている。理工・医学系をはじめとして学界では、すでに日常化している。世界でその学説が市民権を得るには、日本語での開陳では、その見解なり所説は存在しないも同様の現実がある。英語での発表論文の多寡が業績評価に大きく関わっている。

英文で発表するなら日本文は関係ないと思う。だが、違う。理系は当然として、人文科学も社会科学系の論文や評論も、日本語を書きながら英文に翻訳するのを前提にして記されているのを見る。ここでは、日本語を用いておりながら、文体はすでに英語の論理になっているからだ。でないと、英文に翻訳できないから。日本文の論理過程と英語の論理過程が違うのは当たり前だが、英文風の日本語に慣れた者たちには、日本語により成り立つ論理がわからない者が多くなっているような気がする。

この趨勢は強まりこそすれ、弱まることはない。米国と日本の間においてバイリンガルで育ち、英語への拒否感を抱いた水村美苗が書いた『日本語が亡びるとき――英語の世紀の中で』（筑摩書房）が、残念ながら一時期評判になった。それは、十分な客観的な背景が先行していたのである。同著は、日本文学について、多少はどうかと思われる、率直に言えば異論の出る皮相な見方もあるが、グローバリゼーションという大状況において貴重な問題提起をした。

例外は、日本文明の原形質の有力な働きである武道や、茶道、華道、での用語である。いずれも抽象語ではなく動作や振る舞いと深く結びついている。言葉だけではその意味するものが伝わらない分野であるところに、独特の意味がある。

そして歌道。最近のＴＶ番組プレバトで急速な関心を高めている俳句の季語。あるいは和歌で用いる表現は、毎年、宮中での歌会始に集積される数々に生きている。その表現も花鳥風月を愛でているものだが、その目線の及ぶ範囲には目だけでなく、そこにたゆたう花鳥風月に寄せる思索があり仕草がある。

水村は言語に力点がかかり過ぎて、上述の分野での形としての動作や振る舞いに付随する言葉の意味なり役割なりの重要性と影響力について、気づいていない憾《うら》みがある。水村の自覚以前の生活で、上述の分野に触れる機会が薄かったことが推察される。この分野の在り方は、いずれ日本文明の国際貢献に深い役割を果たしてくる。

それを米白人の目から意識せずに明らかにしているのが、リービ英雄『我的日本語 The World in Japanese』(筑摩新書)である。彼の日本語論、それは日本文明論になるのだが、古代とりわけ『万葉集』に収録されている長歌から解明している。そこには日本人の観照に終わらない自然観が生々しく息づいている。旧約聖書の「はじめに言葉ありき」ではなく、ゲーテ『ファウスト』の「はじめに行為ありき」の示唆するものと近似した世界がある。生を素直に肯定しているから出てくる動作である。そして、兵法は、観念の世界ではなく行為の世界を扱う。それも集団の行為として、である。しかも、死生を賭すのを余儀なくされる領域でもある。

現在の日本語で国際化している上述の在り様から見ると、文明のもつ個性の内容を文章として明らかにするには、その文明の有する言葉が最適であるのは自然であろう。日本文明を他の言語で説明しても、靴の上から足を掻くようなものだ。日本人が日本文明を説明する言葉を通して実感するには、日本語が最大の効果をあげる。なぜなら、言葉が共有する場こそがその意識の反映だからだ。場とは日常動作や作法での振る舞いが了解される場でもある。

グローバリゼーションがあらゆる分野で自明と思われているのが現在である。だが、自明と思うのは錯覚である。倒錯の世界でもある。倒錯が倒錯ではないと錯覚させられているところに、グローバリゼーションの力学が起こしている諸悪の根源がある、と思う。その一例として、前述で学術論文における日本語の文体で、大勢を占めつつある翻訳調について触れた。それは、その力学への適応こそが当然の生き方との非常識が横行しているだけでなく、同時にそうした現実を受け入れる生理化したか諦観が大勢になってもいるからだ。

日本語があり続ける限り、そこには日本語を生みだした文明の原形質に近づける回路がある。だが、概念が日本産でない翻訳語が増えることによって、思考にも乱れが生じてくる。日本語といいながら翻訳語からの説明では原形質の意味から遠のいてしまうからだ。本居宣長が言った漢心《からごころ》である。しかも、見解を日本語ではなく、主に英語で公表しないと通じない世界が広がっている。翻訳を前提にした日本語は、言葉は日本語であっても文法は疑似英文になってしまっている。繰り返すように、でないと英訳できないからだ。

だが、日本文明の強靭性は、他から移入してくる別の文明によって刺激をうけて独自性の自覚を深めてきていた。漢字で記されていた万葉仮名に見られるように。それは伝播の可能性を拡げることをも意味している。同時に、それは普遍性へのさらなる展開を示唆してもいる。近代日本、欧化が自明の文明開化の思潮にあって、敢然と日本文明に立脚した岡倉天心は、ボストンの街で、羽織袴で歩いたという。だが、彼は、並みの米国知識人より米国史を知り、英語も堪能だった。そこで彼の英文著作は、日本を知る古典になっている。

従って、漢心は日本文明を豊穣にするための肥やしでもあることになる。いたずらに「漢意」を排撃して済ますわけにはいかなくなる。翻訳語も、その背景を十分に理解していると、戦略的に用いることもできる。それは、学識の程度にもよるが。その一例が以下に紹介する漢文で記述された小冊子・闘戦経である。そこには、日本文明の自覚化の働きを見ることができるから。

ここには新しい認識が営為としてあり、それはやがて一つの自立した精神の境地を自覚する提示にまで至っていることがわかるだろう。その営為が漢文を通して試みられているところに留意すべきであろう。あるいは、その姿勢に独特の評価が求められるであろう。

こうした作業は、現代では日本人の内面で見失われているかにも思われる古代から継承されてきた精神世界の再発見の営みである。この営みは、思索や知的な働きかけを通して、自分の帰属している文明の意識を明らかにすることになる。それだけでなく、生き方においても他力の影響下に由らず主導権を確保することになる。主導権を確保したうえでのグローバリゼーションへの取り組みは、意識的な取捨選択を可能にするだろう。それは同時に、日本文明にある普遍性の伝播する可能性を拡大することでもある。そこで、競争力を高めるだけでなく、急がば回れで、日本文明のもつ優勢な側面を認識できる近道を示すことにも通じるだろう（注5）。それは、同時に劣勢な部分を自覚して把握することでもある。

（注5）以上の問題認識をさらに再説するのは、十二章、「一節　武器としての『言葉（和語）と修辞』」である。

本稿の記述の仕方／再び敗れないための処方箋

本稿は、筆者から見た一定の知識と危機感を有する者、を対象にして記してある。初学者なり門外漢なりは、最初から除外している。

さりながら、本文の文字の多さに圧倒された向きは、目次だけでも目を通してもらいたい。日本語を解するだけの基礎能力があれば、全体の輪郭は掴めるようにしてある。もし、さらに関心をもたれたら、この項を読んでもらいたい。本稿の文脈と内容の要旨をまとめている。

また、目次を見て、興味の湧いたところから読み始めてもいい。最初から読み通そうとすると、現在の読書傾向からすれば、うんざりするからだ。つまり、興味を惹かないと思ったら、読み飛ばせばいい。

一、全体の輪郭

本稿は、日本最古の兵法書といわれている『闘戦経』の読み方を考える。１９４５年夏の終戦以来この三四半世紀の日本、あるいは明治維新（西暦１８６８年）より始まる近代建国から見ると、一世紀半余を背景にしての現在とこれからの日本の行く末を想うとき、直近で言うなら、尖閣海域への系統だった中国の武装公船の公然とした侵犯意志に見られるように、容易ではない段階に入りつつあることがわかるようになってきた。そうした心境が、闘戦経にわたしを赴かせた。

それにしても本稿の全体を通読すると、読者に親切でない記述の仕方というか展開と思われるだろう。それは、闘戦経から近現代の日本をどのように受け止めたらいいのか、を常に意識しているところから来る。同時に、これからの時代で、日本文明がサバイバルするための姿勢はどうすれば確定できるか、をも意識しているからだ。

その意図が唐突でわかりにくいことは承知している。だが、もし日本が日本らしさを秘めた文明として生き残ろうとするのなら、闘戦経の主題を明らかにすることが求められている。とくに、東日本大震災と福島原発損壊を経て、西暦２０１７年の米大統領トランプの登場と北朝鮮による核装備やＩＣＢＭ開発、そして、７世紀の唐帝国の急速な台頭後のような、中国による最新兵器を誇示した意図ある抗日戦争勝利70周年式典や75年式典を背景にした、覇権の確立を意図した日本への中国の傍若無人の振舞いで、東アジアにおける安保環境の変化により変貌を遂げつつある時勢は、闘戦経の主題を明らかにする必要性を実感させる状況にある。

危ういと実感する時勢としての現在の環境を考えてみた。敵とは何かが観えなくなっているのだ（前掲「解説　闘戦経とは何か」を参照）。そうしたあやふやな態度を見抜いて、居丈高になって「詭譎」に基いた対日戦が中韓から仕掛けられている（前掲「詭譎」（情報戦／歴史戦）で負ける背景／反撃に転じるために」を参照）。この執拗な戦闘行為は、相手から与えられた日本への試練である。ありがたいと受け止めよう。

そこで、現在の日本の国際的な位置認識を試みた。立ち位置である。属国ならぬ国家としての自立性を失った「属地」ではないか。そこで、前掲の「属地に堕した日本を蘇生させる拠り所になる闘戦経」になる。

次いで、新たな国難である東日本大震災と福島原発損壊という天災に発した国家有事という事態での、後の措置に見る、指導層の失策と失態の連鎖という人災である。現在の日本は、尖閣諸島への隣国からの公然とした侵食に対処にもならない長年のあいまいさに見られるように、「再びの敗戦」の時節を自らの不作為により迎えている。それは一年で退陣した菅《すが》政権の無為にも表出している。

では、どうすれば日本は敗けないで済むのか。それは日本文明の原形質が述べられている闘戦経の到達した境地から発せられているものを学ぶことだ。

以上は既往の本文ですでに読んだところである。これまでの理解を踏まえて、以下の本論に入る。

近代日本の黎明期を過ごした日本人が何に感奮したのか（問題の提起）として、諸葛孔明に焦点を当てるところから始まる。『三国志演義』には、現代日本で死語になった観のある、信と義の守るべき在り方が、史伝という形をとって提示されている。

上述の問題の限定と提起を受け、本稿の輪郭は、Ⅰ部からⅤ部の構成になっており、Ⅰ部とⅡ部は闘戦経の内容の把握に重点を注ぐ。Ⅲ部からⅤ部は近現代日本の状況を敗北の過程として捉えて、闘戦経の警句から、未来への取り組みを明らかにしている。

Ⅰ部は、「孫子を摂取した日本文明の自意識」と題して、古代、シナ大陸から移入された兵法書『孫子』が、日本人の感性と思惟において、平安時代末期に至りどのように摂取されたのかを扱い、追求する。この思索の営為は、日本文明の自意識なり自覚なりの過程を意味してもいる。

Ⅱ部の「闘戦経の世界認識」は、孫子の摂取を通して、どのような内容の自意識をもたらしたか、特徴的なものを挙げて追求し、おおよその輪郭を明らかにする。

Ⅲ部の「昭和日本の弱点・統帥権とシナ大陸」は、日露戦争に勝利しての栄光の明治日本が、昭和に至って特記する前掲の二つの理由によって惨たる敗北を迎えた内容を、闘戦経の見地から明らかにすることを試みる。

１９４５年の敗戦後から現在までの日本「国家」から消滅した「統帥」概念を、日本を敵として（抗日）現代中国を作り上げた中共党の毛沢東の考えと比較しつつ、なぜ敗戦を迎えたのかを考える。

それらの考察を背景において、１９４５年の敗戦この方、全く触れられなくなって70有余年を経た、指揮統率を担う統帥を扱う。

Ⅳ部は、『再びの敗戦』を迎える背景」と題して、現代と今後の日本文明のサバイバルを目的とすると、緊急性をもっている問題を取り上げる。国家ならぬ米軍基地の「属地」と化している日本の選良たちの病理的な心理構造。それも二流以下の者たちに支配されている現状の由来と病理の特質を考える。

そうした事態に安住する敗者意識が醸成された経緯なども。

Ⅴ部は、闘戦経が現代以降の闘いの糧になるかどうかを、現代の内面、外面から考える。その上で闘戦経が到達した極北としての、戦時における指導者（将帥）論を明らかにする。その解明から、現代日本の政官など各界を構成している選良らの危うさが観えてくるはずだ。

特論は、題名の通りである。

記述の構成としては起承転結を念頭に置いている。「問題の提起」までを起とし、Ⅰ部、Ⅱ部は承、Ⅲ部、Ⅳ部は転、Ⅴ部以後は結、である。

二、各論の展開

Ⅰ部

主題である闘戦経を、孫子を念頭において、「信と義」から明らかにする。和語（国字）「真鋭」を基軸にした闘戦経（一章）は、元来が孫子に触発されて思索され記述されたものだから、その特徴を明らかにするには、両者の比較が求められている。

闘戦経の作者は、世界を「我武」として捉えた（一、）。武の働きは森羅万象に通底していると観た（二、）。だから、孫子の余りに有名な、「兵は詭道なり」の詭道を詭譎として捉え（三、）、それに「真鋭」という表現で対峙した。真鋭を構成するもの（四、）。真鋭が成り立つ背景とは何か（五、）。

では、闘戦経はなぜ「詭」を拒んだのか（二節）。真鋭という表現に至り、日本人の感性は言葉になった（二、）。真鋭は、孫子の中核概念である「懼れ」、「詭」、「変」にどのように処したのか（三節）。「変」に対処する時間をどのように扱えばいいのか（三、）。

その前知識を元にして、近代日本で国民的に脚光を浴びたというか、国民教育で啓蒙したのか、前近代の英雄である楠木正成を取り上げて、近代日本の入り口であった明治維新に最大の功績のあった将軍徳川慶喜に至る、死生観を含めた日本人の出処進退を追う（二章）。

最初に楠木正成の生き死にから、彼を「真鋭の人」として取り上げる（一節）。

楠木は孫子にも深いだけでなく、闘戦経にも関係があったようだ。

ここで楠木が死生を通して抱いていたと思われる「信」を、日本とシナ文明の比較を視野に入れながら、大局的に鳥瞰することを試みる（二節）。その自覚が歴史に遺されている聖徳太子による十七条憲法（一、）。対外関係で「信」を最上位に置いた藤原惺窩（三、）。こうした思索の営みを、日本儒学の形成と観て、やがて日本学に至る経緯を、年表化した。同時代の西欧史と較べるようにしたのである（四、）。

次いで、楠木一統の史実と心情と信条を復興した、水戸光圀から始まる水戸学に焦点を当てる（三〜四節）。そこにはシナ儒学から触発された部分があるのであれ、日本儒学が築かれた経緯をおさらいする。

日本儒学は知行合一の日本学になっていく原型が水戸学の営為とする（四節）。

それは、身分制や出自とは関係なく、内面では皆同じとの徹底した自我と自信（独知）を掘り下げた中江藤樹などの思潮と無関係ではない（一、）。そうした知と行の地下水脈から藤樹と正成を考える（二、）。「問題の提起」で扱う明治時代から近代にかけての『三国志演義』の受容の仕方と、二章で扱うこの歴史背景は密接に関わっている。

こうした思想的な営為は、闘戦経作者の意図とどのような関係にあるかを、徳川時代における官学ともいえた朱子学に逆らったと看做された思索を展開した山鹿素行の『中朝事実』との比較を通して明らかにする。両者は異時的な同位性にあると思えるからだ（五節一、〜三、）。

武家の勃興と無縁ではない闘戦経を求めた思潮を支えたものがある。キーワードになっていた「黙契」という表現である（三章）。

この言葉は文書上のものではなく、真摯な日本人の多くの生き方に心底で深い影響力をもっていた。いわば、日本文明における生き方の精華であった（一節）。この信条は幽顕一体（幽顕一如）の感性あって成立した（二節）。だが、近代史で欧化から来た世俗化と高等教育が進展すればするだけ、この気構えも失われていった（三節）。と観られるものの、明治の日本人キリスト者は、欧米に対し臆するところなく自立していた（二、）。にもかかわらず、欧化日本は、指導層の弛緩をもたらした（三、）。

伝統日本と欧化日本の内訌状態が起きたのである（四節）。異文明間の遭遇で見られる光景でもある。近代日本では、昭和になって日本の国政は闘戦経の定理と真逆になる（一、二、）。だが、市井に棲む普通の人々は国難に処して黙々と軍命に殉じた。それは終戦の際に顕れた。非常時に黙契に基づく信が再起していたのだ（三、）。

Ⅱ部

では、闘戦経は、人と環境の総体としての世界をどのように捉えていたか。

「信と義」の歴史背景と日本人の死生観を見ると、孫子の侮り難さが改めて分かる（四章）。

闘戦経の喝破した孫子の根幹である「懼れ」のもつ怖ろしさ（一節）。そうした在り様を背景にした、孫子にある政治性の凄みを「反間《はんかん》」評価から把握する（二節）。また孫子と闘戦経の編集の仕方を比較すると、両者の違いは文明の違いにある本質的なものであることを示している（三節）。

その上で、闘戦経そのものの世界認識の輪郭を示す（五章）。

では、闘戦経はなぜ孫子を反面教師として「敬」しつつも排そうとしたのか、とくにそのうちで重要と思われる点を挙げる（一節）。彼我の比較をした後に、闘戦経の基調にある精神の重視を、老子との比較からも考える（二節)。その精神は、日本人独特の自然観を背景にしている(三節)。独特とは、所与と営為の一体化による自然観を意味する(三、)。この自然観が闘戦経に反映している(四節)。その発想にある生態学的な思考の特徴を考える(三、)。

Ⅲ部

第2次世界大戦における日本国の敗戦は、日本学の結晶でもあったはずの日本の兵法が西欧衝撃という近現代の力に対峙して、その存在を問われたことでもある。なぜ敗者の汚名を迎えなければならなかったのか。それを明らかにしないと、闘戦経が求めた強靭な境地を育む環境は作れない(六章)。再度敗北しないためには、必須の営為である。

昭和日本が敗戦を余儀なくされたのはなぜかを二つの要因から振り返る。

その前提として、この半世紀余の日本国家における統帥の不在という環境がもたらした弊害を考える(一節)。最初に、地域主権という表現が横行するように益々焦点がぼけてしまう国家主権をおさらいし、主権そのものが統帥を求める輪郭を明らかにする(一、)。だが、昭和二十七(1952)年四月に主権を回復したというが、統帥は無い(二、)。「失われた統帥」(The lost command)は、日本国および日本人から廉恥と忠誠という自覚された心の構えを失わせた(二節、一、二、)。

では、昭和という時代で統帥観がどのような経緯を辿ったか。それを、参謀本部編『統帥綱領』と陸軍大学校編『統帥参考』から追求する。その論旨は統帥権の拡大をひたすら求めるものだった(三節)。その拡大指向は、民意を代表する議会政治の自己否定による凋落でもあった(一、)が、同時に国家を物理的に守る軍中枢の弛緩過程でもある。統帥権国家を妄想した『統帥参考』は、上意下達しか眼中になかった。民意である下意を上達するはずの議会政治が担う国政に制御される、今様にいうならシビリアン・コントロールによる掣肘は、不合理と妄断したから（三、）。

その結果、昭和日本は統帥権によって滅んだ、と言う説は無視できない（四節）。そこには政と戦の分別もできない者たちの横行で、国政を壟断した（一、）。統帥を我がものにすればするだけ、戦争の経営力は低下したアイロニー現象（二、）。なぜなら、統帥を強調するに反して、陸海軍は背反関係になるからだ（三、）。

こうした面妖な事態は、最高統帥を構成する面々に敗戦想定の覚悟が共有されていなかったからであろう（四、）。

昭和の将帥の堕落を考える（五節）。その象徴として、陸軍は石原莞爾（一、）、海軍は山本五十六を俎上に挙げる（二、）。昭和日本では選良としての二人の思考過程と振る舞いにある問われるべき限界を考える（三、）。それは、彼らの内面にあったはずの忠誠心の内容である（四、）。このまとめとして、統帥は国務を越えてはならない、とする（五、）。

この独走した統帥権解釈の異様さを、毛沢東の『持久戦論』との比較から考えてみる（七章）。

政と戦の狭間にあるグレーゾーンを我がものにしたのは日中どちら側だったのか（一節）。それらを時間（一、）と、戦闘と戦争の違い（二、）から考える。

陸軍大学校の英知を集約したはずの『統帥参考』は、『持久戦』を凌駕し得たのか（二節）。戦争と戦闘における戦略資源としての時間を考えてみる（一、）。戦争と戦闘を分けて考えてみる（二、）。そこで、『持久戦論』は、『統帥参考』に比して政戦一体であることに注目する。毛沢東は政戦一体だから日本に勝てると主張した（三、）。その言い分の妥当性を、敗戦必至の中で、とくに太平洋戦線で猛威を振るった『戦陣訓』と『持久戦』の長期政略の比較をする（四、）。

『戦陣訓』にある視野狭窄と観念重視は、現実重視の自己制御力が弛緩したから出てきた（五、）。『戦陣訓』は『統帥参考』を抜きにして出てこない。結果、昭和陸軍の既存の兵学解釈では、毛沢東流の「持久戦」略に勝《すぐ》れなかった。

だが、毛沢東の戦争論はそれほど素晴らしいものか。そこには破滅性がある（三節）。にもかかわらず、現代の日本も負け続けている。なぜか（一、）。破滅性は、彼の核戦争論に出ている（二、三、）。その文脈から過渡期の迷走に入ったのか、一帯一路やその推進力であるAIIB構想を見る観点は見落とせない。

昭和二十（一九四五）年八月の敗戦（終戦）によって、日本は「死地」「亡地」に立った（四節）。今回の敗戦の受け止め方で、日本再生の可否も定まる（一、二、）。だが、この七十有余年の迷走は、受け止め方に問題があることを示している（三、）。

では、どのような見地に立てば、持久戦から発展した人民戦争あるいはその延長線上に出てきた超限戦に、日本は敗けない境地を確定できるのか（五節）。我武は常在戦場観である。それは「遅攻」でもある（一、）。幽顕一体の死生観を我が身にした「武」による「遅攻」を展開すれば、東洋ニヒリズムの「持久戦」に優る（二、）。にもかかわらず、第二次大戦が終わってこの方、対中認識では、日本はいかにも毛沢東の戦略に負けたかの見解が横行している。虚仮《こけ》威しに乗じられている日本人。史実を無視した心理面での虚偽性を暴く（三、）。

これまでの追求を前提にして、シナ文明と日本文明の彼我の違いにある特徴を、勝敗観から再度追求する（八章）。

孫子と闘戦経の両書の著者たちが考えた、戦いにおいて負けない条件とは何か（一節）。主導権の捉え方の違い（一、）。敵よりも自己を知るのを優先した在り方（二、）。敵に対して心理的に優位に立つ内容の違い（三、）。それは、日中文明での「虚実」の理解に違いがあるからだ（四、）。以上から、一層鮮明になる日本文明の特徴（二節）。それらの考察から、両者は同文同種ではないことも明らかになる（三節）。

それだけの内容を日本文明は有していたに関わらず、「『再びの敗戦』を迎える背景」には、一体何があるのか、どのように現在を捉えればいいのか。

Ⅳ部

なぜ日本は敗者になったのか？（十章）。

そうした敗戦後の社会をもたらしたのは何故か。その前史として、将帥における資質としての剛から昭和史を見る（一節）。すると、戦闘と玉砕の転倒した捉え方という倒錯ぶりが観えてくる（二、）。負けるべくして負けた。それを、『戦陣訓』と中共軍の「三大紀律八項注意」の比較から明らかにする（三、）。

西欧衝撃に気を取られ、その技を吸収することに重点を置いて、「脚下照顧」としての倭教である闘戦経の到達した教示を受けとめ得なかったのではないか（二節）。

闘戦経の精神を半解すると、近代とくに敗戦以前の昭和史でどのような事態が生じたのか。さらに、１９４５年の敗戦後から現在にかけて、敗因分析が十分でなかった思考と姿勢を訊ねる（三節）。

その近代史での発端を、扉で紹介した参謀本部『日露戦史』編纂の際の姑息な自主規制というか制約条件から追及する（四節）。


前掲の由来から観えてくる状況とは、日本社会に瀰漫している敗者意識である。その由来は何か（十一章）。

それには、まず敗北とは何かを問う必要がある（一節）。占領軍側は、日本文明を敗者にするためにどういう認知操作をしたか、その経緯と内容を考える（三、）。では、敗けないための英気をもたらす条件作りとは何か（二節)。

闘戦経が活きた最後の事例として、昭和の終戦と占領直後での本来の日本人の身の処し方を、日本文明意識の発揚から考える(三節)。

V部

以上の諸考察から、闘戦経は敗者心理の瀰漫する現代以降の戦いに果たして益するところがあるのか(十二章)。その課題には、言葉と修辞、身体的な表現である行為、そして言語から試みる(一節、一、二)。闘戦経の理解できる背景にあった、振る舞いや形をもたらした行の契機が見失われている現代では、やはり、遺されている言語から入るしかない(五、)。この作業と歩みは、日本文明に還る回路である(六、)。それを、言霊からも考えてみる(七、)。

しかし、経済主導の現代日本社会で、孫子が経営学として脚光を浴びて継続している。この理解の仕方に問題はないのか(二節、一、)。兵法である以上、覇権を追求する(二、)。そして、覇権は対抗する覇権を招来する(三、)。その連鎖にある宿命の力学を越える経営学は可能だろうか(四、)。

明治維新に始まる文明開化としての欧化に遠因のある、グローバリゼーションの荒波は消えない。海外からの様々な圧力は益々強化されるだろう。それを日本文明は乗り切れるのか(三節)。

日本属国論ならぬ属地論の再論として、本稿執筆の基本的な動機でもある昭和20(1945)年8月を、その後の76年を経た現在から観て考える。8月15日という日付は、日本及び日本人にとって恩寵だったのか、悲劇の始まりであったか、そのいずれであったのか(一、)。いずれでもあったようだ(二、)。

現在の日本社会の豊饒さは、その起点を訪ねると、8月15日の終戦でもある。だが、史上稀に見る豊さの恩寵の代償は、軍(兵)の不在である(三、)。だから、死を忘れた生だけの生活になる。その結果、この半世紀においては、兵法も経営学の枠組みを越えなくなってしまった。
しかし、日本を取り巻く危機は、精神面を含めた軍事（兵）的な側面を無視しては対処できなくなっている。その象徴的な示唆の一つが『超限戦』であろう。それを乗り切る方途は、闘戦経の中にある（四、）。

以上の解明を前提にして、闘戦経の到達した極北にある将帥論を明らかにする（十三章）。闘戦経はとくに、指導者は教育や訓練で育成されるものではない（第四十章の章文）、と断じている（一節）。闘戦経の示す将帥論は非情である（一、）。将帥になる者が具有する剛は天性のものだから（二、）。剛と胆ある将帥とは、劣機、劣勢でも、自分が事態の主導権を握っている（三、四、）。そこで、剛の見地から、明治初頭と昭和の将帥を考える（五、）。

では、剛は生来のものだからといって、教育や教学領域を放置していて済むものでもない。そこで、剛の有無とは関わりない学び方について、闘戦経は何を伝えようとしているのかを明らかにする（二節）。知と勇の関わりをどのように把握していたのか。知と勇は相俟ってだが（一、）、知を優先していたのだ。そこで、本物の知を強化するためでもある「気育」の必要を提起する（二、）。

気には先天の気と後天の気がある。先天の気は育てようがない（三、）。剛を誘発する知とは、剛あった先人の軌跡を伝える作業からだ。ここでの知への希求心は、ノーブレス・オブリージュを担う気概を発する（四、）。

すると、現代の教育制度にある通念の根底的な総括が求められていることに気づく。近代の失敗から現代を考える（三節）。近代日本は、指導者作りに失敗したのではないか（一、）。昭和日本の失敗は、現在に継承されていないか（二、）。にもかかわらず、日本社会がなんとかもっているのは、企業人が支えているからだ（三、）。では、現代以後をどうするのか。占領中に消滅させられた結果、七十年にわたり見失ってしまった統帥の再生は（四節）。闘戦経の示す指導者論から現代の教育を考える。本物の教育とは、気育にあるとする（一、）。気育による教育は、日本人の心底に隠されてしまった忠誠心を呼び覚ますであろう（二）。そこで、近現代史における諸外国の指導者と日本の事例を比較する（三）。

「むすび」では、闘戦経の真底を把握するところから得られる境地とは何か、また、何を後世に伝えるかを説く。特論として、闘戦経の精神に最も合致していると思われる、既存の核兵器を無力化できるとするニュートリノ活用の発想とその意味を考える。

東西両文明が到達したニヒリズムを具象化した現段階としての核兵器と、毛沢東の人民戦争論の延長線上に出てきた核戦争論に留意し批判しつつ、ニュートリノを活かして兵器化する発想は、闘戦経の根幹である産（むすひ）に由る「我武」の発露、と観る。

拾遺

拾遺の「『闘戦経』の解読の仕方に観る時世――神島二郎・片山杜秀の思索から」は、題名のままである。二人の著作にある闘戦経についての「戦後日本」風にどっぷりと浸かった浅い読み方を、本ノートの見地から批判的に考察したものである。

本書の記述の仕方は難しい？

さて、ここまで読み進みどんな感想をお持ちになられたでしょうか。

5年ほど前か、欧州系のファンドの日本代表として辣腕を振るい、その過程で日本の現状に危機感を抱いて、従来の日本で受けた教育に不信感を抱くようになった壮年期の一人と、縁あって意見交換をしたことがあった。とくに歴史認識で、従来の国内の常識にかなり強烈な違和感を抱いていた。違和感は、文献的な知識から来るものよりは、多国間での利害抗争と調整という職域を通しての、体験的な気づきに由来しているところを評価したのである。

これまでの反動からか、全く知るところのなかった日本学の分野にも関心が広がり、乱読している様子だった。すでに実業の世界で成功しているひとかどの人物でもあるし、求められてもいないので余計な忠告もしなかった。この分野では、系統だった修学には至らなかったようである。

ファンドという国際金融の世界は一種の戦場である。その中をくぐり抜けてきた経験は戦闘者としての気性も自得したのであろう。そうした風貌に、多少、感じるところもあったので、草稿を送った。数週間後に別件で再会した際に、「読みました、しかし、難しい、わざと難しくしているのではないか」との感想を漏らした。その感想に対して、強いて反論せず、半ば同調する風を執った。そのような感想を抱いたのに対して、いや違うと言ったところで、納得するとは思えなかったからである。

また、それまでの学習過程では知るところのなかった概念や思惟方法、それを明らかにする用語群に接して困惑し、その由来を我が身に訊ねる必要性を自覚するよりは、記述の仕方に問題があるとする転嫁の仕方に、現代の教育界で公認されているいわゆる優等生の臭いを感じもした。自身の感じ方や考え方への一歩距離を置く余裕はないことに気づいていない。学歴とは無縁の本来の知性の働きとはそうした余裕をも意味している。

闘戦経は、当時の日本の常識であった移入学である漢学及び漢学の思惟方法に敢然と異議を申し立てた。この小文での表現の仕方を用いると、異議の由来を追求していく過程は日本学の見地の提示になっていたのである。近現代での高等教育の世界は、欧米の思惟とその成果である文献が権威を有している。闘戦経の世界は、欧州文明の世界認識とは異質である。その異質の世界の我が身にあることを欧化の適応過程を当然とした近現代とくに現代の日本人は、ほとんど喪失してしまって不思議としない。それはアイデンティティ（一体性）の劣化に通じるのだが、そういう自覚すらないのが普通なのである。

本書の課題は、日本文明にある発想方法の再発見を『闘戦経』という素材から試みている。その試みが読者にとって難解なのはよくわかる。それは、課題への接近の仕方を読者に伝える工夫よりも、著者自身が素材を扱うのに試行錯誤を重ねているからだ。関心の力点を読者へのサービスに置いてはいない。その試みは生起してくるであろう、次の世代に任すことにする。先人の到達した境地にいかに近づくか、錯誤を怯《おそ》れていない。書き手は読み手に参加を求めている。

さらに、読み進んでいただければ幸いです。

問題の提起／『三国志演義』に顕れた信と義

古代からシナ文明の影響を受けた日本の近代以前の知識人にとって、信と義を底流にした講談は、『三国志演義』（羅貫中、明の時代、1494?・）である。そこで、諸葛亮・孔明における蜀漢の初代皇帝・劉備の後を継いだ劉禅に上奏した「前『出帥』（スイシ）の表」（西暦227年）の周辺から始めていきたい。この項での骨子と骨格は、前述の表にあった一節「先帝、臣が謹慎を知る」のもつ深みに至る。ここには、後世の日本人の心情を揺さぶり、その生き方というか死生観を築いた「謹慎と感激との関わり」の原形質が提示されているからだ。

そこで二つの文献から明らかにしたい。

永田秀次郎『我が愛する偉人　諸葛孔明』（1910年）と池田篤紀『丞相諸葛亮伝論』（1989年）を扱うこととする。それは、信と義と不離の関係にある「謹慎と感激」という二つの概念を、筆者の知る限りでは、二人の著者は最も丁寧に扱って明らかにしていると思うからだ。この史実を日本人の感性に基づいた理義を踏まえつつ読み解いていた。

淡路島の出身で異色の内務官僚であるとともに閣僚にも度々就任し、さらに後藤新平の後を継いで拓殖大学4代の学長（14年間）にあった永田秀次郎。池田は同著の前書きで、旧制中学時代に図書館で、永田の小冊子『孔明とエパメイノンダス』を読んだと記している。（エパメイノンダスはギリシャの都市国家テーバイ中興の宰相、スパルタを破った。戦死後にテーバイは滅んだ）。二人には、目に見えない縁があったようだ。それは二人の感性に共有するものがあったからだ。明治の精神を共有していた、と評していいか。

では、近代日本だけでなく、前近代の統治エリートの骨格作り、つまりは「信」と「義」に関わる感受性に多大の影響を与えた、日本でも神話化された諸葛亮伝説を追ってみたい。この神話化とは浮世の人事とは無縁というのではなく、個々の我が死生の在り方に引き寄せられる存在としての神話である。

一、人はいかに生きるか

明治時代の男児は、侠《おとこ》とはいかにあるべきかを思うとき、三国志演義に書かれている講談に胸を躍らせた。漢王室の血を引いたと称する劉備玄徳が、衰微した漢王朝を復興するために、豪傑である関羽と張飛と義兄弟の関係を結ぶ。「桃園の誓い」あるいは「桃園の三結義」として知られている。

さらに、自分や周囲に足りない賢人知者として、隠れている諸葛孔明を迎えようと、草廬に三度訪ねる。野に遺賢あり、だからだ。この劉備の行為を、後世は三顧の礼と言った。劉備は、三度目にやっと会えた孔明から、天下三分の計を聞き、その大戦略の下に、漢王室の復興に取り組む。

そして劣勢の中で、蜀漢を樹て、帝王に就く。孔明は、劉備亡き後に、先帝の願いによってその息である劉禅を立てて立国を維持しようと努める。だが、この懸命の奮闘にもかかわらず、天は時を孔明に与えない。陣中にあって病に倒れる。

漢帝劉備はこの世を去るにあたって、枕頭に孔明を呼んだ。初心の大志である漢王室による天下統一にはまだ至っていない。蜀漢は魏の曹操や呉の孫権から見ると辺境の小国でしかない。天は、劉備に立志を実現する時間を与えなかったのである。

「朕今まさに死なんとしている、ここに一大事の言がある、これを丞相に告げるであろう（略）太子劉禅輔け得べくばこれを輔《たす》けよ、もし不才ならば君自ら代わって蜀の主となれ」（永田。以下同様。167頁）。これを聞いた孔明は伏して哭《な》く。

古来、「君となり臣となりたる間柄において我が子もし不才ならば君取れと遺言する者があるであろうか」（171頁）。このような「寄託を受けこのごとき知遇に浴したならばどうしても身命を捧げなければ心が済まぬようになるのは当然である」（172頁）。人生意気に感ず、だ。「ああ、『知遇』の二字に容易に談ずべき文句であろうか」（175頁）。知遇とは知己としてもいい。

この場面には第二段がある。それが「前出師表」として言われている孔明の出陣に際しての新しい帝王劉禅に上程した文章である。丞相孔明は帝王にむけて、切々とその所懐を述べた。

漢王室が衰微したところから生まれた乱世の時代に、「性命」を全《まっと》うせんとしていたところ、先帝の三顧の礼に「感激」し応えて参じた。さらに、先帝は自分の「謹慎」を知っておりながら後事を託された。孔明の感激は、劉備による前述の遺言によって、後事を託された際に、むしろさらに一層深いものになったと思われる。

以後の孔明の生き方は、劉備により示された信を慎んで受け、ここで得た感激を忠に燃焼させ奮闘した。義は漢王室の恢弘にある。そして、その思いと行いは死ぬまで続いたのであった（「十二、死而後止」の章）。

「いやしくも有為の材たらんとするには一文句で沢山である。唯これに感激してこれを己が信条とすればそれで十分だ」（265頁）。

二、士は已むを得ざるにより動く

永田が「死而後止」（死して後止む）で把握したものを、池田は前掲書で命《めい》から次のようにまとめている。

「命とは我をしてしかく為さざるを得ない、その為さしめる内的な必然であり、絶対性であると同時に、又、我がその内的必然性に促されてしかく為さんとしても、しかく為さしめない因縁の綜合でもある。亮の行動も、その成功と失敗を問わず、かかる命の致す所であった。しかし、その不可を知って敢て為すのが、人の人たる性である。かくて成敗利得を天に任せ、鞠躬尽瘁死して後已むことになる」（204頁）。永田の記した「止む」も池田の記した「已む」も意味は同じである。

ここには、命に従い「已むを得ざるにより動く」士の典型がある。そして、そこには性命の燃焼があった。

孔明は、自分の「職分」を明快に定めている。劉備が自らに課した大志である漢王室の復興の一翼を担うところにあった（前出師表）。劉備にとっての大志は天命である、と確信していたと思われる。立命である。その信に応えた孔明にとって、己に課した職分は天役であった。天命に即応するのが天役である。

孔明は、自らの職分を果たすには謹慎であったからこそ、自らを最大限に発揮し得た。自己を燃焼させる源泉は、劉備との出会いから生まれた感激にあった。士は己を知る者のために死す、である。

感激は、発奮をもたらしてくれる起点である。それは一時の感傷ではない。感傷には持続性がなく、いずれ過去の思い出になってしまうからである。学生時代や青年客気の際は生理的に元気だが、いずれ日常生活に入ることによって、一時の興奮が冷めてそのままになってしまうのが普通なのだ。生活第一。これは責めても仕方がない。それは、個々の器量と感受性の深浅によるものだから。

感激の最も大事なところは、己の性を発揮できる職分に至る回路を与えてくれるところにある。孔明は劉備に出会うことによって、性命を全うすることができると確信する機会に遭遇した。漢王室の復興による乱世の天下を統一する具体的な職分を発見したのである。この職分は義である。だが、いくら虚心に思って動いても、また待っていても、その機会が与えられるとは限らない。劉備は孔明にその機会を与える巡りあわせになった。

永田は、英雄とは何かで、「死生　命あり」と述べて、なかなか機会はないことを示唆している（一三九頁）。「龍の大虚に騰がるは勢なり」（闘戦経。第四十二章）。後出（二章、一節）の楠木正成は、世に出て以降、命のままに生き終えている。英雄であった。

これは英雄だけに言えるものではない。偶然の知遇によって伸び、世に出て器量以上に地位を得る者も、せっかくの器量や才幹を持ちながら知遇を得ずに、失意のうちにあたら朽ちる者もいる。

それだけでなく、本人にその責がなくても、めぐり合わせの悪さによって思わない災厄に見舞われ、職を追われる不遇もある。いや、失業など些細なことだ。歴史上では、死を賜る場合もある。賜るのは名誉だが、人知れず非業に斃れる場合もある。孫子のいう死間である（四章　二節　一、を参照）。闘戦経のいう「謀士の骨を残すを見ず」（第十九章）の謀士である。これも命なのである。普通は運命といわれている。

三、天役としての職分

そうした不運の諸事例があったにしても、永田は怯まずに、「人よろしく職分を知るべし、すでに職分を知らば全力を捧げてこれに尽くすべし、もとより報酬を求めてはならぬ、もとより成敗を顧みてはならぬ、何となれば職分なるものは当に務むべき責任であるから、功名によって支配せられ、成敗によって左右せらるべきものでない」、との至言を吐露している（331頁）。ここには職分と命が義として立っている。（『臨済録』「随所に主となれば　立つ処皆真なり」）。

このように自分の命を思い定めるところから人格は磨かれる。この書を記述した当時の永田は熊本県警察部長の立場にあったので、自らの職分に覚悟を求めたものと思われる（注6）。

（注6）同著のまえがきで永田は、東京での会議から県警察部長としての任地の熊本にもどり、この書を一気に記述したという。前後関係から見て、職務上で上京した理由は、翌年に暗黒裁判と後世から糾弾されることになった、幸徳秋水らの「大逆事件」（1910年）関係であったと推察される。鋭敏な永田は30代でもあり、この事案の事件化には好ましくない側面で感じるものがあったのだろうか。微妙な言い回しをしている。

筆者なりの推察では、本稿の一方の対抗的な主題でもある「詭譎」の臭いを感じたと思う。なるがゆえに、永田の孔明伝説を通してのこの時期における信と義の掘り下げに意味があると考える。

因みに、当時の首相は桂太郎である。桂は拓殖大学の前身、台湾協会学校の初代校長でもあった。四代学長になる永田は、この書を執筆した際、まだ後年の巡り合わせを知らない。

意を得る意を得ないで、その理由を他に転嫁して自らの不遇を嘆いて職責を果たさない自己を正当化するのは、永田の言う職分とは何かに不明なところから来る。男子、志を立てないと天役とは無縁か薄く、従ってその意味するものとも不縁な生を送ることになる。こうした人生は、個人としては幸せそのものである。だが、知命とは何かが不明であるために、それをまっとうするとは何かも分からずに朽ちる生でもある。

かくて、教育とは何かの意味するものも、出てきた。教育は、三育として言われている徳育、知育、体育で充分なのであろうか。永田は言う。三育で「養成したる人間は形式的の鋳造物であって霊力のない木偶ではあるまいか。これによって確乎不抜の信念と不折不撓の気力が湧出するであろうか」（263頁）。この行《くだり》は、後述する『闘戦経』にある「真鋭」（第八章）に至る境地を意味しているものと思われる。高等教育になればなるだけ、俗流の欧米知識を詰め込むだけだった近代日本の開化教育。その問題点は現在まで引きずっている（後掲の三章、「三節　伝統日本が咀嚼消化しきれなかったモダニズム」を参照）。

孟子いわく、「浩然の気を養う」（264頁）。気力が全ての原動力ではないか。そこで永田は教育の基軸に、「仮に名づけて気育と言わんか」（同上）と示唆する。感激なる情感を我が内に生じさせるのは気育だ。「この霊感は亮の一生を通じて偉大なる活力を与えた」（同上）ではないか。

従って、教育とは感激を与える機会を提供できれば成功なのである。感激は気力を喚起する。気力のあるところ劣機をもバネにするものだ（後掲の十三章、二節、二、の後半や三、で、知との関わりで再び「気育」に触れる）。知識や情報の提供はその補足でしかない。

教育者は感激を自分のものにしておかねばならない。それが無くて教壇に立つのは、学生生徒に無礼ということになる。知識の切り売りに終始する羽目になるからだ。（以上、永田の所論については、拓殖大学編『自然体の伝道者／４代学長　永田秀次郎』のうち「解題に代えて」を参照。２００６年。）

四、信に裏打ちされた感激の持続する由来

孔明が感激を持続させたのはなぜか。劉備と「信と義」の共有を確認していることを実感していたからである。士は己を知る者のために死す、である。そして、「信」(注7)を我が身に抱くには、知命に基づくから可能になる。

(注7)シナ人民衆における信は、日本人のそれとは異なるようだ。シナ人にとっての統治者との関係での信は、まずは法の適用範囲、具体的には刑罰と徴税のあるところに成立する。税を支払うのはその代わりの保護のあることを前提にする。いわば相対の取引でもある。後掲で引用した論語にある治政における信の在り方と、日本人の受け止め方にはかなりの開きがある。シナ人のそれは日本人と比べると、より個人的であると共に、従って現世的といえよう。

論語　巻第六　顔淵第十二　七　子貢問政　子貢、政(まつりごと)を問う。子曰わく、食を足し、兵を足し、民之(これ)を信(しん)にす。子貢曰く、必ず已むを得ずして去らば、斯(こ)の三者に於(おい)て何(いず)れをか先にせん。曰く、兵を去らん。曰く、必ず已むを得ずして去らば、斯の二者に於て何れをか先にせん。曰く、食を去らん。古(いにしえ)自(よ)り皆(みな)死有り、民信無くんば立たず。(岩波文庫　金谷治訳注　p230)

日本人に関わる以下の信は、日本人がこれまで普通に考えてきた個々人の内面を重視する意味のものである。孔明の生きた信は、だから日本人に分かりやすいのだ。

信に基づいて最善をつくす機会を劉備によって与えられた孔明。だが、それだけではない。漢王室の再興という大義名分を実現するために、もし自分の息子が不敏であるなら、為り代わって君がやれと、臨終の席で言われたのである。

劉備は、相手である孔明への信頼もさることながら、王室の再興という大義の前に、劉禅の王位継承を副次的

にしている。この覚悟を前にして、孔明は粛然としつつも絶えようもない感激が生じたのは当然である。ここには王権の私物化は希薄で、公が生きている、と思う。この先行があるから、前掲の表にある「先帝、臣が謹慎を知る」という表現が一層に生きてくるのだ。

ここでの信の内容には、漢王室の再興という劉備玄徳の願いによる三顧の礼に応えた孔明との「君臣義あり」（『孟子』の「滕文公上」。人倫の教えとして「君臣有義、夫婦有別、長幼有敍（序）、朋友有信」）がある、と日本の読者は受け止めた。

この義は、私議によるものではなく王統復辟という継承の志に基づいている。とくに先帝が崩御した後に蜀漢を護るために孤忠を貫いた孔明の人間像への感情移入は、明治になってさらに普及した。それは、硬派詩人である土井晩翠の「星落秋風五丈原」に端的に表出している。多感な旧制高校生や大学生の心情を揺さぶり愛吟した。そこに浩然の気が養われる気育があり人格形成があった、と見るのは容易である。伝説としての歴史群像の軌跡への共感が触発されるところに「英気」も培われた（英気については、闘戦経・第二十八章。本稿では十一章、一節、二、二節、一、を参照）。

五、劣機劣勢における孤忠への共感／日本人はなぜこの伝説を好きなのか

孔明伝説には、近代までの日本人の中で、士として斯く在りたいとする生き方を貫く原型がすべて用意されている。信と義を通しての謹慎と感激が凝集して精華となり提示されている、と受け止めたからだ。

江戸時代になって、武士だけでなく市井の間にも、この気性が息づいていたのは例証がある。歌舞伎の世界で近松作『国姓爺合戦』（初演1715年11月）が評判になったのもそれである。衰亡した明朝に殉じて新興の清朝に対して復辟のために戦う鄭成功（別名国姓爺。平戸の日本女性との間に生まれたと言われる）という主題への江戸庶民の共感。ここには孤忠を評価する日本人がいる。

その先行には、1702年2月に起きた赤穂浪士47人による仇討がある。幕府は、この事後措置をめぐり右往左往することを余儀なくされた。世論は圧倒的に浪士の法外の法による吉良邸襲撃を支持したからだ。翌年、全員切腹させられたのだが、その行為は義挙とすることを暗黙のうちに容認せざるを得なくなっている。歌舞伎の「忠臣蔵」は熱狂的な支持を得た。

『三国志演義』と国姓爺合戦の物語の設定は違う。だが、現実の闘争の世界では、敗者や劣勢の側の立てている義への共感では共通している。

この日本で流布した二つの英雄（流離）譚の間には、同様に滅びゆく義の在り様の再興（南朝）に殉じた後述の楠木正成（二章、一節を参照）がいる。

三つの歴史上の出来事の共感に、日本人の理義を踏まえた深く豊かな感性が表出している。情義と評するのが妥当だろうか。

豊かな感受性とは、制約がありながら勝敗の計算はさておいて、信なるものを掲げて進む人間像、命《めい》を知る（知命）生き方への共感である。ここには、劣機劣勢にあるも怯《ひる》まない孤忠の姿がある。孤忠は、「已む得ざるにより動く」生き方である。勝敗の前に、「男児の志や溝壑《こうがく》（みぞ）を忘れず」（注8）の姿勢保持が求められている。

（注8）耶律楚材「アルタイを過ぐ」その一、の末にある一節。志に殉じるとは、意を得ずして時と場合によっては、野に朽ち果てる、斬られて溝に亡骸を晒す覚悟を意味している。耶律楚材の後世に向けた伝説つくりである。この詩作を知る日本人は痺れた。安岡正篤訳。拓殖大学編『元教授安岡正篤　慎独の一灯行』11頁。平成15年刊。楚材が自身を評価したように、それだけの内容のある逸材であったかどうかの疑義はあるが。

因みに『太平記』になると、耶律のそれと違い、五大院宗繁の裏切りにより誰も相手にしてくれなくなった果ての、一飯の食もありつけなくなった表現に用いられている。巻十一。ここでの用い方は楚材の修辞にある格好の良さと比べると、いかにも俗に堕している感がある。裏切りを強調したためであろう。

孤忠な生き方を可能とする心象は、どのような死生観に裏付けられているか。そして、日本の精神史ではどのように自覚され継承されてきたかを、『闘戦経』の世界認識から追ってみる。そこで、五十三章の全てを紹介できないのはあらかじめ記しておきたい。

Ⅰ部　孫子に遭遇した日本文明の自意識

一章　「我武」から「真鋭」に由る日本文明観

まえがき／用いるテキストについて

日本最古の兵法書といわれる闘戦経の思索に提起された捉え方には、独特の世界認識がある。と同時に、自覚された日本文明の凄さがある。そこには、「孫子」（注9）という当時の日本にとっては世界文明であるシナ文明からもたらされた兵法に対峙して、日本文明の立場を示そうとしている営為があるから。

（注9）日本の公文書に孫子が記載されているのは、『続日本紀巻二十三』。天平寶字四（西暦760）年11月10日に、奈良から6名が太宰府に派遣され、吉備真備から「諸葛亮が八陣、孫子が九地及び結営向背を習わしむ」とある。今泉忠義訳『訓読　続日本紀』562頁。

「八陣」とは陣立て。九地は、敵との遭遇における想定を九つに分けて記述している（「十一」）。結営とは軍営。

唐で755年に起きた安禄山の乱が徐々に拡大していた。大帝国が一世紀と四半世紀を経て一時の動乱を招いたのである。反乱の遠景には新興のイスラーム勢の内陸アジアでの版図を広げる破竹の勢いもあった。奈良にあった中央政府は、唐の動乱が朝鮮半島から日本列島にも波及するのを懼れて、758年に太宰府に対策を命じている。相手の兵法を自家にしようとしたのか。

華夷秩序が国際関係のルールであった東アジア世界で、伝説になっている隋の煬帝への聖徳太子の国書（西暦608年）に見られる対等意識が日本史では有名である。やがて隋が滅んで唐が急速に再編成されて台頭した

（628年）事態における国家的な危機感。ために、その侵攻を想定しての安全保障の確保が大化改新（646年）になった、というのが定説であった。

だが、6世紀から7世紀にかけて、急に日本文明の自覚化が起きたのであろうか。その先行というか準備というか、その時代に至る前の営為があるはずである。日本で現在に遺る史書は、『古事記』『日本書紀』のいわゆる「記紀」からだ。それ以前の日本列島の動静については、中国や半島の史書から類推するしかない。

倭、倭国などで表現される列島人の半島との関係における諸相は、記紀以前の当該地域での史書を読み解くしかない。すると、前述の先行に値する営為が着実に蓄積されていることが浮上する（注10）。

（注10）とくに一世紀前後の動きに焦点を当てた室谷克実の著作を読むと、これまで見えなかった姿が覗える。これまでの日本の通説では、倭人にとって半島は文明としての大陸を具体的に接することのできる中間地帯であった、と思われていた。が、どうやら、それは一方的な思い込みであったようである。あるいは、韓国側の誤情報による偏見のようだ。

むしろ、列島側からの半島への政治的文化的な影響力の大きかったことが推察される。そうした記載のある史書は、当然に大陸や半島で編さんされたものである。記紀以前であるから。そこには尚武に富み義に厚い倭人の活躍が記されている。性根というものはなかなか変わらないもののようだ。同『日韓がタブーにする半島の歴史』新潮新書360。

そこには、従来の東アジア古代史における日本文明の立ち位置とは違う、先駆していた豊富な諸条件がある。そうした先行する史実を踏まえての自立した気概の記憶が背景にあって、記紀も万葉集も、そして後代の知の営為が蓄積された。その上で、平安時代の作といわれる闘戦経に象徴される発想形態の自覚化が着実に深化していた、と思う。文章化されるまでの古代からの日本人の苦節を思う。以後の諸経験も糧となり、その上での自意識が昂然と赤裸々に文章化されたのである。

自立した気概の発祥の最初にして最大の契機は、白村江の敗戦（西暦663）であった。半島への軍事介入について諸説あるが、宮崎正弘によると任那日本府を守るための派遣であった、というのが最新のものである（『こう読み直せ　日本の歴史』（ワック））。隋を滅ぼし（618）興隆期にあった唐帝国の軍との本格的な最初の接触になった。ここでの壊滅的な敗戦のもたらした衝撃は、古代日本の存亡に関わった。

逐次投入とはいえ、当時の日本の人口200万余にあって概略5万の兵の投入は、今の日本の人口比から推定すると百万余に及ぶ。敗残で帰国できたものはどれだけいたのやら。以後の40年近い日本の歴史はこの敗戦からの脱却をいかに図るかに集中されている。その過程に彼我の違いの自覚による日本文明の今日に及ぶ粗い骨格が形成された。それは彼我の違いに基づく気概が作られる過程でもあった。その延長線上に以下のよう孫子とは違う闘戦経の世界認識も作られていった。

用いるテキストについて

『闘戦経』については、剣道家、クリスチャンで青山学院の院長、衆参両院の議員、国務大臣などの要職を経験した笹森順造の解釈（釈義）を主に参考にする（注11）。

（注11）釈義　笹森順造『純日本の聖典　闘戦経』日本放送出版企画。1992年。以下、笹森本と称する。

筆者であるわたしには、原文の読み方、大意の掴み方で、他と比較して惹きつけられた。教示されるところが多かったからである。また、ネットに流布されている仮名交じり文（書き下し文）も参照している。

中野清『闘戦経　全』（注12）も、必要に応じて参照する。

この著述のあとがきを読むと、海軍大学教官であったこともある寺本武治少将による敗戦後の私的な場でされた講義の記録ノートのようだ。前掲の笹森順造の釈義と比べると、整理する中野の記述は、私にとってはあまり親切ではないように感じられる部分が多かった。これは私の理解力にも問題があるからかもしれない。だから、初学者にはこの文献は余り薦められない。

中には、笹森釈義と逆の解釈もある。例えば、第十九章での「謀士」の解釈など（後掲、四章、二節、一、を参照）。こういう場合は、読み手の実感で選択するしかない。

笹森と違って、寺本少将は、海軍大学教官の時代に、闘戦経に基づいて統帥を講じたというから、昭和の海軍では少壮士官に影響するところもあったはずだが。陸軍士官学校や陸軍大学で講義されたかどうかは、まだ知るすべは無い。後述する予備役陸軍少将中柴末純は、統帥部の中枢で敗戦が織り込み済みになっている状況で、『闘戦経の研究』を刊行している（四章、二節、一、にある（注49）を参照）

（注12）五典叢書第三冊。五典書院。昭和43年。以下、中野本と称する。

『孫子』は、村上孚訳『孫子・呉子』を用いる（中国の思想［X］。徳間書店。1969年）。必要に応じて、金谷治訳注の『孫子』を参照する（岩波文庫）。この両訳の引用も、引用者の好みによっていることを予め記しておきたい。

一節　闘戦経の唯武観

一、闘戦経の本質は第一章の冒頭句「我武《がぶ》」にある

あらゆる著述の趣意は、冒頭の修辞に凝集されているようだ。闘戦経・第一章は、冒頭に「我が武は天地の初めにあり」と。森羅万象を武の働きに由るとしている。この意味するものを概説するのに、筆者は非力である。

笹森順造は、「天地の初めにあり」を釈義するのに、武は産《むすひ》であるとした。武と産は一体であるとの見地は、我武をもって「我が道は、万物根源」（同上）となる。そこから、壊すだけでなく創る働きを武に見出した唯武論という表現も可能といえよう（注13）。

（注13）笹森本。23頁。第一章の読み方で、他の複数の読み方や解釈を読んでみたが、笹森の釈義に触れて、それまで読んでいたものより整理されているように感じた。これはあくまでも筆者の独断である。以下、本文でも「第〇章」と記しているのは、闘戦経の各章を意味している。

和御魂《にぎみたま》、荒御魂《あらみたま》という古語がある。二つの働きの総体を産霊《むすひ》というのだろう。産霊とは、万物造化の働きである。その働きあって、草木の蔕（へた。果実のつぼみを守る外皮）を固めたり、萃《はな》（花）を咲かせたりできるのだ（第二章）。

従って、以下に続く各章の根底には、第一章で示した「我武」がある。ここでの我とは個々の小我をいうのではなく、天地大道を示す大我を意味している、と笹森はいう。天地にある万物根源の全てを自然とした場合、我武という表現で一切を包摂している。我という語を用いることによって、自然は他者ではなく自他一体を示唆している。

真も信も義も、「我武」世界観に裏付けられて成立することになる。その働きは第二章が指摘するように、むすひとしての万物の生成化育なのである。

第一章と第二章に凝集され示されているこの観点は、孫子の徹底した現実認識から生じていた、後述の「詭」や「懼れ」という思考の次元とは全く違う。最初に世界認識が提示されているからだ。

孫子のノウハウ優先は、文官の立場が武官より常に高かった中国の歴代王朝の支配形態と無縁ではない。良き者は兵にならないという言い伝えや、老子にある「兵は不祥の器にして　君子の器に非ず」（老子　三十一章）

からも覗える。孫子は兵事を世界認識にまでは高めていない。闘戦経の取り組みに比べると、実用書なのだ（注14）。

（注14）闘戦経は、そこを「此れは一と為し、彼は二と為す」（第二章）と記述した。此れとは、文武を一体とし「我武」と規定した日本文明。彼（シナ文明）は、文武を分けて二とした、と読んだのは、家村和幸である。「此れと彼」のくだりについての家村の推断は、笹森より視野が行き届いている。同著『闘戦経』35〜37頁。並木書房。平成23年。

二、武の働きは森羅万象に通底と観るか、兵事は人事でしかないか？

老子の前掲の一節に続く表現には、シナ文明における武の位相が端的に表れている。「已《や》むを得ずして之を用うれば」に、老子の兵事を厭う気配が覗える。「恬淡を上と為す。勝ちて美とせず而《しか》るに之を美とする者は、之殺人を楽しむなり。それ殺人を楽しむ者は、以って志を天下に得べからず」（同上）。

上掲の引用の冒頭にある、「已むを得ずして之を用うれば」には、筆者は違和感が生じる。王朝を新しく立て天下に覇権を握った者は、天命によるものの、兵を能くしたからではなかったか。おそらく、こういう言い回しの出てくる現実認識をさせる心の作用を、好ましくない現実を直視し受容するのを拒む厭世的というのかもしれない。

孫子にある、戦わずして勝利を収めるのが最善とする見地は、上述の老子の解釈と軌を同じくしている。兵を破壊者としてしか見ていないことが鮮明に出ているから、老子は、行き過ぎる兵の行為を「之殺人を楽しむなり」とまで断定している。その通りだったのであろう。だから、古代シナ文明における一級知識人の一人であった老子にとっては、兵（軍事）は君子のわざではない、蔑視というか距離を置いた対象になっていた。

闘戦経では、武の行いで最重要な「断」を、秋になると風が吹いて落葉するように、「仰いで造化を観るに断有り。吾武《われ》の中に在るを知る」（第七章）という。第一章の「我武」と「吾武」は違う。吾とは、観る自分を意味している。

笹森流にいえば、むしろ断こそが造化の働きとして「産霊《むすひ》」にもなりうるとしている。自然と人事を「産霊」の働きで同質とする意味は日本独特のもので、それを老子の兵事認識から覗うことはできない。発想の次元が全く違うのが、この比較からもわかる。これらは人事としての兵事と自然への距離の取り方の違いからくるのは後述する（五章、三節、四節を参照）。

シナ文明には宗族の祖霊への礼（祖先崇拝）はあるが、日本のように君への忠誠を優先する態度はない。前述したように（「問題の提起」四にある（注7）を参照）信の範囲に日本とシナ社会の違いがあるからであろう。それは、上述の礼の及ぶ範囲とも関係している。礼の及ぶ範囲とは「王化」の範囲でもある。信の及ぶ範囲に礼も生きるようだ。シナ文明では、従って、信は人事の範囲を越えないものとなる。それも宗族以外は現世の範囲。だが日本では「敬神崇祖」の二つを結びつけるのが「君」への信なのである。

そこで、同じ信という表現を用いても、日本文明における信は、人事を超えた領域である自然と無縁ではなくなる。その自然は「天」のように人間とは別の存在ではなく、人間の生と一体の生命でもある。そこで、次の三、で扱う「真鋭」の真の在り方に見られるように、日本文明では信が真にもなり得るからだ。（後述、五章、三〜四節を参照）。

三、「兵は詭道なり」に和語「真鋭」を対峙させた

『孫子』には、対象は戦術レベルのものだが、「君命に受けざるところあり」（「八、九変」）とある。いくら君命でも、その命令の内容がおかしいと部下が判断し拒む場合もある、というのだ。この下りは、日常の業務でも蓋然性のある指摘で、合理的で当然と思われる。シナ人の習いである上に政策あれば下に対策あり、となる。

だが、その言説だけを取り上げれば、統帥の根幹にかかわる指摘にもなり得る。そして、それは後述（三章を参照）の楠木一統や水戸学の開祖水戸光圀における信義にある死生観にも関係しているからだ。深読みをすれば、闘戦経の作者は、孫子のこの箇所をもたらす背景に思いを巡らせてか、微妙な違和感をもった側面もあったようだ。

「漢文、詭譎《きけつ》（注15）あり、倭教、真鋭を説く。詭ならんや、詭ならんや。鋭ならんや、鋭ならんや」（第八章）。この明快な言い分の背景にも、この違和感が微妙に作用しているように感じられる。

（注15）譎は「いつわる」という意味が先に来る。変化や違うという意味もある。詭譎という表現になると、詭だけよりも意味は重層して、強意になる。闘戦経の作者は、詭道をそのように捉えたのであろう。白川静の『字訓』になると、詭道は、人をいつわる手段、となっている。

中野本でも、この章句には、「支那風の戦術は手練手管が多い」という講評をしている。12頁。しかし、『統帥参考』（昭和7／1932年）では、「君命に受けざるところあり」の行を肯定的に捉えて、「戦勝のため統帥指揮の独立自由の必要なる所以を道破したるものなり」（56頁）と解釈している。この文献の問題性については、六章を参照。

闘戦経のこの一節は、日本文明の自覚を直截に物語っている。「倭教」という表現の立て方、造語に看取できる。そこには並々ならぬ念《おも》いが込められているからだ。倭学という言い方をしていない。

ここでいう「詭」とは、孫子にある「兵は詭道なり」（「一、始計」）を指している。「詭」という認識がために、TPOによっては君命を受けざる、があり得る危うい現象も出てくる。真鋭は詭と対峙しているだけでなく、詭をもって兵法の唯一の原則とすることを拒んでいる。

では、倭教の伝える真鋭の真とは何か。「胎子に胞あるをもって、造化は身を護るを識る」（注16）（第三十五章）

という自然界への認識（真）がある。それは、「胞」（子宮膜）による神護への信にもなる。産《むす》んで胞に宿った生命である胎子は、膜によって守られて育つ。生命は我武というが、自力の半面で、他力によっても守られている。活かされてもいる。力の自他は一如であるという信の実感が真鋭を発揮し得る入口である。

（注16）知ると識（し）るは違う。この現象が分かるのは知の分野ではなく、さらに深い識の領域だと暗示している。「識りて骨と化す。骨と化して識る」という認識の深浅を述べた第三章を参照。こうした認識の在り様を三番目に持ってきた作者の真意は、第一章と第二章を識ることの大切さを痛覚していたからと思われる。

四、真鋭を構成するもの

その信は造化の神妙によって、それを認識している者の在り方にある慎みにも通じる。人間界と自然は、原理として共通なところがあるとしても、どのように巧緻《こうち》を絞っても人事のよくなすことのできないものが自然界にはあることを識るからである。しかしながら、同時に「人、神気を張れば勝る」（第四十七章）に繋がっていく。人間界に居ても神気を内発させ得る。勝《まさ》るためには真鋭に基づかねばならない。

真鋭は、神（真）を前提にしての謹慎から初めて興る感奮や奮起に基づく、修練を重ねるところから自家になり得る働きだった、と推察される。神気の発揚に至り、そこから必勝の「信」念が出てくる、と実感したのだろう。この信念の生きる世界の前に「幽顕の違い」はない（後掲、次項の五、や、三章、二節を参照）。

真鋭は自然のもつ根源的な力を表す表現としている。にもかかわらず、その力を発揮しない者がいる。身体がまだあって、破れていないにもかかわらず、「心先《ま》づ衰《おとろ》うるは、天地（自然）の則（法則）にあらざるなり」（第十四章）。心の衰えは天地の法則に反するというのだ。

真鋭に沈潜して我がものにし身体化しないのは、意志薄弱であって心の衰えである。これでは戦わずして敗けることになる。「心まず衰う」の前段にある「四体未だ破れずして」という表現は、峻厳そのものだ。何がなくても四体がまだあるではないか、と指摘しているから。この件《くだり》を安易に受け止めると、中柴風の解釈に成り果てる（後掲末尾の「拾遺」参照）。唯、死ねば良い、になってしまうからだ。神島二郎はそこに注目して、それが日本人の宿痾であるかに錯覚している。

心がしっかりしているのは天地の法則なのである。負けない潜在力は誰にも与えられている。にもかかわらず、発揮せずとは勝《まさ》ろうとしていないことだ、と断じているのである。ここで、「気」の働きへの注視が視野に入ってくる。

そこで、戦いに没入するには、鋭い勢いを働かせることだ、という。「兵は稜を用《もち》う」と（第十八章）。「稜」という鋭い勢いとは、どういう状態をいうのか。蛇がムカデを捕るのを視ると、ムカデは足が百あるにもかかわらず、足の無い蛇に勝てない。それは、蛇は足が無くとも、一心と一気に攻撃するからだ。「一心と一気とは兵勝の大根か」（第二十六章）。ここにも気が出てくる。真鋭にもなり得る心と気を一体にする集中力こそが、敗れないための大根《おおね》としての根本なのだ。

五、真鋭は死生一如・幽顕一体感に裏付けられている

真鋭の境地が通じ得る神気の「神」とは、絶対神を意味しているものではなく、生命を育む保護膜としての子宮膜をもたらし造化させる何か（大生命か）を想定しているとは、先に述べた。

造化は万物の生あるものを産み育て（生成化育）、そして時期が来れば帰幽させる。神妙である。だから、日本人は現世としての顕界での生身を現し身《うつしみ》とも評した。うつしは、幽の世界での隠れ身が現世に反映しているわけだ。

従って、生死の構造を基本的に幽顕二元、そして一体のものとして把握している（後掲の、三章、一節、三、及び五章、二節等を参照）。しかも分立しているのではなく、死生一如でもある。「死と生とを忘れて死と生の地

を説け」（第十二章）は、それを示唆している。

「死と生を忘れて」は、平時でできるはずがない。戦いのさなかには在り得る心の動きであろう。忘れろという命令である。忘れることができるのは、死が生理的な死の終わりではない、という想定があるからだ。孔子は、弟子に死を聞かれて、生すらまだわかっていないのに死がわかるはずはない、と応えた（注17）。生に優位を置くクールな不可知論の立場である。

（注17）論語　巻第六　先進第十一の一節「未だ生を知らず　焉（ずく）んぞ死を知らん」

これでは、真鋭も出てこない。いや、出てこられない。だが、闘戦経は不可知の立場をとっていない。だから、忘れろと言える。この下りは禅の公案を読む思いがする。地は、日常にある具象としての自然そのものを意味しているのだろう。天というと、大陸から移入された漢語の意味が強く、抽象的な観念に傾斜するからだ。地から生まれいずるものには生死があり、死は土に戻る。その信に徹すれば真に至り、幽顕を行き交うことができる、とする。生身の肉体を踏まえており、観念的ではない。だから、「神気を張れば」（第四十七章）、という行為によって実現が可能とする表現が出てくる。真鋭の活きる境地である（注18）。

（注18）「地を説け」という命令形の読み下しをしたのは笹森である。「地を説け」にした方が、倭教に由る文質があると見たのであろう。中野本は、そのまま「地を説く」としている。寺本の読み方より笹森の読みが深いと思う。

二節　闘戦経は「詭」をなぜ拒んだのか

一、詭道を「詭譎」にして拒む感受性

作者が「詭」を「詭譎」とまで表現してこだわり、それだけでなく受け入れることを拒んだところに、当時の鋭敏な日本人のシナ文明の発想や思考形態に接したさいの、深層からの違和感が示されている。それが力の行使を最も必要とする「兵」（軍）の運用を意味する兵法であったところに、比較思想の見地からも無視できないものがある。いや、日中間の両文明の「比較生理学」とでも言った方が妥当かもしれない。

シナ文明に対する違和感の自覚と表示には対峙意識がある。それには、別の文明意識にあることの矜持が「詭譎」という断定に示されている。この感性が現代の私たちに再び自覚できれば、これからの時代でどのような事態に遭遇しても、その姿勢において基本的に全く問題が無い。なぜなら、主導権を我が内に置くからである。あるいは、置けるかもしれない。この記述には、漢心ではない和魂ないし和の心の原形質が「倭教」（第八章）として直截に開示されている、という判断が大切と思う。

「詭」という言葉の意味は、辞典で見ると、いつわる、だますとか、正しくないとかトリッキィな意味しかない。詭道になると、最初にだます手だて、次いで近道という意味を伝えている（大修館『新漢和辞典』）。近道の意味も安定した大道ではなく、危うさを有しているのだろう。広辞苑もほぼ同様である。和語で「詭」は否定的な意味でしか受け取れないようになっていたようだ。

漢語では、この言葉は、「いつわる」が本意だ。和語でいうところの「いつわる」と「だます」では、同様のように見えるものの、微妙に意味が違う。前者は消極的または受け身で、後者は積極性がある、とも言えるからだ。

漢語では、あやういという意味も含まれている。転じて、確定的ではなく不安定な働き、変化など。だから、変る、違うとする、異なる意味もあるようだ。古訓では、アヤマチもある（白川前掲書）。アヤマチも自他二つの働きから生じてくる現象である。

事態は変化するという意味での「詭」という解釈を優先する思考の磁場や思考形態からすれば、「真鋭」や「神気を張る」という語で対置されても、わかりにくい。発想の次元が違うからだ。

「偽《いつわ》る」という語意からすると、「真鋭」という表現を対置しても、日本人にはおかしくならない。しかし、「詭」を発想の中心に据えて実とした孫子の考え方からすると、「真鋭」は実際的なものではなく、観念や思い込みに過ぎず、強いていえば虚になるかもしれない（虚実についての日中両文明の捉え方の違いについては、後述の八章、一節、四、を参照）。

二、真鋭の自覚により、日本人の感性は言葉になった

「真鋭」という、他者から見ると直観的でもあり、また当事者にとっては実証とする考え方や信念は、方法の範囲で収まるものではない。また、近代的な認識論での「知」の理解で捉えられるものではない。従って、思索から思い至ったとするのは無理があるように感じる。

孫子では用いていない表現である。漢字を用いても和語になっている。実際の戦闘経験で極まった際に実感したものから直覚して言語化した、と思う方が不自然ではない。それは観念というより、行として受け止めた戦いにおいて、はじめて体認される意味と思った方が、収まりがいいからだ。

世俗化された近代人からすれば、むしろ孫子のいう戦いの諸相、戦争を前提にしての外交という戦争以前、戦場や戦闘の実際面からの把握の方が分かりやすいだろう。神妙による造化の世界を背景にした『闘戦経』には、孫子の世界での実は少なく、虚でしかないと思われるから。だから、ドイツのクラウゼヴィッツは、大著『戦争論』を記すに

あたり、孫子から多大の影響を受けた、と言われている。現象から解き明かす方がわかりやすいからだ。

死地など孫子の表現は、拡大解釈すれば闘戦経の示唆に該当する部分もあるものの（第十二章）、そうした想定を主題にはしない。なぜなら、「実」の範囲が精神や幽には至っておらず、戦時であっても人の生活の範囲に即しているからだ。実際としての即物的な死地であり危地である。死生観にある死ではない。

戦いの中での状況から生じる死と、人が等しく与えられている自然としての死では、死の意味が違ってくる。当人にとっての受け止め方が違うからだ。戦いに巻き込まれての死は、いわば天災のようなもの。しかし、戦いに参加する者は、場合によっては戦死することは織り込み済みである。

にもかかわらず、避けようと努めれば死を免れることができる。そこで、免れるための工夫としての詭道が求められる。この努力はサバイバルとしての当然の任務である。

それに比して、死の受容を織り込み済みで臨む者は、死を常在化して死して生きる、すなわち「死と生の地」（第十二章）に在る心境が求められる（後述の三章、二節、二、を参照）。戦いに臨んで、詭道を我が身に引き寄せて考えると、どうなるか。闘戦経の作者は、この発想に委ねることは、生理的な死への未練を生じさせる、と考えているように見える。

生死のメリハリという潔癖さを求める心性からすれば、詭への傾斜に生理的な生への執着を生じかねない危うさを感じていたのだ。だから、闘戦経の作者は、詭道を敢えて詭譎と言い切ったのである。詭譎と断定したときに、そうさせた日本人の感性は「真鋭」という言葉になった。それは日本文明にある死生観の言語化された自覚でもあった。

三、詭に傾斜すると、真鋭が希薄になる

作者は、孫子のリアリズム認識とは趣を異にする見地を示している。それは、精神や心の境地をも視野に入れ

て事態を把握しているからだ。それも作者に代表される日本人の自然のリズム観をも念頭に置きつつ、である(後掲の、五章、三節を参照)。

自然のリズムは生死を不可避とする。植物は生えて枯れる。しかし、死は別の容《かたち》になって次の再生につながっていく(第十四章)。死は終わりではないという認識は、実感に近い。真鋭を説く作者は、戦いに臨んでの死生観に自然の摂理が働いている、と信じているからだ。

兵団による戦いは極力避けて、実力行使は最後の最後の選択肢(注19)にするリアリズムの孫子の視野においては、生理的な死が別の容《かたち》になって再生し得るという発想など、兵法として全くといってよいほどわからない心象世界であろう。

(注19)「百戦百勝は善の善なるものにあらず、戦わずして人の兵を屈するは善の善なるものなり」。(「三、謀攻」)

兵を用いずに目標を達成するために、孫子は、「勢」を重視し、「形」を変えるための潜勢力の発揮に力点を置いている。そこで、様々な謀を提示している。謀とは詭そのものである。原理としての自然を背景にしての戦法の在り方を求めているのではなく、人間界の現象の範囲、技《わざ》を尽くすところでの兵法を論じていることがわかる。だから、戦争は政治の延長にあるというクラウゼヴィッツの定理は、孫子に源流がある。

闘戦経は違うようだ。

劣機なりとも義において立つ、は文学の世界であっても、日常では極めて稀と受け止めるのが市井である。生活者のうちの多数派の欲するところではない。また、生き方の流儀としては、実際のところで褒められるものではない。

だから、信と義に殉じた伝説での諸葛孔明が尊敬されるのである。一方で、実際面では、処世として「君命受けざるあり」が出てくる。だが、日本人は前述のように、「已むを得ざるにより動く」(「問題の提起」二、を参照)

や、「劣機なりとも義において立つ」（「問題の提起」五、を参照）死生を人生とした人間像を大切にしたのである。そこで闘戦経の作者は、詭道という戦略戦術に思考の力点を置くと、人間存在の源泉である「精」（第二十八章）に根ざしている真鋭の働きが、ともすると鈍くなると感じて、警戒したものと思われる。鈍くなれば英気廃れ、やがては「戦いて屈せられる」（同上）羽目になりかねない。また、謀や詭に基いた技への偏重は、生の在り様（第三十五条）からの慎む姿勢を劣化させやすい、と危惧したのではないか。戦うという行為を、力学としての即物的ではなく倫理的にも捉えようとしている。

三節　詭道を超越した真鋭

一、「詭」の裏付けにある「懼れ」を越えるには

では、闘戦経は孫子の兵法の根拠をどのように見切っていたのか。「詭」の裏付けに懼れがある、と断定している。「孫子十三篇、懼の字を免れざるなり」（第十三章）。つまり、詭と懼が表裏の関係にあると喝破したのだ。この解釈は、ここで捉えられる日本文明の自意識からすれば、おそらく妥当であろう。

だが、その意味するものを、先に記しているように、詭をあやうさではなくだましの意味で強意に受け止めていると、懼を簡単に怯《おび》えと理解しやすくなる弊が生じる（注20）。この解釈の波及するところは深刻である（次項二、を参照）。

（注20）中野本によれば、「免れず」という見方は、「孫子に対する嘲笑に非ずして、賛成演説と見ていい」（18頁）という。懼れに直入しろというのだ。

笹森本は、「免れず」をそのまま素直に受け止めて、孫子は「我が闘戦経から見れば、見劣りして月とすっぽん」とま

で言い切る（64頁）。この自信に満ちた強い口調には、一読者の私に一抹では終わらない不安が生じる。この章での二人の釈義は正反対のようだ。どちらが妥当か、までは言い切れない。いずれも一理ありで、断定しがたいものの、寺本の見方に長ありと思う。

懼れは悪いことではない。懼れは心境や心理をさす意味ではなく、現象が内包している可変性をも意味しているからだ。そこに主観性はなく、むしろ認識者の眼前に展開する変化流転という客観的な現象を指している。そして変化は、認識者の認識なり想定なりの範囲を越える場合もある不可知の分野である。

昭和経済史に登場した人物で電力の鬼といわれた松永安左ヱ門は、計画立案の際に、unknownという表現を強調したという。これも、ここでいう懼れに入れてもいいだろう。事態にある変数や不確定要因、あるいは未知、未発生因の所在を示唆している。

そういう懼れの意識があるから、次には紛糾や害になり得る可能性の芽を認識することが肝要になる。芽が確認されれば、事前に摘むことも可能になる。その芽とて着実に大きく育つのか、一時はともかくやがては消えるのか、そこに形勢の「勢」にある可変の内容を見極めねばならない。

兵を起こすという安全保障の発動は、事態が起きてからでは遅い。起きないようにする手立てが大事なのだ。「備えあれば憂いなし」という古語は、それを示唆している。闘戦経はこの間を、「兵は本、禍患を杜《ふさ》ぐにある」（第五十二章）（注21）と伝えている。起きてしまったことに対処しようとしている、あるいは、起きないようにするところにも杜《ふさ》ぐ営為は働く。後者は、現代の戦争学でいうところの予防戦争であろう。あるいは、その前段の予防外交であろう。予防戦争も予防外交も「懼れ」と無縁ではない。

（注21）神武の意味は、不殺を旨とする。その精神に基いて、第一次大戦での欧州戦線での流血を憂いて、大正天皇は漢詩をお詠みになられている。カナ交じりを紹介することにする。

「西陸の風雲惨禍多し。列強勝敗ついに如何。山河いたるところ、血、海を成し。神武誰に憑ってか能く戈*を止めん」。
*戈《ほこ》は戦争の意。
山河は流血の惨事である。誰かに神武が乗り移って止めることができないものか。(『大正天皇御製詩集謹解』木下彪。194頁。明徳出版社)。

二、戦うとは守りではなく、攻めだが

「杜《ふさ》ぐ」というこの章句と、「兵は詭道なり」を比較すると、一見すると似ているように見える。だが、両者の違いが直截に現われているように感じられる。孫子の方が、人間界の現象から眺めるために、事前の事前を想定していることが覗える。場合によっては好戦的でもある。芽を摘む予防戦争に名を借りた攻めの戦いが正当化される場合もあり得るから。そこに至る前に、「勢」を考えての謀という仕掛けを重んじることにもなる。謀は詭道そのものの働きである。

シナ文明の精華である兵法の古典を「懼れ」の一語で済ます闘戦経の断定には、前述のように深い見識があるのは間違いない。だが、一方の客観性の側面を見落として浅く受け止めると、あやうさ認識を怯懦と思いこむのは、ほんの一歩である(後掲、四章、一節、三、を参照)。

シナ大陸に介入した昭和の日本軍は、相手が一見すると逃げてばかりいるので弱いと錯覚して、戦闘では常勝と思っていた。ではあったものの、最後には戦争で負けることになった。結果から通観すると、相手の数段も深い生き方の流儀なり戦略なりの中で、結局は踊らされていたことになる(「七章　昭和日本の統帥は毛沢東の『持久戦論』に敗れた?」を参照)。日本でも数少ないいわゆるシナ通の幹部軍人は、深入りの先を憂慮したが、往け往けの大勢に抗しがたかった。その前段階には、日中間の約束事なり了解事項や条約なりを無視しての、小出しの挑発という仕掛けの度重なりによって、日本側の我慢が限界に来ていた面を見落とせない。

相手は米国を戦争に引きずり込んでいる。ここでは一見すると国民政府だが、盧溝橋事件を契機とした第二次国共合作において、結果的に国共両党も一体になって米国の引きずり込みを進めていた。中共党にとっては上部団体であるコミンテルンの大謀略、帝国主義諸国間の抗争激化を経ての敗戦革命路線は思うつぼである。日本軍は、勇が先行して知が追いついていなかった。現地軍の先行に統帥の中枢が追いかける事態になった。実に戦争も戦闘も、その帰趨は「詭」そのものであった。「百年マラソン」（マイケル・ピルズベリー『China 2049』2015）に見られるように、現在でも変わらない。

「詭」と「懼れ」認識のもつ深さに対峙するには、そのままではあやういことがわかる。闘戦経の内容は、読み手の修得の深さによって、意味が変わってくる。いや、気骨ある知恵の深さを湛えているのを、どう読みとるか。現象を神妙として捉えての読み手の慎む読解力になる。それは、結局は「守り」と「攻め」の意味の捉え方に掛かっている。その読み違えが致命傷になったのが、昭和の敗戦であろう（後述の十章の関連節を参照）。

三、守りと攻めは、戦いの意味の両面

闘戦経の作者は、戦闘力を構成する精神を三つに分けた。威と勇と知（第五十章）。そして、「威は久しからず、勇は缺け易く、知は実無し」と、その弱点を指摘する。ならば、どうすればいい。「故に古人は威に頼らず、勇に頼らず、知に頼らざるなり」と（第五十章）。この終わりの下りは、わかったような、わからないような、という印象を受ける。受けるものの、一歩引いて思いをめぐらすと、その示唆の深いことに愕然とする。

自然界を見てみよう。水の中で生きているものには、甲やうろこがあり、それなりに守られている。山の中に棲んでいる獣には、角や牙がある。戦う場合に、それを固有の武器にして他を攻める（「戦う者は利きを以てす」第四十八章）。

だが、自力で状況を全て作りだすことはできないものでもある。鯉は自分の力で滝の逆流に抗して昇ろうとし

て、まれに成功する場合もある。龍は、時来たれば天の勢い（他力）によって昇龍となる（第四十二章）。大部分の人は鯉だから、時には制約にもなる天命がどうあれ、最善を尽くすしかない。守りではなく、攻めである。勝つための態勢作りは、足元にある災いの本を断ち、そのうえで次の大きい課題に取り組めば出来上がる（第三十七章）。また、取るべきものは倍を取り、捨てるものは倍捨てる、それに逡巡はしない（第二十七章）。この取捨についての見識は深い。私たち凡人は、思索上でも他者や環境との関わりでも、取る時は遠慮して、捨てる際には物惜しみするから。

こうした態勢を作った上で、「急」の勢い（先制攻撃）により敵の最も強い部分を討ってしまうことである（第四十三章）。第二十七章もこの章も、勝機における時間の持つ重みを示唆している。

以上は、徒な守りは自滅に通じることを示唆している。さりながら、その攻撃は、前項で紹介した第五十二章の「杜《ふさ》ぐにある」にあるように、専守防衛なのである。

先達である闘戦経の作者は、攻めの肝要さを主張しながら、環境や状況に慎む姿勢で対峙するのを忘れない、実に怖しい洞察力の持ち主であった。慎むとは守りの別表現にもなり得ると言えよう。かくて、守りと攻めは、戦いの同義語になるのである。守るとは攻めであり、攻めとは守り、という修辞が生きてくる。

四、「詭」から生じる「変」に振り回されないもの

劣勢なら負けると考えるのは当然。従って闘戦経の作者は、孫子のリアリズム認識を理解していた。ただし、闘戦経はそれを、自然界での所与の利器から説明する。

だが、所与の利器をもたなかったらどうするのか。翼もない。足もない。嘴もない。ないない尽くしは蛇のようなものだ。まむしには翼もないし、足もない、もちろん嘴もない。では、どうしたらいいのか（「嗚呼我これを奈何《いかん》せんや」第二十一章）。しかし、蝮は毒をもっているではないか（「却って蝮蛇毒を生ず」。同上）。

それは毒虫にも言えることだ。かように自然は、身を守るためにそれなりの配剤をしている。だから、相手の利器を羨んでも問題の解決にならない。寡兵で大きい敵を討つこともある（「小虫の毒ある、天の性か。小勢をもって大敵を討つ者も亦然るか」。第三十章）。信長の桶狭間の戦いはそれだろう。信長は心中に毒あって、その毒を活かした作戦行動を起こしたのだ。その毒が少勢の速攻による奇貨によって、今川勢への勝利をもたらした。この挿話は、毒は貴重な天の配剤であり、エネルギーそのものと読める。

条件的に劣勢劣機ではあっても、寡兵の特質の活かし方によっては大勢を転換させることも可能であることを示している。この示唆は、「兵は詭道なり」そのものの別の表現ともいえる。ただ、詭に徒《いたずら》に身を委ねるな、と言っているようだ。詭を我が身に置く、主導権を我が身に握ることを心得よ、というのだろう。

すると、「兵は詭道なり」は、「詭道になる面もある」という読み方になる。そこで、「鼓頭に仁義なく、刃先に定理なし」（第三十九章）の指摘の凄みが生きて来る。

一見すると「詭」ではあっても、自然の計らいは摂理としてそれなりのものを関係者に付与している。それを自覚し戦力化することに成功すれば、あやうくなくなる場合もある。つまりは、彼我の戦力の違いを明らかにするのは、当事者の自他と在る環境への理解力に懸っている、といいたいようだ。これも事態に主導権を握るための認識の深さと仕方に由っている。「変」に振り回されるのは、主導権を握る自力よりも他動であるから。

五、「変」を我がものにするとは、時間を腹中に収めること

「詭」は「変」でもある。そして「奇」でもある。孫子は、流動的な不確定要因による作られている現象を、奇として捉えている。その奇を機の問題にすると、変に対処できることになる。つまりは主導権を確保できる可能性が出てくる。孫子は、確保する方法を「奇正」とする（後掲、四章、一節、の各項を参照）。それには、前掲の第三十章の指摘を我がものにしなくてはならない。それには、彼我の関係での対敵認識または対敵評価にお

いて、自分の手持ちの時間をどう把握しているか、相手のもつ時間の余裕はどの程度かの評価と、その内容が勝敗のカギになる。

闘戦経は、それを、「変の常たるを知り、怪の物たるを知れば、造化と夢との合うがごとし」（第三十四章）という。変化は常態である、変化は不変であるとなる。そのように事態を受け止めれば、変という怪物の正体もどうってことはなくなる。つまりは制御することもできると。それを、自分の夢を変化に合体させることもできるようになる、と言っているのだ（注22）。

（注22）西郷隆盛も「夢は念ひの発動する処なれば」と、変転を自在とする工夫を示唆している。それは時間を自在に腹中に収める修練をしていないと叶わない工夫である。岩波文庫版『西郷南洲遺訓』（補遺二）。

言葉にすれば、そういうことかと得心できるが、実際には容易ではない。相当に心境を深め真鋭を幾分でも常態化しないと、事態の即応してそのような心的な動作は可能ではないだろう。が、このように記述されると、可能ではあることは何となくわかる。

劣勢であるために孫子の伝える奇と変を存分に活かした技や術による戦いの仕方をしたものの、闘戦経が求めた生き方をしたのは、次章で触れる楠木正成である。その戦略戦術を展開した死生の在り様を在るべきものとしたのが、水戸光圀から始まる水戸学であった。そこには「詭」から生じる「変」にもたじろがない武夫《もののふ》の在り方としての忠義の径《みち》がある。

この武夫の在り方には、自分の覚悟が一介の自分の死生に終わるものではない、との自信の背景にあるはずの時間意識がある。どのような「変」が生起しても、それに対峙するのに、たとえ孤であるのを余儀なくされても、負けないと我が身に誓える。それは、妄信ではない。「時は我に在り」の見通しを、腹中に収め得るか否かにかかっている。彼我双方が有している時間の主導権を、我が内に持ってくるだけの知力と胆力即ち胆識があるか、だ。

そうさせ得る心の動きが真鋭であり、剛（第四十章）であろう。

以上での拙稿は、闘戦経の最重要部分の大枠を概説的に伝えている。以下の諸稿は、さらに詳細に闘戦経に内在する理義を、日本史での軌跡、日本人の生き方と死に方、死生観から浮上させる、あるいは原理的に明らかにする。また、闘戦経の近現代での立ち位置を、敗戦を迎えた昭和の統帥における病理や、シナ文明のうちで主に毛沢東を意識しつつ明らかにする。

２０２１年７月に結党百年を迎えた中共党の現主席・習近平も毛沢東の後継者をもって任じている。そして、中共党の最新の政戦略の意識は、主に『超限戦に敗れない方法』で後述の『超限戦』（１９９９）の主題である「非軍事の戦争行動」をもって、特徴としている。

戦狼外交も基盤にはこの発想がある。しかし、著者が言うように、湾岸戦争がきっかけではない。その遠因を尋ねると、こうした戦略意識は延安に大長征（？）と自称する逃避行を経てたどり着いた毛沢東が磨き上げた『持久戦論』（１９３８）にある。

その直系と信じる現在の中共党の中枢は、超限戦という名称を与えて、21世紀以降に臨んでいるのを見落としてはならない。

二章　楠木正成から徳川慶喜に至る出処進退

闘戦経に示された死生観（第十二章など）に裏付けられた出処進退についての在り方は、南北朝時代の楠木正成の振る舞いに見事に表出している。後世の日本人の一人は、それをあるべき象徴と考えた。同時代に近かったのは『太平記』である。さらに後世になって再興したのは水戸光圀である。学としては、水戸学として形成された。

この章では、楠木伝説に始まり、水戸学の在り方に最も忠実であった最後の将軍慶喜に至る出処進退から、日本人の理想とした死生観と処世観を明らかにしたい。そこに武夫《もののふ》とは、自分に与えられた僥倖としての生を自分の立てた志である信じるものに、どのように用いるかに心血を注ぐ人であるか、が観えてくる。そうした意味では、日本人はかなり以前から個人が自立していたと看做していい。西欧人による自我の確立から近代が始まったというような既成の解釈は、西欧文明には通じても、日本文明には通じていないことがわかる。

この日本人の精神史というか精神の在り様についての模索は、闘戦経の思索が到達していた心境なり境地なりと無縁ではない。

一節　正成の生き方と死に方に見る信と義

一、正成の死生を巡る諸論

ここで闘戦経を学んでいたと思われている楠木正成について考えてみたい。彼の生き死には、現代人でも素直に死生について思い巡らせると理解可能な、自己決断に満ちた爽快で恬淡とした振る舞いがある。それは死生について、自我が確立していたことを示している。そして、闘戦経の伝えるところをそのままに殉じたと言える。

楠木の兵法は孫子に学びつつ、最期の在り様は闘戦経に負っていると見たのは、鞍掛悟郎「楠木正成が指南書として『闘戦経』」。現在での指摘であるところが実に重い（注23）。負け戦を承知での湊川への赴き、である。孫子に忠実なら、「君命に受けざるところあり」で、往かなかったであろう。

（注23）監修・家村和幸『真実の「日本戦史」』収録。72～76頁。宝島文庫。２００８年。家村の新著『闘戦経』の巻末にある楠木兵法論を参照。並木書房。２０１１年。

前掲の中野本によれば、寺本少将は楠木の進退について鞍掛とは逆の見方をする。「クリストや大楠公はお粗末と謂はなければならない」と観た。その振る舞いに迷いがあるという。第十四章の解説の下りにある一節である。この見解には、筆者は判断を留保する（注24）。

（注24）19頁。寺本のこの見方については、後掲の十章、三節、一、の後半で触れる。

因みに、第十四章の冒頭には、「気なるものは容《かたち》を得て生じ、容を亡《うしな》って存す。草枯るるも猶ほ疾《やまい》を癒す」とある。容を亡ってその生命は別の容となって意味のある残り方をする、と示している。再生か転生。しかも、「疾を癒す」とは、一に「気」による。寺本の判断に留保した所以である。正成に迷いがあれば湊川に赴いたであろうか。

昭和の大衆作家吉川英治は、昭和戦前の『宮本武蔵』に見られる求道性に満ちた武夫像を、敗戦後には後退させ、『私本太平記』を記述した。そこには、従来の正成像とは違う在り様が描かれている。同様に逆賊足利尊氏像も変わっている。その前段を意味する作業が『新・平家物語』の描き方であろう。

『宮本武蔵』を執筆した頃の英治は安岡正篤と親交があり、安岡の『日本精神の研究』十四にある武蔵像の影響を受けたという。大衆作家らしく時代の思潮を敏感に反映していただけだと思う。敗戦からは求道性を削除し、市井の平穏を最優先する生き方が全盛になっていた。個々人の私「生活第一」である。英治は真面目ではあったが、不学だったように思う。一臣民としての真面目さというか素直さは、陸軍の求めに応じてか、『戦陣訓の歌』を作詞したところにも表出している。だが、『神州天馬侠』から、敗戦後には改作改名の『新州天馬峡』になった。

原題ならGHQが許さなかったかもしれない。主権回復後には、原題に戻した。

安岡の正成像は、前掲著にある。「九　信仰と殉忠」。大正時代の文体なので現代人には読みにくい。だが、安岡が大正の末期12年に発表した際の、同時代の日本社会への危機感は伝わってくる。

湊川への出陣という敗戦必須の命を受け止めた正成の心境を推察した下りは、「朝野の内情を知り悉し、時勢の赴く所を洞察して、成敗の理を明きらめて居た公の胸中には、此の時已に凡慮の及ばぬ覚悟が抱かれていた」と（注25）。

（注25）174頁。同文には傍点あり。関西師友協会の復刻版。平成12年。

「明きらめていた」という表現には、正成の見切りについての安岡の見極めがある。「命《めい》なるかな」。その余りの怜悧な観察から酷薄とも感ぜられるとしか言いようの無い認識には、胸中に痛みが生じてくるのを押さえられない。余談ながら、この下りには、終戦の詔勅での删修以後の昭和の時代における安岡の身の処し方を、すでに暗示していたように覗われる。

家村和幸は、前掲の新著『闘戦経』に収録の別稿で、「明きらめていた」楠木が実際にどのように闘い続けたかについて、見事にその軌跡を明らかにしている。「闘戦経を体現した兵法の天才・楠木正成」を参照されたい。なぜ家村はかくも素晴らしい楠木論を展開し得たのであろうか。それは、後述の五章で取り上げ、他の箇所でも度々触れる漢心を排した「幽顕一体」の実感にある。そこに拠って楠木の軌跡を追求したからだ。幽顕を自覚する機会の絶えて無くなった敗戦後の70余年では、出色の楠木論である。

二、信に殉じられた生き方

楠木伝説の普及は『太平記』に負うところが大きい。楠木の敵対した側が覇権を握った時代に書かれたところに意味がある。敗者である楠木を称揚しているからだ。日本人が有している、敵で敗者になった存在への敬意と礼儀が示されている。シナ大陸では現在も行われている墓を暴いて侮辱し、唾を吐く振る舞いとは真逆な、信じるところに従ったために生死を分けた史実への敬虔さがある。

『太平記』は、南北朝時代を舞台に、後醍醐天皇の即位から鎌倉幕府の滅亡、建武の新政とその崩壊後の南北朝分裂、観応の擾乱、二代将軍足利義詮の死去と細川頼之の管領就任まで（文保２／１３１８年～貞治６／１３６８年頃までの約50年間）を追った軍記物語である。すでに北朝が正統になっている時代にできている。

近代で正成と息正行の死生への伝説、は小学唱歌『青葉茂れる』の影響が大きいと思う。１９４５年秋の敗者となり占領日本を経ての現代では、この唱歌は死に絶えた。

尊氏は湊川の戦場で、兵員で圧倒的に劣勢なるがゆえに勝ち目がない劣機の正成に向けて、幾度も降伏を勧告したという。しかし敗戦をあくまで受け入れない。敗者の立場を受け入れない。『太平記』の記述では、最後に弟の正季とともに、あの有名な「七度生まれて朝敵を滅ぼさん」と言って自決した、となっている。

伝説ではもっぱら降伏を受け入れなかった楠木一統を称揚するのだが、幾度も降伏を勧める尊氏の頭領としての器量の大きさが偲ばれる。もし、正成が降伏したとしたら、あるいは所領を増やしたかもしれない。そういう想像が起こるほどの器量人であったと推察される。

孫子の世界の出来事ならば、楠木的な存在の敵はせん滅しなくてはならない。生かしておけば、いつまた叛乱を起こすか知れたものではないからだ。

『太平記』に記述されている、正成の生き方と死に方は、後掲（五章）の幽顕一体での信が背景にないと出てこない。日本という場での、「民、信無くんば立たず」（論語の一節。前掲の「問題の提起」、四、の（注７）を参照）を直截に示したのは、楠木一統の幽界を前提にしての現世（顕）における戦闘を通しての滅亡であった。正成が信じた私や共を越えた公に殉じたのである。それは、別の言い方をすれば、殉じられる信があったのである（注26）。正成のこの死生における行為そのものが、後世から観て、忠誠心の原型質にもなった。

（注26）親鸞の教義での核心部分である往相・還相回向（『教行信証』）も、古代からの日本人が素直に感じていた幽顕一体の心象と無縁ではないと推察される。まだ思索が十分でないので問題の提起に留めておく。

三、英雄としての死に方

正成は後醍醐天皇の命令に殉じれば敗戦必定と知っているにもかかわらず、孫子でいうなら君命に受けざるところある命令にもかかわらず、圧倒的な多勢である足利軍（十万ともいう？）との湊川の闘いに、一千足らずの兵で臨んでいる。湊川は彼にとって死地であり亡地であることを承知しての進軍である。

正成の此処での戦いの仕方には、孫子にある抗命をＴＰＯでよしとする合理性の受け止め方と１８０度の違いがある。君命に殉じるところに信ありとし、その戦い方の背景には、敵を不義として、「義、我にあり」で正当視しているのだ。

七生という表現に驚く向きもあるが、当時の大方の日本人にとっての受け止め方では、いつでも生まれ変わって来るといった程度の感じ方であったろう。

ここでの正成の心境には後醍醐天皇の勅命を越えたもの、あるいは後醍醐天皇の背後に脈々と永らえているものへの信と、それへの忠があった。それは此の世を越えて脈々と生きていると感じられた信なるものへの謹慎でもあった。といって、進軍は本意ではなかったろう。死に急いだわけではなかったと思う。運命を甘受した覚悟を想う。前項で紹介した安岡の謂いに従えば、「明きらめていた」上での振る舞いである。

この生き方と死に方には、日本人が英雄として讃仰する条件が備わっている。孔明伝説と楠木伝説の間には共通するものがある。

主権回復後の昭和時代でももっともラディカルな保守思想家の一人であった福田恒存は、敗戦直後の状況という特殊性があったにせよ、楠木を含めてだろうが、そうした存在を全く認めなかったのは一考に値する。

「古来、我が国に英雄というものは存在したことがなかった。夢を持たぬ民族の英雄は、たかだか機会という偶然性の打算的な利用にすぎず、人心の機微と世間の道義心とを弄《もてあそ》ぶ処世術の選手に他ならない」（注27）。この下りは、うっぷん晴らしもあったろうが、俗語で表現すれば、よくぞ言いも言ったり。なぜなら、正成の死生も打算で処理されてしまったからだ。

（注27）『福田恒存評論集　一四と九十九四』３０９頁。麗沢大学出版会。
尤も、その福田も後年になって敗戦直後の衝撃から立ち直ったようだ。因みに福田は、昭和17（１９４２）年に二百三高地を視察した際の感慨で、前掲の論旨とは違う所感を述べているという。新保祐司。産経【正論】。２００９年11月6日。一種の敗戦ショックによる方向感覚の喪失だろう。

徳富蘇峰『終戦後日記／頑蘇夢日記』（講談社）と比較すると興味深い。明治人と昭和人の違いが看取できる。徳富には、福田の直情的な日本史批判をする態度と異なり、日本史における個々の日本人の生き死にについての知識が多すぎたと言える。わたしは、未曾有の敗戦を迎えてもブレなかった徳富の剛直な姿勢に共感する。福田は弱い。後年になって平成のいわゆる保守主義者西部邁は福田に帰依していたが自死した。その死に方は誇りに満ちていたが。


この福田の文章は日本が米軍の占領下にあったために、検閲などのプレスコードのある時代の記述である。自前の論壇が成立しない大混乱に陥っていた昭和21年11月に書かれている。それにつけてもこの見方には、敗戦直後という同時代で醜態を演じていた日本人への、福田によるほとんど絶望が見て取れる。だが、正成は福田と同時代に生きてはいない。

このように正成像は日本社会の時代性の反映を受けて１８０度変わっている。別の謂い方をすると、それだけ彼の死生の在り様は燦然と光沢を放っており、魅力ある存在だということであろう。英雄と称しても許される存在である。我武そのものの生き方と死に方であった。

二節　信を優先する日本儒学

一、聖徳太子・十七条の憲法における信

古代、大陸から来る文物だけに止まらない信仰も含めての先進知識と技術を有する渡海人の流入により、多くの刺激を受けた奈良時代の日本人は、その圧倒的な先進文明をいかに摂取するかで、工夫に工夫を重ねた。日本列島という場で、不可知的な背景を有する外来を統合するために咀嚼し、その成果を言語化した集大成が小見出しにある「十七条の憲法」であろう。西暦６０７年に制定されたという。現在の史学では聖徳太子は実在しなかったという異説も生じているくらいだが、その到達した成果は圧倒的な存在感を日本文明史において放っている。

「九曰。信是義本。毎事有信。其善悪成敗。要在于信。群臣共信。何事不成。群臣无信。万事悉敗。」

読み下し文「九に曰わく、信はこれ義の本なり。事毎に信あれ。それ善悪成敗はかならず信にあり。群臣ともに信あるときは、何事か成らざらん、群臣信なきときは、万事ことごとく敗れん」。この読み下しは中島尚志によるよる（注28）。

（注28）同「聖徳太子と十七条憲法（下）」『ＢＡＮ』２０１３年６月号

畏敬する先達中島尚志教授によれば、九条は「第1条の『和』を重視する規定と対をなしている」という。そ

れに続いて、「儒教の影響を受けて作成されたものである」と。この評価の部分をどのように読むかは悩ましい。普通に読むと、さほどの違和感は生じない。しかし、この修辞を浅く読むと誤解を生じるとも言える。

わたしは、むしろ元来の日本人が無自覚に保有して培ってきていた心性を、漢字に接して「信」として自覚した、と理解する。そのきっかけが儒教であった。いや儒学本に用いられていた漢字にある諸概念から触発されたのであった、とした方が妥当ではないかと思う。そうした受け止め方は、普通に読んでいる「和《わ》をもって貴《とうと》し」は、中島教授によると、「和《やわら》ぐをもって貴し」（注29）の読み方だと教えられたからである。

（注29）前掲の（上）冒頭から。同誌、同年五月号

和を「わ」と読んだ場合と、「やわらぐ」と読んだ場合では、その印象も受け止め方も全く変わる。音読みと訓読みの違いは、読む者の体内で微妙な印象の違いをもたらす。この微妙な違いは語感から触発されるものだが、外に向けては環境認識に作用する。それぞれの存在の内側なり内面なりでは、根底で言霊に由来しているからだ。従って、意味や解釈の編成に作用する、と考えた方がいいだろう。中島の説は、漢字の解釈が和語の意に基づくとどのように身近になるかの一つのモデルである。

二、シナにおける信の位相

一言でいうなら、シナにおける信の位相は日本人の場合の個々人の内面に働く作用としての信よりは、社会的な約束事としての意味が強い。詳しくは、前述「問題の提起／『三国志演義』に顕れた信と義」、「四、信に裏打ちされた感激の持続する由来」の（注7）を参照されたい。

三、藤原惺窩《せいか》の自覚した信

藤原惺窩（１５６１～１６１９）は、仁義礼智忠信の五徳に対して、「信」を最上位に置いた。それは安南国への御朱印貿易に際しての返書「書を安南国に致す」にある一節「一に信に止る」の評価にある。安南国王の返書にあった『大学』の一節に多大の共感を抱いたところからの下りである（注30）。安南国王の見識の高さに感銘する。漢字文明圏に属する二人は、精神的な境地で感応しあったことが推察される。１６００年代初頭。

（注30）岩波書店『日本思想大系28』「藤原惺窩　林羅山」88頁。

惺窩の知の世界では、聖徳太子の十七条憲法の九にある信と義の理義、それを包摂する「和」の情義は、自明であったと思われる。

武藤信夫は、この藤原の信最優先の考えは日本独自の和の思想から来たもの、と高く評価する（注31）。

（注31）同『これから和』。アートヴィレッジ。2010年。信あって、「君、君たらずと雖も」の言い分が成立し得る。

聖徳太子が和の思想を憲法の中核にまで据えたのは、彼の政治的な立場や立ち位置が関係してもいただろうが、そうした表面上の理由もさることながら、「やわらぐ」をもって事態に臨むには、深い覚悟があったと見ていい。それは、九条の内容を見ればいい。

そうした事情を惺窩も当然に知っていただろう。さらに、成立したての徳川政権の在り方を踏まえたところからの外交文書の作成であるところに、惺窩の並々ならない知の姿勢が息づいているように見えるのだ。

次項は、そうした「信」の営為がどのような展開を遂げたかを、日本とヨーロッパ、清朝の比較から包括的に捉える試みとしての年表である。

四、年表・日本儒学から日本学へ

1549年　F・ザビエル来日
1560　桶狭間で信長　今川軍を破る
1561　藤原惺窩生誕
1564　三河の一向一揆、家康に降る
1571　信長　延暦寺の焼き打ち
1578　上杉謙信（享年49）没　第一義『碧巌録』第一章　達磨と武帝
1581　信長　高野聖　千余名を殺す
1583　林羅山　生誕
1589　秀吉　キリスト教の禁令
1591　利休の死
1593　家康、惺窩を招請
1596　長崎でキリシタン26名を処刑
1599　勅版『日本書紀』の刊行
1600年　関ヶ原の戦い　1603年　家康、征夷大将軍に。江戸幕府創立
1603　惺窩「舟中規約」
1605　惺窩「致書安南国」
1608　中江藤樹生誕
1615　武家諸法度、禁中公家諸法度の制定

1616年　人身売買を禁止
1618　キリシタン禁止令　京、長崎で宣教師の処刑
1619　藤原惺窩逝去
　　　熊沢蕃山　生誕
　　　山崎闇斎　生誕
1621　外国人の日本人買い取りの禁止
1622　山鹿素行生誕
1627　伊藤仁斎　生誕
1628　水戸光圀　生誕
1629　紫衣事件　朝幕関係の緊張　沢庵和尚ら流罪に
1630　幕府　キリスト教関係書の輸入禁止
　　　羅山、学問所の創設
1631　徳川義直　家臣作の世界地図と地球儀を将軍に献上
1637　島原の乱　オランダ艦船、幕府に味方して砲撃
1639　ポルトガル船の来航を禁じる　翌年来航の同国船を焼き乗組員61名を斬る　鎖国の意志表示
1640　藤樹「翁問答」
1644　羅山「本朝編年録」を幕府に献ずる
1647　藤樹「大学解」「中庸解」
1648　藤樹逝去
1649　この頃各地で寺子屋興る

1650年　林羅山『本朝通鑑』

1651　蕃山「花園会」会約の起草　閑谷学校の前身

由井正雪　慶安の変

1652　浅見絅斎　生誕

1657　羅山逝去

光圀『大日本史』編纂開始（59の説も）

蕃山　岡山藩の藩政改革、抵抗に遭い隠棲

新井白石　生誕

1959　朱舜水　帰化

1662　林鵞峯「続本朝通鑑」編纂開始

仁斎　古義堂の開設

1663　谷秦山　生誕

1665　光圀、朱舜水を招く

会津藩主保科正之　闇齋を賓師として招く

不受不施派の僧を処罰

1667　蕃山　京都から追放

1668　備前、不受不施派の一揆

1669　素行「中朝事実」

1670　羅山　林鵞峯「続本朝通鑑」完成

郷学「閑谷学校」建設開始　03年に開所

1671年　闇斎　垂加神道を唱える
1672　光圀　彰古館の創設
1678　キリシタン禁令
1682　山崎闇斎　逝去　66歳
　　井原西鶴「好色一代男」
1683　光圀、幕府に地球儀を献ずる
1685　素行逝去　64歳
　　松尾芭蕉「野ざらし紀行」
　　林家内の孔子廟、湯島に移建決定。現在の湯島聖堂
1687　幕府、生類憐みの令
　　蕃山「大学或問」69歳にて古河城内に禁固
　　浅見絅齋「靖献遺言」を刊行
1689　芭蕉　奥州への旅
1690　光圀、隠退にあたり世子綱條に「桃源遺事」を渡す。「君、君足らざるとも」
1691　蕃山逝去　73歳
*1692　光圀、湊川に楠公の碑を建立
1694　芭蕉　逝去　51歳
1607　『大日本史』「百王本紀」として完成（1906「志」「表」完成にて終了）
1700　光圀逝去　73歳
1702　芭蕉「奥の細道」刊

1705年　12月　赤穂浪士の吉良家打ち入り　翌年2月　浪士47名切腹
仁斎逝去　79歳　『論語古義』『孟子古義』『語孟字義』『中庸発揮』『童子問』『古学先生文集』
1709　密入国イタリア宣教師への白石の尋問。1715年に「西洋紀聞」、
1712　浅見絅斎　逝去　60歳
1716　白石「折たく柴の記」
1718　秦山　逝去　55歳
1725　白石　逝去
1730　本居宣長生誕（～1801逝去）

ヨーロッパとの比較史

1517年　ドイツのルッターが宗教改革の火ぶたを切った
彼は同時にヒトラー並みの反ユダヤでもあった
1529年　オスマントルコ軍がウイーンを包囲した
1534年　英国国教会が成立　バチカン（カソリック）からの離脱
1538年　トルコ海軍　スペイン・ヴェネツェア・ローマ教皇の連合艦隊をイオニア海で破る
地中海の制海権をトルコが握る　オスマントルコの勢力が絶頂の頃
71年のレバントの海戦でトルコが敗れ、制海権を失う
1580年　英ドレーク　世界周航に成功
1588年　英海軍　スペインの無敵艦隊を撃破

1600年　宇宙は無限とコペルニクスの地動説を支持した思想家ブルーノは異端として火あぶりになる
1609年　ドイツ　ルドルフ2世　信教の自由を認める　ただしキリスト教内での
1616年　近代英演劇の祖にして英語の祖でもあるシェクスピアの死
「ハムレット」などで近代的な自我の創成を示唆した
1619年　英、米州バージニアで植民地議会　この年、アフリカ人奴隷の導入
1633年　ガリレオが地動説の撤回をバチカンの異端審問所から迫られ幽閉
1646年〜1716年　ライプニッツ　モナド／単子論
1650年　デカルトの死「我思う　故に我あり」〝コギト　エルゴ　スム〟
1658年　英クルムウエルの死　清教徒革命の終焉
1652年　パスカルの死「人間は考える葦である」（「パンセ」）
＊パスカルは神のもたらす秩序の中の人間存在論からデカルトを批判
1677年　スピノザの死「我は思惟しつつ　存在する」　汎神論的存在論か？
1679年　英ホッブスの死　『リヴァイアサン』　万人は万人に狼、自然権と国家理性（主権を代表するのは国王）　それをつなぐものとしての社会契約説
1689年　英国、権利の章典による立憲君主制　君臨すれども統治せず
＊1692年　米国ニューイングランドでのセイラム魔女裁判　19名死刑
1704年　ジョン・ロックの死　英国経験論　社会契約説

シナ文明（清朝）史との比較史

1531年　この頃より一条鞭法の税制が張居正により広まる

１５５７年　ポルトガル、マカオの居住権を得る
１５８２　マカオからイエズス会、布教始める
１６１６　ヌルハチ、ハンになり後金国建国
１６２５　全国の書院を壊す
１６３５～１７０４　顔元　朱子学を批判し労作教育を主張
１６３６　後金、大清と国名変更
１６４４　世祖、北京に入り、明滅亡
１６４５　清、辮髪令
１６５３　一条鞭法を施行
１６６１　康熙帝、即位～１７７２
１６６３　『明夷待訪録』　孟子の君臣論を支持
１６７０　聖諭16条の制定
１６７８　博学鴻儒科をおく（アカデミー）
１６８２　顧炎武の死　実証学的な研究を行い世間に有益な経世致用の学を追究
１６８９　ネルチンスク条約　黒竜江を国境に
１６９０　康熙会典の完成　行政に関する基本法の総合的法典　１６２巻
＊１６９２　王夫之の死　陽明学批判　郡県制を軸とした分権制度を確立し中小の自営農民を保護する体制確立を求めた
１６９５　黄宗羲の死（１６１０生）　実践を尊び事実に即した学問を説いた　陽明右派
１７０６　育嬰堂の開設　後に保嬰会も　福祉施設

1716年　康熙帝、典礼を無視するイエズス会を追放
1717　康熙字典の完成
1722　キリスト教布教の禁止令
1722　雍正帝の即位
1724　雍正帝、「聖諭広訓」を配布。聖諭16条に準ずる
　　　戴震生まれる（〜77）清代考証学を大成。『孟子字義疏証』
1729　雍正帝、「大義覚迷録」清朝の正当性を明文
1732　雍正会典250巻（1764　乾隆会典100巻　1818　嘉慶会典80巻）
1735　乾隆帝の即位

＊日・清・ヨーロッパという三つの世界での文明の質の違いを示す象徴的な出来事として、1692年を取り上げる。日本では、藩主の座を世子に譲った光圀が、徳川御三家にある公人から離れた立場で、湊川に楠公の碑を建立。欧米では15世紀から猖獗《しょうけつ》し4万人は殺されたという魔女狩り、清教徒により米国にも持ち込まれていた。ニューイングランドでのセイラムでの魔女裁判で、19名死刑、5名は獄死、1名は拷問死。風説に基づいて起きた惨事に、最後の魔女裁判になる。清朝では、清の支配に反抗し続けた儒者王夫之の死。『靖献遺言』を参照。
日本と欧米キリスト教圏を比べると、不寛容な魔女狩りと村八分という二分を残す寛容さである。王夫之は、皇帝を戴く官僚支配に対して分権制を提唱した。現在にも通じる。この三つの在り様に、どちらが思潮面で自由の度合いが多く、より近代的であるかは、一目瞭然である。

三節　シナ儒学に対峙し築かれた水戸学

後年になって、楠木正成という存在の生き方と死に方の記憶を再興し顕彰した水戸光圀（1628～1701）は、楠木の身の処し方の幽顕一体にある信の深さの意味するものを直覚したのだろう。「その在り方こそ、日本人の公人の理想形」とし、水戸学の始祖になった。男子の本懐であったと思う。その象徴が「嗚呼忠臣楠子之墓」碑の建立である。墓碑の裏面は、明の遺臣（？）で亡命者・朱舜水に由る撰である。

ここで、問題がある。名分（正名）論を明示することにおいて、通説では、朱が、水戸学の名分論構築に決定的な影響を与えたといわれる見方がある。現在でも、それを既定の事実であるような臆説は多い（山本七平『現人神の創作者たち』文藝春秋。片山杜秀『尊皇攘夷』新潮社）。だが、果たしてそうか。

水戸学は水戸光圀によって確定した。碑を建立することによって楠木の評価を天下に示したときに、その起点ができた。だが、藩主のときには建立せずに、世子に家督を譲ってから取り組んだところに、公人としての徳川本家への顧慮があるように思う。朱の影響を基本的に受けていたら、このような配慮は不用のものとしたのではないか。

一、「本朝にもろこしにまさりしこと」

朱子学の徒・朱舜水の名分論と水戸学の起点を築いた光圀の学は同じとは思えない。それは、以下の記録があるから。

朱は、「本朝に中華にまさりし事三つあり、その一つは百王（注32）一姓、二つには天下の田面ことごとく公田なり、三つには士世禄にて俸し」と述べているからだ（新井白石『退私録』巻の下「朱舜水本朝にもろこしにまさりしこと三ツありといふ話」同全集五p６０３〜６０４)。

（注32）水戸藩彰考館編『大日本史』の記録対象は、神武天皇から後小松天皇までの百代。それに注視した水戸学は、中国におけるそれと異質なのをいやでも知る。そこで、その史実に則り、日本文明における正統とは何かを闡明にしたのであろう。

白石のこの記録にある朱と光圀の関わりの在り様、朱を高みに置くところから来る一方的なものではなかったことが明瞭に示されている。前の二点は、当時のシナ知識人が渇望していた漢文明の原点としている周公礼制のあるべき姿という。すると、日本では中華の理想がそのまま再来しているからだ。

朱は、一方では中国史の現実である易姓革命を知るがために、皇室の存続（皇統）という日本史の実態を認識し評価した。ではシナ人にとって華夷の違いが常識の時代（現在も同様だが）に、日中の政治文化を相対化したのか。周礼をもって判断しているように、やはり基準はあくまで中華にある点はビクともしていない。彼らから見ると、倭は海の彼方の王化の及ばない辺境でしかない。

しかし、事実かどうかはともかくとして、「まさりしこと」という表現を白石は用いている。白石はリアリストであるから、記録に当たり余り作為は加えていなかったと思われる。亡命の客人朱の日本人へのリップ・サービスもあったか。ともあれ、その違いの意味するものを確認しての両者の交流なのである。

儒学の常識からすれば、明朝の崩壊は、君、君足らずで民心の信を失ったためだろう。朱が清を簒奪者であり賊扱いするのは、個人の思い込みに過ぎない。孟子流に言えば、放伐の論理に従い、大勢は明らかに清に移っている。天命の尽きた明は、清に追われる立場になっていたのだ。だから朱は倭（日本）への亡命を余儀なくされている。

二、光圀による朱舜水への処し方

しかし、自分の一体性を明においていた朱は、清への王朝交代を認めない。その論理的な錯誤を光圀が気づいていなかったとは思えない。論語のみならず、孟子も読んでいたはずだ。亡命の政客（？）である客人朱の持つ学識もさることながら、滅びゆく明朝に殉じている孤忠という姿勢を評価していたのであろう（注33）。

（注33）名越時正『水戸学の研究』のうち、第二編、第四章、「第四節　舜水の眞志に関して」。平成9年。復刻版。国書刊行会。

朱が認知して日中の違いが明らかになったのではない。双方の文明に違いがあるようだとの認識は、前述のように倭教を言う闘戦経にもすでに出ている。

百王一姓とは皇統連綿であり、それが実現したのは狭義での王道より深い皇道（注34）が常識化して生きているからである。

（注34）安岡正篤『王道の話』「東洋」。昭和9（1934）年1月号。

伝説では、放伐を肯定する孟子の書籍を積んだ船は、日本に辿り着かないと言われていた（上田秋成『雨月物語』）。易姓革命は日本の水土（熊澤蕃山・人心も含めた風土を意味する）にはなじまなかったのである。しかし、孟子は実際に広く読まれ、古くから天皇へのご進講の主題にもなっていたと言われている（井上順理『孟子受容史の研究』）。

では光圀はなぜ朱に対して敬虔な態度をとったのであろうか。山本七平など後世の日本人は、光圀の謙虚な態度から朱の影響力を誇大に評価した。そのように見えるのは、日本人による海外からの遠来の客に対する慎みを理解しないところからくる。礼に厚いのは生来なのである。

鑑真が日本にきたときもそうだった。学ぶものは学ぶ。だが、孟子の書は日本に辿りつかないという風説にあるように、その是非への判断は闘戦経と同じように自覚している。それは、次項にある光圀による世子への以下の書き置きにも示されている。

三、「臣、臣たらざるべからず」の位相

光圀は隠退するにあたり世子綱條（高松松平藩・初代徳川頼房の長男松平頼重を家祖とし、光圀の兄の次男）に『桃源遺事』（元禄3／1690年）という所懐を渡した。その中にある一文に水戸学の本質が直截に記されている。

嗚呼汝欽《つつし》め哉《よや》　国を治めるには必ず仁に依る
禍は閨門に自《よ》り始まる　慎みて五倫を乱すことなかれ
朋友には礼儀を尽くし　且つ忠純を慮り暮せ
古に謂う、君は君たらずと雖《いえど》も　臣、臣たらざるべからず（注35）

（注35）四行目の部分は中国の偽書からとったと言われている。吉川幸次郎の実証（山本七平、前掲p133）や松本純郎『水戸学の源流』13頁。平成9年。復刻版。国書刊行会。

君が君として問題があっても、臣は臣の在り方を崩してはいけない、と明記する。

この下りは、論語の一節「君、君たり、臣、臣たり」（「顔淵十二」十一）と違う。ここには「足らざる場合」が想定されているから。論語での忠は、光圀のいう「君は君たらずとも」臣は臣であり続けることが求められる

在り様と違うのだ。ここには『大日本史』が扱った百代一姓の皇室が前提にある。光圀のこの定言は、楠木正成と共有しているところである。ここには在り方としての君という存在への信が息づいている。易姓革命とは全く無縁なのである。

儒学では三度諫めて聞かざれば去る、という進退が許容される。君臣に距離がある。俗な言い方をすると、ドライというかクールなのだ。君も臣も、一回の生で自立している。つまり、日本のように忠義が一体であるとは必ずしもならない。忠と義は分立する可能性のある世界だ。易姓革命が是認される世界での身の処し方でもある。この違いに見られるシナ社会の合理性は、前述の孫子における「君命受けざる所あり」の明記と表裏にある、といってもよい。

皇統百代という具象のある日本文明と、天命に由るという抽象としての正統の違いである。この正統はいつでも革命を許容している。許容すれば、「臣たらざるべからず」は成立しない。

四、光圀と朱の君臣観の違い

もし光圀が朱の儒家思想に心酔しているとしたら、世子に前掲のような書き置きをするはずはない。水戸学のこの部分についての山本七平や片山杜秀の前掲書の見方は、決定的に錯誤している。この錯誤は、『闘戦経』や楠木の身の処し方の背景にある文脈の認識を怠っているからだろう。山本の我意や片山の期待が先行したところから来る過ちである。ある種の思い込みが働いている、としか思えない。

光圀が明記した「古に謂う」の古《いにしえ》には「もろこし」（唐の国）は入っていない。南北朝の史実があるように、日本史の軌跡とは単純に言えないが、専ら日本思想史の軌跡を示唆していることは明らかである。水戸学の中核である『大日本史』編纂をもたらした光圀の信条は、前掲の世子への所懐にあるように、日本儒学の起点をも据えた（注36）。日本精神史に一時代を画したと評してもいい。

（注36）漢学者狩野直喜は、御進講「我国に於ける儒学の変遷」（昭和4／1929年11月11日、25日）のうち、「三、徳川時代」で、日本儒学のできた経緯を包括して簡潔に述べている。みすず書房。『御進講録』111頁。2005年。
私見によれば、その起点の一つは光圀による一連の作業である。世子への所懐もその有力な一つだと思う。狩野は、日本儒学の萌芽の実証例であるこの由来までは取り上げない。狩野の視野に入っていたのかどうか。

楠木軍を滅ぼした足利尊氏は、君は君足らずと判断して、南朝から見れば賊になるのを厭わなかった。そして、足利幕府を創設する。幕府は北朝に従った。

四節　知行合一の日本学になった水戸学

一　水戸学先駆の一人？　中江藤樹

水戸学だけが突出したのではない。水戸学の発生には同時代における多くの思想的な営為があった。有力な事例としては、前掲、二節、三、の（注31）で、信を上位に置いた藤原惺窩の記述した外交文書から明らかにした。勿論、この文書は征夷大将軍であった徳川家康名で出ている。

国家間における信を藤原は大事にしたのだが、そのような信を最上位におく心的な働きは、個々人の我が身の存在を社会的にどう考えるかにも作用する。信は、自信になる。そうした心的な作用は、身分秩序を越えた意味と働きをもっている自覚があった。それを端的に文字化したのは中江藤樹（1608～1648）であった。

藤樹は、『大学解』（1644～48年？）において、社会的な立場では「天子、諸侯、卿大夫、士、庶人五等の位、尊卑大小差別ありといへども、其身に於ては、毫髪も差別なし。此身同きときは、学術も亦異なる事なし」

という（注37）。

（注37）続けて、「大海江河に大小高下ありといへども、其水は異なることなし」と。この「主意」は、『大学』の一節「天子自《よ》り。以て庶人に至るまで。一是に皆身を修めるを以て本と為す」の句解をしてからである。「日本哲学思想全書」第七巻32頁。平凡社。

藤樹は、身分制における孝行を説明するときにも、前掲の五等の位の違いを挙げてはいるものの、孝という行為について水を譬えにして、五等という器の違いはあっても水に違い無し、と明言している。『翁問答』（1640年）。「日本思想大系」二九巻27頁。岩波書店。ここに藤樹の人間観が直截に明示されている。

「其身に於ては、毫髪も差別なし」と言い切れる自信は、一方で身を慎むことにおいて厳しいのと表裏の関係にある。『中庸解』において、「君子はその独を慎む」の在り方を追求した。「句解」において、「独知は中庸の実体、教学の種子、工夫の眼目、超凡入聖の脈略なれば、これを去って更に中庸の心法なし」とまで言う。「独知」という言葉の意味は深い。ここには、すでに信に基づく徹底した自我の確立が図られている（同上「全書」第一四巻56頁）。

藤樹は若くして孝養のために郷里に隠棲してその生を終えたが、生前から近江聖人といわれた。その思索と言葉化と、周囲への伝わり方は、第十六章でいう「衆のために舌たる者を聖となす」そのものであった。

二、藤樹に見る自我の確立と正成

藤樹の説く内容の激しさは、しかし論理的に出てくるべくして出てきたものであった。すでに下地というか素地があった。この徹底した自己への信は、徳川体制における強固なものになりつつあった身分秩序から見れば、革命的である。建前としての士農工商を簡単に破砕してしまっている。外面としての社会関係よりも内面の意味の重さを明らかにしているからだ。

が、そうした自立意識は、藤樹の至った境地ではあるものの、同時代において奇矯ではなく共有されていたとみなしていい。藤樹は、自分の生活と思索の深化から会得していった実感により、前掲の心境に至ったのであった。周辺に大きい影響を与えたのも、一方的な影響というより相互に感応しあったという言い方が妥当だろう。

しかし、藤樹が解釈で同時代において独創的であったと断じていいのか。シナ儒学に対峙しての水戸学における忠義意識の徹底した称揚も、その背景にあるのはこういう心的な営為が先行していたのを見落とせない。だから、「君、君たらずといえども」（前掲、二節、三、で引用の光圀の所懐）との臣の在り方を、平然と言えるのである。ここには、君への忠で我が身の生を全うすることで良しとする信が活きている。このような臣下をもった君は、自己錬磨をするしかなくなる。光圀は、その先行者としての楠木正成を限りなく称揚した。

藤樹と光圀は、一見すると反極にあるようだが、ありていには無縁ではない。むしろ、近接していた。地下水脈でつながっている。ここで言いたいのは、マルキシズムが浸透してきた後世に喧伝された封建的な盲従という解釈とは無縁な心象がある。近代風の言い方をすると、実存を深めた自立した個人による在り方が双方にある、ということだ。その実存は自立してはいても、幽顕観を生与としているために、西欧近代の自我の確立から行き着いた実存主義のように、孤立してはいない。神は死んだところからの袋小路に入らないで済んでいる。

つまり、楠木正成の出処進退にある自己認識と藤樹の思索で把握された「独知」なり自信なりの間に、さほどの違いは無かったのではないか。彼らは異時代に生きても、営々と繋がっていたように思う。世に、日本人が自我に目覚めたのは文明としての近代西欧と接してからだと、賢しらに言いつのる欧化知識人はいまだに多い（後掲、三章、一節を参照）。脚下照顧、自分の足元を見よ、である。

三、「嗚呼忠臣楠子之墓」について

光圀の命を受けた者が、元禄５（１６９２）年８月に「嗚呼忠臣楠子之墓」を建立した（松本前掲書『五、義公と湊川建碑』)。石碑の裏面の賛は朱が記した。現在の湊川神社境内にある。碑は伝説になっていた自害の場所、水田の中の塚があったところに建てられた。地元はその場所がどういうものかを知っていた。が、地場にひっそりと埋もれていた。このあたりの心象が日本社会の深さであり怖いところである。

1336年5月に湊川の戦いで足利軍に敗れた楠木正成の戦死から、356年ぶりに歴史に再登場した。大義名分に殉じたその壮絶な処し方に、光圀は共感していたのを天下に示したのである。

大日本史を要約したと言われる頼山陽の『日本外史』(1827年に老中・松平定信に献上)では、楠木は外史で正統な立場が与えられている。その裏付けであった『通義』(1830)。山陽は、水戸学の名分(正名)論に従い、日本歴史に一貫して通っている義を「通義」とした。通義とは正統の別名でもある。

やがて、通義は倒幕の理義になっていく。大日本史の主題と基調にある歴史哲学が倒幕に義を与えたのである。「嗚呼忠臣楠子之墓」は、その象徴になった。吉田松陰はその碑の前で感激した記録を遺している。そして、『通義』は、倒幕の義が広まるカギを「勢」(注38)においた(同「勢を論ず」の項)。義は、時勢を通して必ず生き続けるという歴史哲学が、草莽崛起の心情に貴重な自信を与えた。

(注38) 勢という概念は、孫子の兵法では、力学と戦略概念の両面をもっている(一章、二節、二、で「勢」に触れた箇所を参照)。冒頭にある「一、始計」にある「計」は、事態の形を意味している。計は計数など統計数値で捉えられる静的な条件。定量的な領域。勢は、それに比して変に至る動的な働き。潜在的な場合もありでまだ形になっていない。定性的な条件。

「これ兵家の勢、先に伝うべからず」(「始計」の一節)。予見できないと指摘している。ということは、半面で情勢はいかようにも読めるということでもある。だから、力学と戦略概念の両面と言ったのだ。その双方を事態の構成条件として、「形(計)勢」という。

孫子はさらに「五、兵勢」という一項を立てているが、始計での勢に尽きる。その補足を兵勢で言っている感じがある。

いずれの勢も自然現象ではなく人為で作り上げられるものなので、戦略概念と前述した。それを知る山陽は、認知操作として、文章の力で一つの起点を作ったのである。義は我にありだから「通義」と命名したのだ。勢を作るのは義になる。これでは、山陽は幕府から見れば倒幕の理義を公表した確信犯であった。

四、水戸学の精華は徳川の終焉で結実

慶喜の出所進退に見る名分論への忠のもたらしたものを、家康と比較して考えると興味深い。実際家の家康には慶喜のような身の処し方があり得たであろうか。家康は、朝廷の存在理由に関わる『禁中並公家諸法度』を定めた。「その第一条の書き出しに、『天子諸芸能のこと』とある」(注39)。このような朝幕分立の構想には、藤原惺窩が関与しているのだろうか。

(注39) 家康のこうした在り方を、国づくりの「日本知」の働きと見たのは、中西迪『うたう天皇』四四頁。白水社。2011年。

慶喜が朝敵になるのを懼れたのは、忠と義は一体という在り方を踏まえていたからだ。朝敵とは不忠であり不義になることを意味していた。正統に背くのである。シナ儒学に沈溺していたら、忠と義の分立の深みにはまっていただろう。不忠であっても義は我にありと。

会津の中将松平藩主は戊辰戦争の際、朝敵になっていた。孝明天皇が中将の忠義を称揚していた宸翰《しんかん》を筒に入れて離さなかったという。泣ける話だ(柴五郎の記憶にある会津藩一統の心情について、後掲、三章、一節、三、の(注45)を参照)。

水戸学に基づいた慶喜の身の処し方は、結果的に日本にとって僥倖であった。天祐神助といえる。造化の妙か?「詭」を基本原則とする孫子の兵法がそのまま影響力をもっていたら、天命を掲げた権力への意志だけが先行し、

つまりそれは易姓革命を当然とするシナ風の放伐の論理が是認されることになる。忠の分裂を招いて、恭順は困難となり、その結果、英仏が日本列島を東西に分割支配した可能性が、その程度は別にしてある。

鳥羽伏見の戦いのさなかに、錦の御旗が登場した官軍に、賊軍となった幕軍を捨て、会津藩主松平親子を連れて江戸に戻った慶喜は、勝海舟に、錦旗が出た、後はよろしく取り計らえ、とだけ命じた。この思潮と湊川神社の創建は無縁ではない。神祇官のお達し（明治元年・１８６８）で創建が決まった。この決定は、「嗚呼忠臣楠子之墓」建立から１７６年後のことである。

ここに徳川体制の終焉を、身を以て実現した水戸家出身の最後の将軍慶喜と、明治維新政府は連動していることがわかる。維新政府の骨格を造ったのは、大政奉還と以後の徹底した恭順を貫いた慶喜であった。臣としての慶喜の表現した忠義としての出処進退は、明治国家の信の基礎を作った。一時は朝敵になったがために、以後の彼の明治国家への貢献度は極めて高い。

もちろん、その舞台回しをしたのは勝安房（海舟）であった。後述するように、勝にすれば、明治新政府に負けたのではなく、「官軍」に負けてやったのだから（十章、三節、三、を参照）（注40）。

（注40）次にこの心的な働きが開花したのは大東亜戦争の終戦時における詔勅の働きであった。その評価の詳細は、十一章、一節、「二、敗北していなかった日本人への勝者の『懼れ』」や、同章、三節を参照。

だが、近代日本の国家中枢を構成した藩閥政府は、維新政権の正当性に固執する余りに、前代の徳川政権の相対的な否定に力が入り過ぎた。名分論から已むおえないものがあったものの、そこからくる思考の不均衡さが、昭和に入り、義は我のみにあり、従って忠も独占で統帥を専用して、国務を乗り越える負の働きをもたらした側面を否定できない。

五、水戸学が市井で生きた匹夫忠勇の事例

（湊川神社の後日談）兵庫県知事にもなった伊藤博文をおもねて、博文の像を境内に建てた者がいた。市井の無頼が怒ってその像を引きずり倒したという。伊藤公と正成を同格に扱うのはけしからん、と。明治日本の市井人の眼力からくる軽重の判断力は明快であった（田中逸平「楠公祠に礼す」1926年4月「祖国遍路」より。拓殖大学編刊『田中逸平』その4．163頁。平成16年）

こうした物事の軽重を明瞭に分別できる、無名の庶民の知恵と行動力は、前掲の一項で前述した中江藤樹の個人観や社会観にある「毫髪《ごうはつ》も差別なし」の見方が、市井に至るまで脈々と浸透していたことを示している。だから、元老伊藤博文であろうと、この市井の無頼は名分を明らかにすることにおいて容赦しなかったのである。これこそ、日本人の歩みによって築き上げてきた侠《おとこ》の気象による浮世への処し方でもあった。

この事実を取り上げた田中逸平は、原日本人の心情と信条を知り抜いていたことがわかる。因みに、逸平は、近代日本人ムスリムとして唯一、二度マッカに巡礼したハッジであった。

五節　異時的な同位性から闘戦経と『中朝事実』を観る

一、いずれも裏返しの中華とする仮説の危うさ

古代から近代に入る前まで、日本の置かれた国際環境にとっての最大の存在は、シナ大陸であった。その大陸で生じた変動と無縁ではありえなかった宿命的（地政学的）な条件を有している。その包括的な圧力への文字化された最初の苦悩と統合は、前掲の聖徳太子の制定したと言われている「十七条の憲法」に出ている。

本稿の主題である闘戦経もそうであった。孫子という兵法書に接した日本人が、それを読みながら、与えられた技法とは異質の分野のあること、それは自分たちが大陸文明とは異質であることに気づいて、その所懐を文字化したのが闘戦経であったことは既述した。

その系譜は闘戦経だけではない。多くの学術が大陸から伝播されてきた。それは書物だけでなく、技能でも信仰でも、帰化人を含む人々が持参もしてきたのである。日本列島に根付く過程で、そこに多くの試行錯誤と工夫が重ねられる。それはそうだろう、大陸とも通過する回廊としての半島にある文化とは、相当に異質な環境があるからだ。

例えば、技能の世界で一例を挙げよう。世界最古の企業として、近年、世界で知る人ぞ知る存在になった金剛組という建築業がある。記録によれば、西暦578年発足。聖徳太子が四天王寺を建立するために、百済から大工を招請した際に来日した3名のうちの一人金剛が、落慶後も保全に取り組んだところから発したという。それを知った韓国側から、日本はもっと韓国に感謝すべきだとの倒錯した言い分がある。自分たちは、どれだけ自文化を守り育ててきたのか、日本とは真逆な実状の現実には触れない言い分であるところが、彼らの致命的な弱点であることに気づいてもいない。

外来のものを自家薬篭中のものにするためには、当事者と当事者のいる環境の双方からの呼応関係である努力が実って、一つの形が作られてくる。そこにオリジナルなものが生まれてくる。たとえ、そのきっかけが外来であってもだ。外来にそのまま依存するのと、別の環境にあるのを意識しながら、きっかけを活かした創意工夫が行われるのと、どちらが在り方として望ましいかは、敢えて言わなくてもわかるものだ。

すると、日本文明という自覚は、その内容への評価は別にして、いずれも結局は「中華」になるのは当然といえば当然の働きである。その営為を、裏返しの中華でしかない、と第三者の目として言い立てる向きがあるが、如何なものか。それは、古田博司の見方への違和感の表明なのである。

古田は、第5回　読売・吉野作造賞を得た『東アジア・イデオロギーを超えて』（新書館。2003年）で、徳川時代の日本人がやたらと大陸とは違うのを言い立てる動きを、裏返しの中華思想だと論難する。いや論難ではなく、そうした思想史的な相関関係にあると、中華の本元と朝鮮と日本を比較して、その共通性を「発見」した。その限りにおいて、この発見の部分は妥当ともいえる（注41）。

（注41）同著、「I　東アジア・イデオロギーの措定　第二章　優越と連帯――東アジア中華思想共有圏における日本アジア主義の軌跡」63頁〜。

だが、その角度から見れば、という但し書きが必要である。自立の思想を確定するために、その時代時代の強風に抗して営為を重ねてきた多くの違いを明らかにしながら普遍化を図ろうとした労作を、本家中華の裏返しと一挙に片付けていいのか。それをアジア主義なのだと括る勇気には敬意を惜しまないものの、その粗暴な仮説の立て方さには、これからの日本の在り様を模索するに際して、いささか、それでいいのかの懸念が起きるのを記しておきたい。尤も、そうした接近だから吉野作造賞を得たのだろう。この批評は吉野の学風へのあてこすりもあるが。

二、『中朝事実』の執筆背景を考える

古田の接近方法からすれば、さしづめ、山鹿素行作の『中朝事実』（1669年）は、その典型的な作業となるであろう。素行の著作は、乃木希典が明治天皇の崩御に殉死する数日前に、皇太子になられた後の昭和天皇に献上した史実がある。その出来事をもって、この著作の近代日本における以後の独特の意味をもつようになった。そして、現代では、古田流の接近によると、裏返しの中華で、時代遅れのアジア主義の一種でしかなくなっている。幸い、忘れられているので、そのままにしておけば死に体で歴史の彼方に消え失せてくれるだろう。

だが、そうした見方は早計である。思潮の世界にもグローバリゼーションの否定しがたい現実がある。外から、次から次へと新しい見方がやってくる。最初に取り上げた者が、それなりの立場を作る。だが、流行である以上は、やがて脈略なく別のものが流入してくる。追いかけるのを苦にしない向きにとっては、追っかけのように飛びつく。明治の開化時代、そして敗戦後の占領下の基調にも多く見られた現象であった。

素行の日本文明追求は、移入された漢学の文献をそのままに受容する当時の支配階層であった武士の思潮に違和感を抱いたのであろう。その先人として、古田は批判する藤原惺窩もいるし、また特筆すべきは市井の儒者で終わった中江藤樹がいる。いずれも、漢学文献を用いつつも、それを自家のものにする苦労を厭わなかった。水戸学の開祖となった光圀の軌跡も、前掲のように同様である。そうした先行の事績もあって、素行は日本の古代文献を読み込んで、素行流儀の国学の策定に励んだのであろう。ここで用いる表現では日本学の営為である。

その気概は、中朝事実という命名に端的に出ている。漢学・儒学の文献の記してあるものをそのまま最高位に置くような、追従を旨とする訓詁学の取り組み方には、とうてい飽き足らなかったのである。おそらく、長い間にわたり、当時の主流の在り様に対して、徐々に違和感が蓄積されていったのであろう。

最初に学んだ林羅山の家学であり、さらに徳川体制の官学ともいえるか、朱子学を批判したことにより赤穂藩に流されるところなどは、独創的な思想家あるいは宗教家の宿命であろうか。日蓮や親鸞などが先行している。だが、素行の場合は、赤穂という場所は幸運であったといえよう。公人としての出処進退論に決定的な影響を与えた赤穂浪士の起義に、素行学が影響を与えたという伝説の人となったからだ。素行の足跡が無ければ、浪士による襲撃事件は起こり得なかった、と想定するのは無理がない。

素行は、『聖教要録』で官学を批判したといっても原典に還れという原理主義的な言い分であって、朱子学の解釈批判をしたにすぎない。漢学そのものを否定したわけではなかった。だが、流罪ともいうべき「お預け」の立場になって、さらに思索を深めたのであろう。その流離の身分になってから４年後の１６６９年、48歳のときに『中朝事実』を脱稿する。王朝変転定まらない易姓革命が習いの孔孟の土地よりも、日本にこそ、世界に範たる万世一系がある、となった。この思想的な営為の経緯は、赦免の年1675年1月に出した『配所残筆』に記されている。

こうした皇国思想は、江戸時代の経済成長による豊饒社会の現出により、自信過剰の産物だ、と古田はいうのだが。それにしては、有史以来では初めての現在の豊饒の御世にしては、古田は別にしてかその思想的な成果は乏しいのも妙なものである。

三、闘戦経の意図と素行の願いの共有するもの

では闘戦経が編まれた時代は、果たして徳川中期の安定期と同様であろうか。作成時期が不鮮明なために、徒な憶測は排さなくてはならない。従って、作成時期の背景環境から共通する条件を見出すのは難しい。その社会が安定期あるいは爛熟期が新たな思想的営為、それも自信ある労作をもたらすとは限らない。「国乱れて忠臣出で、家貧にして孝子出ず」もあるからだ。忠臣も孝子も、条件の悪い環境あってこそが自らを信じての発起になるのである。

闘戦経は、外来の戦法である孫子を意識するところに生まれた。だが、孫子を排したわけではない。孫子に触発されてはいるものの、孫子の重要性は十分に意識していた模様である。家伝書であるところから、冊子を入れた箱には、孫子との併読を求めていた、という話しもあるくらいである。これは十分に有り得ることだ。独創的な見方を編み出した、その原因である孫子と併読してこそ、双方の主張の意味あることが観えてくるではないか。それを著者が知っていたことを示唆している。この部分だけで「独創」という働きをした者の懐の深い思いが伝わってくる。

素行は中朝事実に思いが至ったとき、その発想を得た漢学・儒学の大きさに改めて気づいたにちがいない。で

なければ、彼の思想の中核を築くことはできなかったからだ。いわば、それまでの学問の行程、羅山に始まる朱子学からの同時代の諸学の修得は、すべてが素行にとっては自己発見の過程であった。と同時に、それは相対化を通しての日本発見の軌跡に通じてもいた。尤も、小堀桂一郎は、素行の回心に至る思想の不徹底を指摘するが、ここでは指摘に留め深入りしない。

闘戦経の作者も素行も、彼らの思索の徹底によって把握された知の世界は、日本文明の自己認識とその世界像の明確化であった。当時の彼らの周囲にあった既存の権威とは、彼ら二人の慧眼から見れば、自己喪失を当然とした適応だけを目的にした諸学でしかなかった、と考えるに至った。それは、果たして学と言えるのであろうか、と。外来の知の集積を修得することは無駄ではない。だが、それを骨肉化し得るのか。それは幻想か錯覚ではないのか。土壌が違えば、そこに萌え出づる花も草木も、従って果実も違うから。

その思索の行跡は、その表現において奇矯とも思える行《くだり》がある。それは、既存の「常識」を覆そうとするところからくる余儀ない振る舞いなのである。明らかに闘戦経の作者と素行の二人の思索の位置付けをすると、「異時的な同位性」にあることに気づかされる。この地下水脈は、その時代時代の要請に応じて、一定の個人の知的な世界を通して表面に顕われてくる、という言い方も許されるであろう。

二人は、自己の所懐を明らかにしないと、自分だけでなく自分の所属する日本文明そのものの自己認識が危ういものになると、思い至ったのである。それは、所詮は裏返しの「中華」という表現で片付けるのは暴言との謗りを免れないであろう（注42）。

（注42）古田は執拗である。「【正論】中華の「ストーリー」に打ち勝て」（産経新聞）で、歴史にストーリーを持ち込むことの弊を見事に抉り出している。だが、国家的な存在がある限り、やはり歴史認識にストーリーは、その程度は別にして必要なのである。古田の好きなE・H・カーは、ストーリーで成立していた大英帝国の衰亡が自覚されてから出てきた所感であったのを見落とせない。カーの認識の原型は、シーリーの著作にある歴史認識かもしれない（Sir J.R.Seeley：“The

Expansion of England", London, 1883)。訳書『大英帝国膨張史論』

習近平が固執するストーリーを背景にした「中国の夢」が無ければ、中華大帝国?は幻となるのだ。それは中共党の滅亡を意味する。彼ら中共党のサバイバルの糧になっている、抗日を実現して日本を破ったという伝説。その日本側から、ストーリーは必要ないと断定して済ませていいのか。なにもサウンドバッグの役割をさせられる義務はないはずだ。

三章　黙契を成り立たせる信

忠義一体が行為として過不足なく成立するには、それを信じる者が同時に幽顕一体を信じられる者であることだ。二つの一体が分離していると、後述の弊害が日常化することになる（注43）。

（注43）十章、二節、「二、真鋭を浪費したか、昭和の統帥」を参照

戦争中の弊害、たとえば『聞け　わだつみの声』に収録された戦没学徒の遺書に描かれた職業軍人の頽廃という事態が起きる。ＢＣ級戦犯裁判での、部下に責任を転嫁する上官の振る舞いもそれである。尤も、同書に収録された書簡は、編者によってかなり操作も行われていた。その改ざんの真相が後に暴露された。

戦時での頽廃現象を衝いて、占領中にＧＨＱによる心理作戦の有力なキー概念として、「基本的人権」が喧伝されたのだ。非近代の心理そのものの「滅私奉公」という人権意識が欠如しているから、上官の専横が起こり、戦争犯罪も生じた、という論旨になっている。敗戦までの日本には軍国主義であり、個人の自覚に基づいた人権は無かったというのが、ＧＨＱ公認の定説にされた。しかし、上官の専横は個人の資質と品格の問題であって、文明の産物ではない。米軍でも映画『ケイン号の反乱』では艦長、『地上より永遠に』では、軍末端の指揮官の

頽廃を俎上に挙げている。

クリスチャンで東大総長の南原繁は、敗戦の翌年の昭和21年の紀元節（現建国記念日）に大学構内で式典を開き、元旦の「新日本建設の詔」を取り上げ、これで日本は中世の暗黒時代と決別することになったと演説した。この詔は、俗称「天皇の人間宣言」といわれている。そうした命名は占領下日本人が発したのやら。

南原は、ドイツはカントなど先駆者がいるから、ナチスを経ても立ち直れるが、日本文明は暗黒だったためにナチス・ドイツ以下だ、とまで断定したのである。この高揚した一人ヨガリを見よ！　南原の日本文明観も問題だが、南原の接した当時の軍人たちはよほど程度が悪かったようだ。

サンディエゴの海軍基地で開催された２００５年８月下旬の対日戦勝利60周年記念式典におけるブッシュ大統領（当時）による記念演説も同類。ブッシュ演説の少し前の８月15日に出た小泉首相談話も、南原、ブッシュと軌を同じくしている。三人の近代までの日本文明観はかなり軽薄である。果たして彼らの浅薄な理解に委ねておいたままでいいのか？

その言い分がおかしいのは、ＧＨＱが演出に加わった「「新日本建設の詔」の冒頭に、昭和天皇の要請で敢えて収録された、近代日本の最初の国是であった「五箇条のご誓文」を見ればいい。日本は中世の暗黒時代にあったかどうか、まともな常識があれば分別できるはずだ。クリスチャンの南原には、自分の生きた昭和日本は暗黒にしか見えなかったのだろう。このような常識や品格に問題のある日本人選良が生じたのは、例えば以下に略述する、黙契という心の在り方がわからなくなっていたから、と思われる。

一節　黙契という心の在り様があった

一、在り方としての倫理の形《かたち》

前歴史に発する幽顕一体という生（life）を素朴に信じられる実感は、それぞれの有歴史時代における日本人の処し方に独特の倫理性をもたらした。その倫理性は、「敬神崇祖」を礼とする在り方に基づいていた。現し身《うつしみ》の振る舞いは幽の世界から見られているから、内面も在り様もキチンとしていなくては恥かしい、という律し方になる。顕界である現世の人々を騙せても、幽界の住人は騙せない。そして、我が身である現し身はいずれ隠《かく》れ身になるからだ。

闘戦経の思索には、そうした死生観が鮮烈に自覚されている。万葉の世界にすでに意識されていた（典型例としての大伴家持「海ゆかば」）。ここには、忠に殉じて屍となっても帰っていく隠れ身の世界がある、草葉の陰か幽界が準備されている。その世界が闘戦経にも不文として基調にある。だから、闘戦経を読む際に、黙契感覚を有していないと、何を言っているかわからないことになる。つまりは、意味不明になる。

多くの隠れ身が現し身を見守っているという心境に違和感がない。この恥の倫理をキリスト教の欧米人には観えなかった。R・ベネディクトは、恥の倫理は他者指向であって、神との関係にある欧米人のように自立した内面をもつ責任を伴う倫理観を保有し得えない、と考えた。恥じる心境とは現し身の他者の目があるから生じるのだ、と。

彼女は、その他者は現存の人々もいるが、幽の世界からの目もあったのに気付かなかったのである。幽の世界の住人の目を意識するとは、自己の内面にしか無い。ゴーストが出てくる場合ではない。そこには絶対神への帰依による個人主義とは違う、自分の内面に基づいた自立した個人がいる。前述の独知をいう中江藤樹の個人観もそれだ。

いまだに一部では日本研究の定本とされている『菊と刀』（１９４６年）にあるこの浅薄な集成。「恥の文化」と内面の良心に基づく「罪の文化」の欧米人という対比の明快さ、そして単純さを見よ。文化人類学では、解析する者の見方を上位に置きやすい。

ベネディクトは、恥の文化には内面性が薄いと見た。この軽薄な判断も犯罪的である。ＧＨＱにたむろした米国の知識人（？）にとって必読書になって、日本文明への偏見を助長した、という。日本人でも、南原に見られるような不学というか「偏学」の欧化文化人の亜流には、『菊と刀』の見方を丸呑みするおバカさんが、いまだにいる。

キリスト教徒と日本人の倫理意識の違いは、どちらが優れているというつもりは、まだない。だが、そこに違いがあるということから考えると、敗戦この方七十六年に及ぶ国内での日本人論なり日本文明論なりの定説らしいものが、いかに外来の臆説に裏付けられたものであったかが観えてくるはずだ（注44）。

臆説による否定が現代の日本人の知的な営為での振る舞いに悪影響を与えていた面もある。その源流の一つが南原ら、でもある。水戸学への理解を考えると、山本七平もその流れに入れていい。その臆説を脇に置いて、今は表面から消えたような幽顕一体への信を背景にした、在り方としての倫理の水脈を意識したい。それは闘戦経の思索を成立させている背景条件の一つでもある。

（注44）ベネディクトと後掲のＨ・ノーマンの対日認識は、偏見の双璧である。そのように観ないと、米国の作為した対日戦争の正当性を確認できなかったのであろう。だから、「五箇条の御誓文」の意図したものも視野に入らなくなる。

二、黙契という律し方に含まれている廉恥

幽の世界から見られているから現し身を律するという内面的な規制というか禁欲は、消極的な心的作用である。その積極的な作用としての働きが、意志性のある「黙契」なのである。先に幽界に旅立った人々と現世にいる者

との間にある黙契は、現し身の自分の意志そのものである。わが身に約束の遵守を課しているのだ。遵守とは覚悟である。その意志の実現に向けて、多くの先人が黙々と果たしてきている。志を立てるとは、黙契を意味することでもある。そこで、振る舞いに衿持が出てくる。独知でよしとする自信がある。だから、時と場合によっては、死間にも挺身し得る。

それに連なっていくには、黙って果たすべきことを果たしていかねば、幽界である来世に行ってから恥ずかしいことになる。そこには我が身を律する克己が働くことになる。楠木正成の幽明観もそれだった。彼の生き方と死に方には、継承される信に由る責任意識が働いている。

ここには、一神教であるキリスト教徒における神と自分の間にある緊張関係に生じる倫理性とは、全く性質を異にした死生観に基づく倫理の在り方がある。日本人は素直に、人の内面には御霊《ミタマ》があり命《みこと》という神性が宿っていると観ていたからだ。悪は善の欠乏。したがって補えばまともになる。原罪意識はあり得ない。この観点に立脚すれば、なにも最期の審判を待つ必要はなくなる。

だが、この倫理性の深さは、最期の審判を背景にしての神との対話をするキリスト教徒にはとうてい分からない。帰依の仕方が違うからだ。キリスト教では、一神との意思疎通を仲介する聖職者が必要になった。懺悔が必要になるからだ。懺悔を聞いてくれる存在がないと困る。その弊害からプロテスタントが出てきたが、間に聖職者を不要とする、中抜きになると、創始者ルターのように独善になる。一神との関係には変わりはない。

「日本」教徒にはキリスト教徒のように神に依存することができない。御霊や命観が生来のものだからだ。そこには、我が身にあると自覚するかしないかの違いがあるだけだ。だから、それなりの功績を果たしたと周囲が見ると、湊川神社のように祭られる存在になる。失政で幕府に直訴して責任を取らされた木内宗吾郎を祀った佐倉神社もそれだ。生者が優れた死者を神として祭る義人神社である。

生者は神となった人々を神前で祭る際に、いやでも自分の内面を眺めなくてはならなくなる。互いに「みこと」

であり「みたま」を有しているだけでなく、その割合なり程度なりは別にして、畏敬する死者と繋がっているから。生者の姿勢と意志によっては、両者の間には意思疎通が可能になる。それを積極的なものにすると、黙契に至る。身を清めて神前に誓うとは、黙契を指してもいる。

欧米キリスト教徒には、日本人のこうした心の動きがわからないから、天皇の存在への畏敬を神（God）信仰と速断し錯覚してしまったのであろう。慎み畏《かしこ》む祭祀を司る長の側面に不明だったから。至らない欧化知識人が知恵をつけたかもしれない。日本文明を知ること薄くて軽い日本人キリスト教徒も同様である。もっとも、内村鑑三、新渡戸稲造、笹森順造の気脈と道脈もある（後掲の、三節、二、を参照）。

天皇をGodとする解釈を可能にする事例が明治神宮である、とするような錯覚を起こしたのであろう。明治天皇を神格化したのは、国難を切り抜けた生前での果たした役割と軌跡についての、市井による敬意なのであった。神宮の森や神宮外苑を作るためには、全国から多くの青年が樹木も持参して参集し、造園に奉仕している。こうした共感の残滓が現在でも正月の初もうでに継承されている。その多くは、造営の由来を知っているのやら。

三、黙契とは、継承する気組みあっての意思疎通の在り方

ことばが少ないところでの意思疎通とは、行為に由る表現あって伝わる内容であることの証左でもある。すると、黙契という在り方は、継承する気組みあって初めて起きる振る舞いや意思疎通の仕方である。

明治維新後の戊申の役で会津藩は朝敵になった、後に北清事変（１９００年）での欧米軍の略奪に比して、日本軍の軍規厳正で北京のシナ人に圧倒的な支持を得た背景にいた、駐在武官・柴五郎による後世の記録がある。会津藩士であった柴家、母が官軍との戦いの年のひな祭りでの、息子五郎にまなざしで伝えた言外の言は、涙なくして読めない。

母は、落城の前に、五郎を家名再興のために田舎に避難させ、自分は落城に際して家に火を付け、娘を殺して

自分も自害した女丈夫であった（注45）。

（注45）葦津珍彦談話「悲史の帝」。『葦津珍彦選集』一巻216〜217頁。神社新報社。平成8年。初出は、「文藝春秋大いなる昭和」平成元年3月特別号。

原本は、柴五郎『ある明治人の記録／柴五郎大将の遺書』（石光真人編。中公新書252）。19頁。柴の手記に述べられた軌跡と編者である石光による解説を読むと、家風により鍛えられた孤忠（前掲の「問題の提起」五、）に基づいた黙契という信条が、その生き方と処世そして死に方に如実に在ることが覗える。

母の悲しみを受け入れる素養を五郎はもっていた。だが、いくら伝えようとこころに秘めていても、またそれに基づく振る舞いをしていても、受ける側の気構えが不十分なところでは、意思疎通は行われ難い。継承という言葉が成立するための最低条件である。この条件を欠いたところでの継承の試みは、本来は受け手になるはずの側に徒らな心理的な負担をかけて、逆に恨みを買ってしまう場合もある。

すると、その壁を乗り越えるには、ことばによる饒舌が求められるしかないのか。おそらく、必要最小限度のことばによる伝える工夫、即ち修辞の洗練さが求められているのだろう（後掲、十二章、一節、を参照）。だから、闘戦経は極端に言葉を惜しんだのである。そこには、幽顕を問わないで伝わる者には伝わるものだとの自信が活きている。

四、黙契と「巧言令色鮮《すくな》し仁」（論語）の違い

言外の言による伝え方には限界がある。言外の言による伝え方とは以心伝心という表現での疎通である。それは黙契の行が内包する意思疎通の唯一の仕方でもある。これも過去と現在の住人の双方に共有するものが無ければ、一方通行に終わる。以心が伝心にならない。その行為の意味するものが深ければ深いだけ、一定の時間を経

て後に、やっと伝わる。一定の時間が十数世代に及ぶ場合もあるのは、楠木の事例でも明らかだ。前述のように、光圀の顕彰としての記憶の蘇生があって、楠木一統の行跡は再び認知された。

行為に裏付けられた言葉にはいのちが宿っている。だから日本人は言霊《ことだま》という。忌む表現をことばとして口にすると汚《けが》れる、とすら思う。口にしない姿勢は礼にまで至っている。汚れることばを発する振る舞いは自分に失礼なのは勿論だが、相手にも汚染するからだ。言葉には、忌む言葉もあれば、清らかな表現もある。言葉の発し方に、その人の在り様が出る。

ならば、言葉を発することで意思疎通を図るよりも、行いによって以心伝心を図った方が良い、と考えるのは、見方によってはかなり贅沢な自信である。この自信は沈黙に至る。

黙契とは沈黙の行である。その行き方というか在り方の反極にあるのが言動の世界になる。論語の学而編三に、「巧言令色鮮《すくな》し仁」とある。言葉は少ない方がいいと言っているが、同時に言葉の必要性を示唆してもいる。多弁を弄さないで形容過多にならないなら良いというわけだ。良いとは意思疎通が可能だという前提がある。

黙契の行に比して、論語のこの一節は、言葉への禁欲を訴えているものの、その禁欲は沈黙には至らない。沈黙の一歩手前で踏み止まっているから。言葉を発しない黙契とは違い、言葉に由る意思疎通の大事さを指摘している。ここから、人の生活の営みについて現世に力点を置いている様を看取できるだろう。

黙契は顕界としての現世と幽界を繋ぐ回路でもある。闘戦経の意味の世界を知ろうとする行為も、黙契という行いがあることを自明として可能になる。日本とシナ文明の双方は、言葉の効用と評価をめぐって次元を異にしているのは明らかである。ここにも、八章で後述するように、日中両文明の違いがある。

二節　黙契と表裏に在る幽顕一体への信

一、言外の言（振る舞い）による伝え方

ことばにいのちが宿っているからこそ、言葉のもつ限界を感じたのが日本人だった。個々のいのちは別々でもあるからだ。「初めに言葉ありき」だけではない、と感じ取っていた。ことばだけで伝われば、苦労はない。ことばを尽くせば伝わるとは、伝える内容の軽重に気づかない者の考え方である。

そこで、闘戦経の各章の下りにあるように、極端にことばを少なくして伝える工夫が発達する。ここでの饒舌は、伝えようとする内容を希釈ないし希薄化させてしまう、という禁欲が働いているのだ。伝わる者には伝わるという自信がある。

なぜ、言葉の表現での吝嗇さが起きるのだろう。それは行為によってしか得られない、把握できない領域を問題にしているからだ。認識には、言葉で一応は把握できるものと、行為を経て初めて実感できるものと、二つの世界があるようだ。後者の認識は「体認」という表現が妥当だろう。それも生死を賭して初めて得られる境地もある。死に至ることを知りつつ生を賭す覚悟にある振る舞いを見よ、である。

芸道の一つの極致を示唆した世阿弥は、『風姿花伝』（１４００年頃か）において、余りに有名な章句「秘すれば花なり　秘せずば花なるべからず」と記した。我が身に課した黙契により芸道に励めば、たとえ喧伝しなくてもそれなりの成果を収め得る。秘して黙々と稽古に励めばいい。これは自信と独知の奨励でもある。山本周五郎の小説でいうなら『虚空遍歴』の世界か。

では、行為からの認識は、その行為を通してのものである以上は、一回限りのものになるのか。以上の修辞では、そのように受け止められても仕方がない面もある。だが、一回限りといえば、継承はあり得なくなる。しか

し、その行為は確かに一回限りではあっても、その内容に形式（フォーム）があれば、形式を通して伝承は可能になる。

形式は振る舞いである。ひとつの振る舞いには幾世代を経て蓄積された共通の了解が息づいている。時には、その振る舞いにある形式を順守するために、死も有り得たのであった。従って、振る舞いは行に至る（後掲の十一章、三節、四、を参照）。

振る舞いに接することによって、その振る舞いに含まれている言外の言が伝わり得る場合もある。この場合、伝える者と、伝われる側や伝われようと欲する者の呼吸が合っていないと、伝えようとするものや伝わるはずのものも伝わらなくなる。繰り返すが、個々のいのちは別々でもあるのだから。だが、伝えようとする意志そのものは、生命を越えた性命の自覚あって発する働きである。

この種の意思疎通の領域は、現在の日本では芸事と武道の世界に残されている。それは形式（フォーム）こそが継承の本質であるからだ。そうした思考と稽古が必要な世界では、黙契という心的な在り方も発揮されやすい。いや、黙契なくして継承は成立しない。

二、黙契を成立させる時間認識

黙契の信が成立するには、その背景に幾多の先行事例のある認識がある。いのちとしての精神の一種の共有財産である。それを知って生活の中に取り入れられるのは、その保有の程度は別にして生来の「剛」（第四十章）あって可能になる心の動きなのかもしれない。「秘すれば花」を公言し得た世阿弥は剛を具有していた。

そして、剛の保有の程度は別にして、多少でも保有していることが自覚できる者は、天命、天役としての己の命《めい》を知ろうとすることが求められている。この求めは義務ではなく、自ずから欲する発心のあるところでもある。そこで孤立を余儀なくされる場合もある。それを懼れないのが、剛を保持する所以でもある。

他人からは覗い知れない生き方の内側にある黙契の背景には、どういう時間認識が用意されているのだろうか。そこには、終末としての「最期の審判」に向って行く時間とは全く異質な時間意識がある。時間は過ぎれば永遠に戻ってこない、というのは、一つの時間意識でしかない。

幽顕の行き交いという、この世とあの世を「往ったり来たり」できると確信している者にとっての時間の世界は、過ぎれば終わりとはならない。蘇生するのは当たり前だからだ。ならば、アシタマニヤーナで、幽界という明日の世界があるから、課題は次に持ち越しでいいのか。そうはならない心理的な規制は、幽の世界から現世にある自分は見られているという面にある、と前述している。

幽顕一体を自明とする生き方での時間の有利さは、七回では終わらないほぼ無限の時間が与えられているところである。この世で最善を尽くして、足りなかった側面は次回の生で果たせばいい。ここには、存在の深淵に虚無があるのではないかという想定は働いていない。生とは苦悩である、死はその終わりとは、一つの考え方でしかない。生を成立させる背景の多面を知らないだけである。いや、見ようとしていない。

再生への段階としての現世を、感じ取ることは可能なのか。そうした実感は、生を観照する態度からは育まれない。観照は、一歩誤ると、精神の腐食に転落するのは容易い。ともすると虚無を培養しやすい。観照と体認の間には、越え難い隔差がある。

生理的な死を招来する可能性が濃厚な戦いという行為は、黙契という覚悟を伴うことによって、生の深い意味を識《し》る機会をもたらす。深い意味とは再生の予感である。現世では一回こっきりの我が生への自信あっての心の動きだ。この生の重層性を識るとは、生の充実感の内容が変わってくる。なぜなら、与えられた生は天与の僥倖になるからだ。僥倖を活かすも殺すも黙契の内容である。いや、内容をどう把握して体認しているか、である。

そこで、自分にとっての与えられている有限の時間には、本人の意志の次第によって無駄なものはないことになる。だから能動としての「我武」になる。こうした精神的な境地での戦いが、相手にはいかに迫力のあるものになるか。しかも、自然現象には無駄なものがない（第十五章）。すると、意志としての黙契は、原理的に自然に即してもいるのだろう（第二十二章）。

三、幽顕を行き交う信に黙契あり

黙契という死者である先達との関わり、つまりは生理的な死を越えた共生を信じられる時間意識ほど贅沢なものは無い、と思う。黙契という心の動きにある拘束力は、信と義が人の世界にあるという自覚と不離不即にあるから。だから孤忠という生き方の選択も可能になる。孤忠という在り方は黙契を前提にしてはじめて成立する。孤忠という行為は、上述の時間意識によって守られてもいる。いずれも信を抜きにしては成立しない。ここに、「気なる者は容《かたち》を得て生じ」る例がある（第十四章）。容《かたち》にするのは気としての発意発心・発起である。

言葉の評価からシナ文明における現世重視傾向の一端を見た。言葉よりも行為や行為に裏付けられた在り方に力点を置く生活観の生きる日本文明は、シナと比べると精神面を重視する傾向にあったようだ。実生活に即していえば、商売よりもモノ作りに専念する気風を大事にするのも、それだろう。

王陽明に始まる陽明学を当時の日本の知識人が惹かれたのは知行合一もさることながら、慎独《しんどく》や独知という在り方への共感があったからであろう。慎独を可能とするのは、裏読みではないそのままの論語の学而編にある、「人知らざるを恨みず、亦君子ならずや」である。シナ人による裏読みとは異なり、日本人にその下りが素直に読まれたのは何故か。現世で人知らずでも、独知に徹すれば幽界の住人は見てくれているという、幽顕一体による信が息づいているからだと思う。幽界の住人は鬼ばかりではない。黙契に堂々と殉じることができる精神的な背景である。

黙契という心的な行為は志の別の表現である。志の継承を我が身に誓約したからと言って、黙契が実現できる保証はどこにもない。それは自分が決めることによって実現するものではないからだ。結局は命に依ることになる。

孜々《しし》として己の本分に努めよ、というわけだ。我が生は幽顕一体の大自然に在る。その覚悟で事態に処するには、「死と生とを忘れて死と生との地」に往くことだ（第十三章）。この境地は幽顕一体の信の無いところでは生じない。

その実感があるから、近代でも剛を貫いた西郷隆盛も、乃木希典も、公職から離れると、淡々として農耕に勤しんだ。それは悠久の時間の廻りを作業から知る魂の洗濯でもあったのだろう。「独知」は、大自然に在ることを、日々の作業で素直に実感できるからだ。シナ伝統のあるべき知識人を志した梁漱溟のような例外はともかく、都市住民であるシナの選良にはあり得ない生き方である。

三節　伝統日本が咀嚼消化しきれなかったモダニズム

一、欧米キリスト教徒の日本文明理解の錯誤

キリスト教を宗教なり信仰なりの最も開明的で最先端に位置しているとする欧米人には、生者の代表として、死者、それを包含する自然の全体に奉仕する祭祀長としての天皇は、理解の外であった。現人神として祭るという在り様は原始的で蒙昧なアミニズムとした。

そこから、個々の日本人の内面に自立した倫理性は無いと蔑視したのは、占領中のGHQである。1945年12月15日にGHQより発せられた神道指令は、そうした「善意」（?）の解釈によって成立している。

米軍が主力の占領軍が進駐するまで暗黒時代との認識を得々として共有した当時の東大総長南原繁ら、さらに対日戦勝利60周年式典におけるブッシュの偏向したカミカゼ批判など、日本近代史批判の底流にあるのは、進歩

している西欧文明に比して反動的で遅れているとみなされた日本文明観である。偏見としてのオリエンタリズムが背景に根深く生きている。性懲りもない浅薄さだ。＊

ここにあるのは、絶対的な神による最期の審判の緊張関係が無いところに倫理はあり得ないと思う、彼らの僭越な錯誤がある。だから、自然に即して生きる幽顕一体の感性などわかる余地はない。歴史以前のアミニズムぐらいにしか思っていない。そこに棲息している信と義は、彼らから見ると相当に程度の低い妄想でしかないことになる。

西欧衝撃により始まった近代化がもたらした世俗化は、幽顕一体からくる倫理性のある規範意識を衰弱させた側面があったようだ。この意識が衰弱するのに応じて、黙契感覚も薄弱にならざるを得なくなる。内面での拘束力を失っていったのである。薄弱ならまだしも、軍事学を含む欧化の高等教育を受ければ受けるだけ、そうした精神空間を喪失していったと思われる。

思考の主導権を失った根なし草が、高等教育を受けて輩出する結果になった。それは精神的な頽廃を招来することになる。ここでの精神の劣化の怖いところは、思考における統合感覚の喪失である。欧化教育で分化された専門家は輩出したが、包括的な知恵は相対的に薄くなった。大正から昭和にかけての統帥教育にも、その弊が生じたようなのは、軍事行動における作戦重視の半面でのロジスティックス（第二十九章）の軽視に出ている。

伝来の精神世界を失った面々である欧化知識人の中には、欧米文化人の皮相な対日認識によるミスリードに迎合する者もいただろう。それ以上に、欧米人に接する日本人側が、どこまで相手の誤解を妥当に理解して、応えて解くように努めていたか、である。理解して、それなりに応えていたら、錯誤も多少は減じたであろう。

すべての欧米人がそうした偏見の持ち主だったわけではない。

＊こうした偏見で同じ出自のイスラームを見るから、20年かけたアフガニスタンでの軍事行動から撤退を余儀なくされた。放逐したはずのタリバンが20年経って再びカブールを占拠した。９・11を惹起したアルカイダを保護していると介入した

アフガンへの軍事行動は、一体何だったのか。こうした錯誤は、すでに対日占領政策において展開されていたのである。相手を観るよりも、自分の都合で相手を捉えている。

二、日本文明に立脚した日本人キリスト者への畏怖

日本文明にあるのを喪失しなかった者たちもいた。キリスト教徒になったことで、むしろ日本文明の素晴らしさを深め啓蒙した人々である。新渡戸稲造や内村鑑三らのクリスチャンは、外来の信仰を意志的に選択しながら欧化しなかった例である。闘戦経を釈義した笹森も、最初の啓蒙世代の精神を継承した有力な一人であろう。文明としての欧羅巴 the West に屈しなかった。信仰を選んでも、魂まで同化しなかった。その果実を咀嚼し我が身にするように努力を重ねた。自分の立脚する日本文明の土壌に引き寄せたのである。

欧化で簡単に「降る」者と欧化の洗礼を受けることによって日本文明の深さと豊かさを識り、さらに寄与する者の違いの生じる背景を知ることが大事である。ましてやグローバリゼーションの現在だからこそ。ここには強烈な自我があり、自尊であるが故の慎独・独知が脈々と生きている。新渡戸や内村のそれは、藤樹の自意識（独知）と精神と情操の地下水脈で繋がっていると思う（前掲、二章、四節、一、二、を参照）。その実体が何かを解くカギが、文明衝撃としての外来の孫子や他の兵法に対峙した、闘戦経の思索と編纂の意図にもある。

そうした日本人キリスト者に接したり、知ったりした欧米の一級の知識人は、日本文明の独自性を評価していた。そうした認識は、普遍性を意図した深い知性の働きに由るものであろう。The West の優位性に立脚して、文明間の断層線を強調したS・ハンチントンには見えないところだ。

新渡戸稲造の英文著作『武士道』を読んだ当時の米国大統領セオドル・ルーズベルトが、欧羅巴人の考える世界史に突如として登場した日本文明の根幹の一端に触れて、深刻な認識をしたことは知られている。その認識の内容の世上に流れていない見えない部分にこそ、米側の命名した太平洋戦争当時の米大統領であった甥のフラン

クリン・ルーズベルトの対日認識がある。

初代は、日本文明を評価するとともに、太平洋の対岸に存在する日本の隆盛する可能性を「懼れ」もした。異質な文明の突然の台頭を警戒し、潜在的な敵国視したのだ。問題は、この懼れの部分だけを、後代の甥は素直に受け止めたのである。そして、欧化学歴の無い多くの日本人が保持していた日本文明にある粗削りでも洗練された気高さの部分の認識は省略していた。懼れとしての畏怖だけが先行し沈澱したようだ。

甥のルーズベルトは、日本の敗戦がほぼ見えた頃、敗戦後の日本への報復として、電気装置による日本人の断種計画を示唆していたといわれる（高山正之「異見自在」『週刊新潮』09・9・24）。今の中共党によるウイグル族を強制収容して、女性には避妊の手術を強制する手法と発想は同じだ。

後任のトルーマン大統領は日本人を獣視していた。それが原爆投下を正当化する理由の一つにもなった。また、日本が降伏した際の米国務長官であったバーンズの差別観に満ちた対日認識にも継承されているとみてよい（後掲、八章、二節、二、の＊を参照）。

三、近現代開化日本における精神面の劣化

徳川時代における石門心学の成立と浸透や、陽明学の知行合一を咀嚼して自家薬籠中のものにし得た中江藤樹や門下熊澤蕃山の構築した思索環境は、「詭」を厭う心情と無縁ではない。だから、近代では文明開化の毒でもあった世俗化に耐性が無く、無防備であったかも知れない。皮相な科学的思考は、世俗化を進行させる覚せい剤のような麻薬の役割を果たした。

欧化という文明の遭遇において、お上が推進する開化という表現には、従来の行き方を否定する前提があるように見える。そこが無防備な受容に傾斜しやすかったのではないか。それは信の分裂を惹起した。従来の生活観は、倫理観も含めてそのすべてが古いから、それからの脱却が開化の生き方であると。お雇い外国人の一人で東

京大学医学部の前身医学校で教授したベルツ博士の、欧化日本人が、開化以前の日本を野蛮としていたことへの懸念である。最初の欧化知識人である福澤諭吉は例外である。なぜなら、欧化に自立していたから。

ロシア革命に発した革命信仰の輸入は、日本社会の国政エリートや選良候補の高学歴者間に徐々に新しい歴史認識をもたらした。革命の歴史的必然論である。当初は、エリート予備軍である旧制高校生と大学の学生の思考に怒涛のように浸透した。

それは当然に従来の信との対立を起した。これも明治開国による欧化から始まった、急ぎ過ぎた開化病理の症状の一つであった。この浸透は当時の高等教育を受けた世代の知が弱かったことを意味している。その弊害の確認は1990年のソ連崩壊だが、後遺症は形を変えてまだ存続している。それが、「日本文明の原形質を明らかにする闘戦経」で前述した、グローバリゼーションへの適応を不可避とする態度である。外来に徒に敗れている。後述（九章）のように、こうした敗れ方は、昭和時代の統帥権万能とした悪しき戦争の経営学にも、微妙にかつ大きく影響を与えるところとなった。

統帥部を含めた国政エリート間に国家経営の原則についての認識の共有が乏しく、危ういものになっていた。ほとんど無政府状態になっている。戦術あって戦略なく、戦略らしいものあって政略なし、そこで政策も無し、という結果を招いた。大体、いつ止めるかがあいまいのままの開戦があるのか（後述、六章、三〜四節。十章、一節、など。とくに四節、四を参照）。統帥と国務両者で、事態への主導権意識もあいまいである。

軍は「進止有って」（第十七章）のものという定理を無視している。それが問題視されないほど、事態を把握する統合感覚としての見当識が、統帥部と国務中枢に集団として共有されていなかった。憂慮に最も沈潜していたのは最高統帥権者であられた。その苦渋な述懐が「扉」に紹介した独白である。

四節　伝統日本は欧化日本を統合し得たか

一、「兵は禍患を杜ぐ」と真逆になった昭和日本

日露戦争を辛勝した国務統帥の面々が、各々の所を得ての職責を果たして成功した時からすれば、40年足らずで起きた中枢の弛緩である。中枢を構成していた者たちは、洋才に長けていた、つまり「用を得て体を得る者」（第四十章）たちだったのだろう。日露戦争時では、辛勝とはいえ「体を得て用を得る者は成り」（同上）の理想形であった。近代日本では、欧化を急ぐ余りから、洋才の「用」を優先していた。学びの仕方が逆転していたのである。

「用」としての情報や知識をいくら収集して集積しても、何のために活用するのか戦略中枢の方針や方向付けがあいまいであった。それは、当時の国務と統帥部を構成する面々に、包括的・系統的に整理して方向づける「体」である、インテリジェンスの別表現である統合感覚の劣化が進んでいたことを暗示している。扉で紹介したように、昭和天皇は、それを「政戦両略の不十分の点が多く」と述べた。だから統帥が国務を凌駕する錯誤を招いた（六章、四～五節を参照）。用と体を軍と国政に当てはめると、兵は用で国務は体と考えてもよい。

個々人には優秀な人材がいただろうが、集団として見るとお粗末なだけでなく、惨憺たるものになっている。前掲のように第五十二章には、「兵は禍患を杜《ふさ》ぐにあり」とある。だが、「逆の事態」が起きていた。ある時期から、軍事（兵）が禍患そのものになってしまっていたのだ。

老子、六十九章。「用兵に言あり。『われあえて主とならずして客となり、あえて寸を進まずして尺を退く』と」（注46）。意味するところは、戦いは進んで戦うより、退いて守れ、と専守防衛をいう。闘戦経のいう「杜《ふさ》ぐにあり」と近似している。

老子の言う「客となり」は他動、他力を意味せず、主導権を我が内に持しているからこそ可能になる、と考えるのが自然だろう。昭和史は、杜ぐつもりで攻撃を選択して「主」となったものの、それは錯誤で、主導権を失い、崩壊に突き進んだ（後述の六章を参照）。用が体を翻弄してしまった。本末転倒を招いた。

笹森は、昭和の敗戦という締め括りをした近代日本の歩みを通観して、明治以後の軍閥がおかしくして、「日本武士道が偏倚的に形成され、邪道に堕ちた」と総括した（笹森本。156頁）。独善的な「意志」の拡大と専横に溺れた軍閥は、前述の軍の在り方である「杜ぐ」本意を失った、と言いたかったのであろう（後掲の六章、三節、四節を参照）。この厳しい糾弾は、なぜ、そして、どのように「偏倚的に形成され」たかの由来の解明と説明は無い。

（注46）続けて、「これを、無行を行き、無臂（むひ）を攘（ふる）い、無敵を扔（つ）き、無兵を執ると謂う。禍は敵を軽んずるより大なるはなし。敵を軽んずればほとんどわが宝を喪う。故に兵を抗（あ）げて相如（し）けば、哀しむ者勝つ」。奥平卓・大村益夫訳。前掲『中国の思想』Ⅵ「老子・列子」。「哀しむ者勝つ」は含意が深い。

二、欧化選良による精神の劣化

欧化という文明の衝撃過程が選良に与えた最大の弱点は、何だろうか。開化の適応で、自分たちの一体性を形作っているはずの、不変である日本文明の原形質とは何かが、あいまいになってしまったところにある。適応するあるいは受容しなければならない欧化の諸々は、それだけきらびやかであった。なぜか。時代の先端を往く「用」であったから。そこに目を奪われると、「体」の足下があやふやになり、何を守るかも不確かになった。

国務を担う選良間で、統合失調の事態が生じているのを国民が目の当たりにしたのは、1929年10月、暗黒の木曜日から始まった世界恐慌が日本社会に深刻な影響をもたらした昭和の時代である。議会政治による対応不能に業を煮やした軍人による、主観的には職責として国難に対処しようとした法外の法、理外の理による直接行動は、攻撃対象が「用を得ていた」はずの者たちで占められているように見えたところに起因している。だが、「用を得ていた」者は、体には不明である？

中野本の講義者であった寺本少将は、脚下を優先せよとの第三十七章の解題で、五・一五事件について、参加した軍人を痛烈に批判した。職分を全うしていれば、事件を起こす暇などなかったはずと（55～56頁）。事件参加者には「脚下の蛇を断つ」（同上）ことが、理外の理に基づく優先課題であった。決起しないと「山中の虎を制す」ことができずに亡国に至ると。ここに見られる当事者と評価者の認識のズレに、この時代の選良間に共有しているはずの規範意識の分裂と混迷を観ることができる。それは、忠誠の混迷でもあった。

これらの倒錯した生態というか醜態は、この項の視点から概括するとどうなるか。組織を構成する面々の一体性に亀裂が生じたために起きた精神の劣化、と看做す見地は必要と思う。選良は、その職責意識が同質でなくては、「禍患を杜ぐ」ことはできないばかりか、その存在自体が禍患になる。

職業軍人間から決起や決起未遂が頻発したのは、制度としては統帥の弛緩である。だが、民意としての下意上達する仕組みであるはずの議会に渥滞が生じていた。事件は、国政の運営が機能不全を招来しているための、緊急避難の行為であった、という側面を見落とせない。寺本の批判は、後世から見れば事態をつかみ損ねている、とも言える。

三、「用を得て体を得」た選良の劣化を他所に

エリートの不知による迷走は、やがて不本意な第二次大戦への突入になる。名も無き庶民は、御国のためと懸命に戦った。大元帥陛下の求める召命に健気に応えようとした。しかし、戦争を経営する選良らに問題があった（後掲の六～七章を参照）。やがて、経営の破綻に至る。輔弼の臣である君側は、事態の収拾がつかなくなった。立憲君主制が機能しなくなる事態に至っていた。そこで終戦は、慣習法に入る超法規的な天皇の意志に委ねられ

た。同時代と後世は、それを御聖断と表するのだが。

昭和天皇の決断（聖断）による終戦が周知された際の徹底ぶりは、どのように解釈したらいいのか。現在では想像できない世俗化されたモダニズムとは無縁な原初の精神が、未曾有の危機に遭遇して国民大多数に活きていたのを示している。未曽有の危機に直面して、英気を構成する「先天の気」（十三章、二節、二、を参照）が表面に踊り出たのである。

その印象的な二例がある。一つはルバング島で軍命に従い一九七四年まで不正規戦をしていた陸軍少尉小野田寛郎。

二つは、映画『太平洋の奇跡』（2011年公開）でのサイパン島のヒーローであった大場栄大尉率いた大場隊の進退である。戦争中にサイパンで幾多の残虐行為をした米海兵隊をしてフォックス（狐）と言わしめた大場栄の、最後まで降服しなかった行為の意味するものは深い。二人とも、上司と上部機関からの命令あって任務を解いている。

二人は下級将校だが職業軍人ではない。いずれも市井の生活経験者である。いわば「地方人」体験を有していた。だからこそ、「地方人」の感性とは無縁な軍の指揮官教育機関の染まらない、原日本人の在り方がそこには脈々と活きていたことを看取できるのだ（注47）。前述した（前掲、二、）新渡戸や内村らが保有していた気骨が、昭和の戦時では、市井に烈々と生きていた。だから「終戦の詔勅」の必謹として顕れたのである（後掲の十一章、三節でさらに詳述する）。そこには、終戦を命じた最高統帥権者への信が生きていた。それは末端と雲上が、黙契により結ばれていたことを示している。そして、ここで取り上げた二つの例だけではなく、多くの事例があった。

無名の兵である彼らの発揮した底力こそが、米国やＧＨＱから見れば、「精神的な武装解除」として消滅しなければならない対象であった。欧化教育を基本面で受けたＧＨＱの戦史作成作業に協力している服部卓四郎（注

48）などの高級軍官僚などは、むしろ占領者から見れば御しやすかったであろう。欧化近代の成果である高等教育の致命的な弱点を、そこに観ることができる。

（注47）小野田と大場の出処進退が、日本人だけでなく国境を越えて共感と賞賛の声を呼んだのはなぜか。それは彼らの振る舞いが、ボーダーレスで説得力のもつ生活者の感性に根ざしていたこと。また、家村和幸の描いた楠木正成の作戦行動をもたらした根底にあった出処進退の在り様と共有するものがあった側面も見落とせない。

日米両軍の無名の兵士による戦闘に処する態度顕著な違いについては、戦争中に日本語解読の米軍将校として戦地に出かけたこともあるドナルド・キーンが記述している。日本兵士の遺した日記を読んで、「大義のために滅私奉公する日本人」、「一般の日本の兵士に対して驚嘆を禁じ得なかった」と。勿論、彼は一方で、「私は日本の軍国主義者の理想を受け入れることは決してできない」と明記しているが。同『日本との出会い』訳書26頁。中公文庫。

（注48）服部の軌跡は、後掲の九章、二節、三、の（注96）に紹介してある。

II部　闘戦経の世界認識

四章　孫子の侮り難さ

一節　闘戦経が批判する孫子から学ぶもの

孫子を一刀両断した闘戦経である。そこには天晴れと感嘆する怜悧な批判や総括もある。だが、現在から考えると、至らない読み方か意図して目を背けた側面もあるといっていい。それは、孫子を生みだしたシナ文明との接触は漢文を通してのもので、シナ人との具体的な接触ではなかった時代背景を見ればわかるだろう。

上述で「現在から」という限定をしたのは、近現代で頻繁にシナ社会やその文明と日常として接触することを余儀なくされている環境では、孫子の読み方も自ずと変わってくるからである。

古典としての孫子を過去の記述だと遺物視するのは危うい。現在での読み直しに耐えうるだけの内容を有しているから。同時に、それは孫子に対峙した闘戦経自身にも現代で通用する内容を孕んでいる、と考えていい。それから何を得るかは、後世である我々の読み方如何にかかっている。読み方は、読み手が自分の立ち位置をどう定めているかで変ってくる。

一、死地に臨んでの在り方は軽視できない

孫子の本質は「懼れ」にあり、それからすべてが対処されるという闘戦経の認識（第十三章）は妥当だろう。だが、そこから想定される振る舞いは、退嬰的で逃げの態度をもっぱらにするのであろうか。闘いにおいて、逃げ続けることはできない。逃げ場を失う場合があるからだ。進退きわまる事態である。

孫子は、それを「死地」という。「死地には我まさにこれを示すに、活《い》きざるをもってせんとす」（「十一、九地」）。

この意味するものは明快である。欲すると欲しないとに関わりなく、その場に至ったならば、死中に活を求めるしかない。攻撃あるのみだ。攻撃したところで生きるとは限らない。だから降伏するのではなく攻めろ、という選択を提起している。選択ならない、実に雄々しい窮余の道だ。

この下りを見れば、懼れという表現を単純に心の動きから生じる気後れや臆病とみなしてはならないことがわかる。むしろ事態認識で慎重であることを意味している。だから、繰り返すように、事態を「詭」として認識するのだ。

だが、こと此処に至った間合いでの死中に活を求めての攻撃というこの積極性こそ、孫子の骨頂でもある。それを見落とすと、孫子の兵法にある根本部分を見誤る。それだけでなく、シナ将兵の感性をも見誤ることになる（注49）。

（注49）湾岸戦争以後に中共軍の空軍幹部から提起された「超限戦」（Unrestricted Warfare）という概念は、圧倒的な勢いをもつ敵（米国）に対する対抗措置として編み出された。戦いの武器は何でもありの戦争概念である。劣機劣勢をものともしていない。常在戦場。金融を含めた企業活動（M＆A）も戦争になる。急に流行りになっている「一帯一路」のシルクロード基金、AIIB 構想、BRICs 新銀行構想も、この観点から見る必要がある。『超限戦　21世紀の新しい戦争』訳本。共同通信社。2001年。（2020年に角川新書で再刊された）
余談ながら、2010年9月の尖閣海域での中国漁船拿捕に対抗した中国政府によるレアアースメタルの対日輸出制限は、戦術としては拙劣だった。これも超限戦の範囲に入る「非軍事」の戦争ではあった。輸出主要国を失ったことで販路を閉ざされた。日本は、着実な自衛手段を執った。

この執拗さだから、死地の前に「囲地」という概念が出てくる。ここでは、自軍の指揮官が自ら出口（逃げ場）

をふさぎ、自軍が敵軍と戦うように仕向ける方法を書いている。この作為は、自軍の兵を信頼しないのを前提にして、その条件下で前向きの積極性があって初めて出てくる作戦である。

自軍を信頼できないから人民にも信を置けない。民、信無くば立たずの民の信の範囲は、統治側の保証あってのもの。統治側と人民は明瞭に分立している。そこから、毛沢東の人民戦争論も出てくる（七章、二節、三節、二、を参照）。人民はいつ裏切るかわからない。ならば戦力に用いればいい。人民の戦争、人民の軍隊とは逆説である。戦争のための人民であり、党軍のための人民なのである。人民は目的ではなく手段としての存在であるのに留意しよう。その遠因の一つは「囲地」戦術の背景認識にある。当然、ここに仁なく人権などは在り得なくなる。信も無ければ義も無い。有るのは「君、君たり。臣、臣たり」。

日本史では、この前提を織り込み済みにする場合は、前述のように（二章、四節、三、）少ないと見ていい。第一義を統帥の要にした上杉謙信軍は、この反極に位置するだろう。これも双方の文明の違いである。前掲（注46）の老子の言「哀しむ者勝つ」の意味の一端が浮上してくる。この行は日本人の感性には響くのではないか。

二、「懼れ」から戦略戦術が出てくる

死地での勝敗を度外視した攻撃の選択肢は、すでに懼れを乗り越えている。囲地を自ら作る仕方にある積極性は、現象理解の別名である懼れ意識あって出てくる戦法である。将が兵に信を置いていない。二つの戦法の出てくる背景にある戦闘観に目を向けないと、とんでもないしっぺ返しを受けることになるのは、昭和の日中関係史にも出ている。この二つの戦法を包括している戦闘観に注意を向ける必要がある。

また、心境面での懼れ意識があるから、事態の認識で慎重にもなるし、目標達成に向けて、はるか事前から長期的な見通しによる様々な戦略戦術が構想され着手されてくる。最初は兆しにもならない布石だが、いずれ誰の目にも見えるようになった時は、相手は遅きに逸することになる。鄧小平から始まる、前述の百年マラソンを遂

行する「韜光養晦」戦略である（一章、三節、二、を参照）。ここに後述（七章、二節、二、を参照）の政戦一体による「持久戦」も含まれている。そうした詳細な想定問答の体系的な集成が孫子の内容である。

それに比して闘戦経は、軍を正々堂々と前に進め、そして止めよ、という。「軍なるものは、進止有って奇正無し」（第十七章）。駆け引きをするような「奇正」を用いることがあってはならないという。

奇正とは、「詭」を重んじる孫子では、同様に重要概念である。孫子はわざわざ「五、兵勢」を立てた中で取り上げている。奇は勢を作るために不可欠と見たからだ。奇概念は変の応用に生じる。応用が的確であれば勝つ。的確であれば正となる。「三軍の衆、必ず敵を受けて敗なからしむべきは、奇正これなり」。「およそ戦う者は、正をもって合し、奇をもって勝つ」とも（「五、兵勢」）。孫子にあって、奇は不正ではなく正なのである。だが、可変によって不正にもなり得る。日本人笹森も家村も、奇は不正、小業《こわざ》と観ている。嗚呼！

闘戦経の作者は、孫子の奇正を重視する認識に、正面から異を唱えている真意をくみ取る必要がある。小業と軽視して済むのか。侮りにならないか。これで、作者の意に充分に応えているのか。（奇正は時間と不離不即にある解明は、後述の、七章、一節、一、を参照）。

「奇正無し」という言い切りは孫子批判でもあるが、「兵の道は能く戦うのみ」（第九章）を前提にしている。指揮官が部下に不信で臨むシナ兵法と、部下の兵卒に信を置く所に統帥の在り方を自明とした日本文明の違いがあるから、前掲の章句は成り立つのである。

この二つの定言は、説得力で大きい相乗効果をもっている。それが裏目に出たのがシナ大陸での日本軍の指揮統率であった（七章、一節、二、で後述する）。

三、「知」としての「懼れ」を軽視し、「勇」を優先すると

闘戦経は、「詭」に基づくこのような働きを「奇正なし」と真っ向から否定し、断固と退けたのは当然であろう。

ここには孫子の最重要な概念を認めようとしない気魄がある。

しかし、この教えを浅く学ぶと、戦略も戦術もあまり必要で無くなる。積極果敢に逸り突進すればいいことになる。進むを知って、止める、さらに退くを知らないか、退くのを嫌がる中枢に支配された軍団は、戦略（奇正）の不在によって破滅に至り敗軍になる。それは作戦の重視に比しての兵站の軽視にすでに露呈していた。

後知恵から見ると、昭和の統帥部は全体としてそれであった。有って」と、「止」むことをも軍の任務としているのだが。「止」は、相手が手ごわいからだけでなく、前述のように「知」としての戦略戦術上から必要になる局面でもある。「止」は、統帥の極致なのである。ここには、最高統帥における政戦一体がある（七章、二節、三、を参照）。昭和の戦争で統帥部を構成した将官らには、その見極めがあったのやら。終点が共有されていなかった上での開戦ではなかったか。兵站の軽視もここに起因していないか。残念ながらと言っていいのか、終戦の聖断は日本型統帥の極致であった。

戦場での事例で観てみよう。硫黄島で後背地の無い「死地」での持久戦を余儀なくされた栗林中将が、玉砕を求める部下に困惑させられている（映画『硫黄島からの手紙』２００６年公開）。

硫黄島の場合、玉砕は形を変えた「止」である。これは、闘いをし続けることが米軍を拘束することになり、それは本国のある日本列島に役立つという戦略目標の趣旨が、部下にわかっていなかったところから来る。一日持ちこたえれば、それだけ本国が有利になるという栗林中将の「進」としての戦略目標を理解しようとしなかった。

部下は、補給の無いところでの、すでに死地になっている島での持久戦に耐え切れず、玉砕という美学というか急ぎすぎる潔さを求めたのであった。武器も食料も補給のない事態では、そういう戦法にならない対応しか無かった、という同情する見地もある。だが冷たく言うと、属僚は匹夫の勇の「進」を戦闘に持ち込もうとした。

ここに、司令官と部下の指揮官の間で、「進」（第十七章）の意味するものに深浅があったことがわかる。この状況では、栗林中将の求めた「死地」で抵抗を持続することが「進」であった。それは硫黄島という局地では絶望的な消耗戦ではあったが、圧倒的な敵の戦力に対峙する進であって、「奇正」ではなかった。さらに、局面としてだが、「遅攻」（この意味するものについては、後掲の七章、五節を参照）の範囲に入れることができる（後掲、七章、四節を参照）。

四、「知」に基づいた「勇」の執拗さ

だが、敗色が全般的に濃くなるに従い、実際はロジスティックスの不十分なところでは、すぐに玉砕に逸る属僚が戦地だけでなく統帥部にも浸食していた。または、ぎりぎりまで戦線に固執して、無用の犠牲をもたらし、最悪になってから「転進」（後退や退却）する。

その事態では撤退という戦機をとっくに逸していることを繰り返したのが太平洋戦線であったようだ。客観的な認識に必要な想定を巡らす「懼れ」を臆病の産物として軽視した結果であった。知の不十分なところでの勇の先行は、一種の自滅、自傷行為にもなった（後掲、十三章、二節、「一、知と勇を活かす気育」を参照）。

「進止」が運用よろしきを得るには、剛を生来とする将帥（後述の十三章、一節）による戦略戦術における時間の活かし方にかかっている。時間を構成する条件にはロジスティックスも入る。その面を軽視するところから無用な犠牲が増えたわけである。兵站に問題があっただけでなく、時間の浪費があった。時間は重要な戦略資源であるのを毛沢東はよく識っていたのは七章で後述する。

そうした劣悪な環境にあっても、日本兵が個々の戦闘でいかに果敢に戦ったかは、米軍からの見方で紹介されたのが、スピルバーグやトム・ハンクスが制作にかかわったテレビ映画十部作の『パシフィック』であろう。孤立しロジスティックスの不足な中での、その徹底した闘いぶりに辟易している米軍兵士が描かれている（この映画に出ている意図に付いて、十一章、一節、三、で触れる）。

知力を尽くして「遅攻」を展開した事例がサイパン島での大場隊である。守備隊としては玉砕後に、日本敗戦を知らずに敗残兵が集い戦った隊長の大場大尉は、連合艦隊がやがて来襲すると信じて、玉砕よりも戦闘継続に意義を見出していた、と映画『太平洋の奇跡』ではいう。実際のところは、玉砕は常に念頭にあったという説もある。米軍は、大場隊長の求めに応じて、日本敗戦後に日本軍の上級統帥から戦闘停止の命令書をもってきた。それを受領しての武装解除である。ルパング島の小野田少尉の事例と同様である。ここには指揮統率が生きている。この経緯には、「進」に徹した知がある。大場隊の戦闘に見られる執拗さには、孫子から学んだとも言われる楠木のレジスタンスと同質のものを見る思いがする。

二節　孫子の根底にある政治性の凄み

一、謀略をさておきながら謀士を尊ぶ闘戦経の逆説

闘戦経で筆者が最も感銘を受けた章句を記しておきたい。第十九章の一節は、「貞婦の石と成るを見るも、未だ謀士の骨を残すを見ず」である。

「漢文、詭譎あり」と謀略優先に距離を置いておりながら、謀士の存在を確認している。戦略的に重要な存在とみなしている。そして、その役割なり道なりを選んだ者は、骨を故郷に残すような死に方をしていない、と明記する。人知れずして異郷に朽ちているのを暗示している。この下りは、闘戦経「序」の伝えにあるように、この作品は平安時代に記されたものなのか、と疑心が生じてしまうところだ。だが、ここは素直に受け止めよう。

闘戦経の述べた謀士とは、孫子の用間にある五種類の間者（因間、内間、反間、死間、生間）のうちでは「死間」であろう。死を覚悟して敵国に潜入する者を意味する。だから遺骨は残らない場合もある。人知れずして死

を迎える場合もある。弔うはずの者は弔いの場に誰もいない。

日本の俗称では反間は裏切り者である。孫子の世界では謗《そし》りや嘲りの対象ではなく、むしろ褒められる存在になる。ここには、勝敗を決した要因を客観的に冷静に認識する目がある。この受け止め方における彼我の違いを確認しておきたい。

闘戦経では、死間になった謀士を敢えて取り上げ、尊んでいる。孫子にある用間での機能一点張りの評価に抵抗を感じたのである。そこにはヒューマン・ファクターがある。ありていに言えば、一介の士の生き死にを大切にしている。「死間」である謀士の命を賭した生き方を尊重し称揚している。幽顕を一体視できるから、その存在を称揚できるのである。謀士は黙契を我が身に課すから、その任務に就くことができる。

闘戦経では反間の評価を不問に付している。間者を勝利のための手段として、その効用を評価すれば、反間の存在は効率が高いものとなる場合が多いのだろう。しかし、それに与さないこの箇所は、孫子の反間評価への批判とまでは言わないが、距離を置いていることは明瞭である。だから、「謀略は逃ぐる」（同上）と、前段で記している。ここに、反間という存在を厭う闘戦経の作者の有した潔癖な感性を覗えないだろうか（潔癖さについては、後掲の八章、二節、三、を参照）。

日本の近代史には、日清戦争以後から謀士としての死に方をした逸材がいた。そうした存在を顧みない社会は、いずれ泣きを見ることになるだろう。なぜなら、現在の日本を造り上げ守った、無名であっても有為な人たちであったから。そして、こういう沈黙した存在は日本だけにある存在ではない（注49）。

（注49）次々項三で触れる現代中国での事例。またモサドの内幕本からは、死間を覚悟した多くのスリーパーの存在を想像できる。

寺本武治海軍少将は中野本で、上述の笹森流の読み方をせずに、謀略で生きた者は生死すら明らかにならないと、謀「士」の読みを、前段にある「謀略は逃ぐる」と同格にしている。25〜27頁。

戦時下の昭和19（1944）年に刊行した『闘戦経の研究』著者、陸士七期、砲科の陸軍少将中柴末純も寺本と同じ見方をしている。「謀士の如きは如何に大言壮語するも、骨すら残せるものさえなきこと」（同著97頁）と、にべもない。宮越太陽堂書房。

大橋武夫の薫陶を受け外弟子と自称する窪田哲夫は、自著『「闘戦経」日本最古の戦略思想』で、旧陸軍幹部教育の直伝と笹森の釈義の双方を記述している。そのため、一見は目配りのいいように思えるものの、修辞としては前段の「謀略」と、締めにある「謀士」の関わりが鮮明でなく、結果的にどちらつかずになる歯切れの悪い印象が残る。117〜119頁。2010年。オンデマンド版。中柴や寺本と笹森の見解は相容れないからだ。

前掲（二章、一節、）で引用した家村和幸著での解釈も、窪田と同様に二つをそのままに記述している。同著85〜86頁。戦後育ちの二人には、笹森の推断した境地には、まだ踏み込めないようである。多分、こういうところにも、安全保障分野における現在日本の精神的な状況にあるあいまいな問題性が横たわっているように思う。

権力中枢に浸透する中共党の工作員やモサドが制度的にいない現代日本国家の在り様にある限界が、二人の思考に自覚のないままに影響しているように思える。

前掲の一章、「用いるテキスト」で触れたように、どちらの解釈が妥当かは、読み手の感性に負うしかない。全く逆の見方が起こるほど闘戦経の言葉は尠（すくな）い。ために、その境地に至らない後世の読者が困るのは否定できない。

筆者がどちらの釈義に与しているかは、本稿の文脈から明らかである。敗戦を境いにして、寺本と笹森の違いにあるものから、どちらが占領という国史の未曾有の経験を重く受け止めているかが覗える。笹森の釈義に、彼の死生観の徹底ぶり、ありていには仮借なき見地が示されている。読者は、その由って来る所以をどこに求めて総括しているか、を知るための努力が求められている。そして、それをどう我が身に受け止めるか、である。

二、孫子は敵から寝返る「反間」を尊ぶ

孫子は、「情報収集と諜報」（インテリジェンス）について、最後にもってきている。前掲の「十三、用間」である。敵と味方の微妙な間に従事するのは間者である。そのくせ謀略については、「三、謀攻」である。この章の最後の節に、孫子の特徴であるあまりに有名な、「彼を知り己を知れば、百戦して殆《あや》うからず」が出てくる。ここでの知る行為がインテリジェンスそのものなのである。

そのためには、「およそ用兵の法、国を全うするを上となし、国を破るはこれに次ぐ」と。この節は、「三、謀攻」の冒頭に出てくる。攻めて屈服させるのではなく、兵を用いずに丸ごと我がものにするのを至善とする。ここに中共党による浸透力優先のすごさがある。「非軍事の戦争」を重視する超限戦の主意でもある。

老子、三十章に近似の文意がある。「道をもって人主を佐《たす》くる者は、兵を以て天下に強たらず。その事は還を好む」。この意味するものは、兵による覇権で天下を掌握しても、いずれ同じ方法でやり返されるだろう、と観て、力による政治の存続に懐疑しているのだが。この示唆するものを孫子流に解すれば、武力を実際に行使しないで知（インテリジェンス）を活かすことが、最上策となる。武は武によって滅ぶから。

従って、その実現のためには、「上兵は謀を伐《う》つ」（同上）となる。「その下は城を攻む」となる。相手のところに兵を動員して攻めるは下策としているのである。

上策は狡知に長けた謀略としての知恵の勝負になる。すると形勢を逆転するキッカケにもなり得る寝返る反間は、実にありがたい存在になる。謀攻の有力な秘密兵器であり、隠れたソフト・パワーなのだ。平時における戦法にある戦略と戦術手段を現代語にしたのが前掲（一節、一、の注）の「超限戦」である。軍（兵）を動かさないで、実質上では兵（武器）の役割をする諸機能を挙げている。同著では明文化されていないが、ここでも伏兵になる反間の存在は、形「勢」逆転の貴重な戦力になる。明文化しないのは「不都合な真実」だから。

三、反間は尊んでも、死間への評価は？

孫子の際立ったところは、当然のように死間を最上位に置いていない。前項で述べたように、孫子では、「反間」という敵から寝返った者を大事にする。「反間は厚くせざるべからざるなり」。厚遇せよ、もてなせといっている。勝利にとって最も効果的で、敵にとっては致命的な存在になる場合もあるからであろう。効果という観点からのクールな評価である。二君にまみえるわけだが、忠誠の変更の是非は問われない。

孫子の生きる世界では、謀士は死間としてありえても、前項に述べるように闘戦経の世界のように敢えて明記される存在ではない。それは一種の消耗品のような存在だからだ。だからこそ、それを容認して死間の役割を担う人のいたシナ文明はすごい。政治性の極致ともいえるからだ。忠誠の極北である。反間への至れり尽くせりと、死間をさりげなく軽視するところに、シナ政治文化の凄みが秘められている。

中共党が覇権を実現した1949年以前、多くのスリーパーの存在が国民党にも親日の汪兆銘政権にもいた。とくに汪政権に浸透していた中共の秘密党員の中には、日本敗戦後の国民党による漢奸裁判で、従容として漢奸の汚名を着て死刑になった者もいたという。

この一点を見ても、孫子のいう「懼れ」を一概に怯懦と見ない方がいい。今日の中共国家の絶頂は、こういう無名の存在による犠牲の上に成立しているからだ。それを中南海の住人が忘れた時、党国の滅びが日程化するだろう。

死間の在り様には、秘密結社が当たり前の社会と、そうした文化に不得手な日本社会の違いが見えるのを付言しておきたい。

四、反間重視と謀士を尊ぶ違いにおける強みと弱み

ソ連崩壊後の軍事学で生じた新しい表現に非対称戦（asymmetric war）という概念がある。少数派同士の内

戦や、圧倒的な超大国の軍に対処する少数派の戦いも含んでいる。謀略説はさておいて、9・11事件は米国を敵とした少数派の非正規兵による戦いであった。これも非対称戦を意味している。

国家、多国籍軍や国連軍としての正規軍への非正規的な戦いでは、正規軍同士の戦いにおけるルールは全く無視されている。少数派にも順守する気はない。だから、9・11が起きた際、19人の惹起者が、総計3千人を葬った。それには日本人24名を含んでいる。この手の戦いは、それ以前はゲリラ戦とも言われた。一方、正規軍がそういう敵に対してルールを無視すると、非難されることになる。非対称といわれるゆえんの一つである。

正規軍による具体的な戦闘を避けたところでの戦いの現代的な表現を、現在の中共軍の幹部は「超限戦」と命名していると紹介した（前掲、一節、一）。超限戦は現在言われているところの非対称戦の内容よりも範囲が広い。現在のロシアが得意とするウクライナ戦で用いられたハイブリッド戦も、国家が仕掛けるITを用いた非正規戦を堂々と、いや公然と含めているからだ。

金融もサイバー戦も法律戦、さらに歴史戦など25種類も超限戦の対象に入っている。あらゆる手段を用いる戦いを意味している。要するに、何でもありなのだ。ここで、サイバーのようにハード面を活用しての戦いの分野もあるが、それもヒューマン・ファクターを抜きにしては成立しない。ネットを戦場とした場合、その活用は人しか無い。反間も謀士も人である。

闘戦経では、このような取り組みを否定していない。「小虫の毒有る、天の性か」（第三十章）。小虫にとり毒は生きる糧なのである。毒の使い方を含めて、「鼓頭に仁義なく、刃先に常理なし」（第三十九章）と言っているから。それを受けて、「勝ちて仁義行わる」（第二十九章）となる。このクールな在り様は、孫子に引けをとらないところに留意すべきだ。

孫子の諸原則は、こういうグレーゾーンにある「仁義」の無い戦いの諸相にも適応できるようになっている。

だから前述のように、インテリジェンスの技の極致の一つである反間を評価するのだ。
平時における戦いでの「奇正」である謀の成功を意味する反間には、その働きに厚いもてなしで遇することを孫子は勧めた。それは利で遇することを意味している。ハーバード大の教授を含めて、米国の国家にとって重要な人材が、利につられて中国に奉仕するようになっていたのは、FBIの摘発で明らかになった。日本では、学術会議のメンバーが同様な利用をされていたのが明らかになっているが、会議側は認めようとしない。日本には、摘発する法体系が無いから。

闘戦経は、インテリジェンスの極致である死間としての謀士を評価していた。孫子と違い、厚くもてなせとは記していない。強いて記すまでもない、としたのであろうか。なぜなら、謀士として骨も遺さない死生観は、利からは生まれ得ないからである。

利を優先する戦いの仕方は説得力をもつ。人はもてなされて厭う者は少ない。大部分の人々にとって、出処進退に利を提供されて拒む者は少ないのが人の生理である。この強みは、いつの時代にもどのような社会でも通用するだろう。では、弱みとは何か。強みが弱みになる。

闘戦経は謀士を評価している。死間としての謀士は、利とは最も離れた位置に存在するからだ。にもかかわらず、そうした選択をするのはなぜか。そこに幽顕一体の死生観に基づいた信と義が生きているからである。だから、現世の損得とは次元の違う生き方を選択できるのだ（注50）。

（注50）前項三、の末尾に記したように、秘密結社を必要としたシナ文明における死生観の流れのあることは留意しておきたい。それだけシナ社会は深刻なのである。

五、闘戦経は孫子の公理をどう読んだか

他の部分で幾度も繰り返して眺めたように、孫子の世界認識はどこまでも現実重視であり、闘戦経と比較すれ

ば、いやでも後者の形而上性が明らかになるだろう。兵法の世界である以上は、即物的であるところは自明の事柄である。というと、闘戦経の世界は観念的であることになるのか。I部の各節で略述したように、現実を踏まえるが故に、それに取り組む姿勢を重視した、という言い方が妥当であろう。別の言い方をすると、現実への取り組み方が、事態の展開の仕方に大きく影響する側面を指摘したいのである。

孫子流の現実重視は、その余りに有名な一節に明快になっている。「敵を知り己を知れば、百戦危うからず」(「三、謀攻」)。この違いは孫子を産み出したシナ文明とその指し示す兵法に接して修学すればするだけ、徐々に両者の違いを自覚するところに、我を知る回路を見出したのであった。孫子の定理は、日本文明の本質を知る機会を改めて提供してくれた、という修辞も妥当であろう。

三節　兵法書としての両者の編集スタイルを比較する

一、孫子の編集の仕方だと初学者にもわかる

孫子と比べると、闘戦経にはスタイルは無いに等しい。各章がばらばらに列記されているにすぎない。その並べ方に何か意図するものがあるのかどうか、あれこれ考えてみているのだが、全体に有機的な文脈を見つけることは、筆者の能力に余る。

それに比して、孫子は整然と編集されているように思う。欠落部分があるとか無いとかの諸説がある。現在のそれでまとまっていたという説は、多くの孫子が編集につぐ編集を重ねてのものと見る方が妥当なようだ。一九七二年に墓地の発掘から発見された銀雀山竹簡は、現存の孫子以前のもので、内容も違いがあるという(注51)。

(注51) 現在、公認というか流通している孫子と新たに発見されたそれ以前に作られて通用していた竹簡孫子を比較した

著作がある。日本ではただ一人の異色な軍学者・兵頭二十八による『新訳　孫子』ＰＨＰ新書。

闘戦経の作者は一人としても、あるいは複数がいるとしても、さらに後世の筆が加わっていると想定しても、孫子を念頭に置きながら著述されたにしては、雑然としていると見られても仕方がない。その背景には何があるのか、筆者の憶断を記しておこう。

前掲で「懼れ」の意味するところから、孫子の侮りがたい側面を明らかにした。それは、兵法書である孫子を編み出したシナ文明の怖さあるいは懼れの骨格部分を取り出したのである。死地に至らないための戦略戦術の技法としての兵法の、体系化されて提起されているのが孫子なのである。従って、編集での整然さがないと、竹簡であろうと書としての役割は無くなる。孫子の編集から見ると、闘戦経のように一見して雑然としていたら、読者を混乱させるだけだ。

孫子にある「詭道」の体系化は、懼れが現実のものにならないように、あるいは招来させないために人智を尽くそうとする努力の産物である。だから、学ぼうとの意欲さえあれば、初学者にもそれなりに理解できる親切さがある。日本では、孫子がいまだに修学され続けている有力な背景理由であろう。それに比して、闘戦経をテキストにする者は極端に少ない。いや、忘れ去られている。

二、闘戦経は初学者には難しい

闘戦経は、多くの孫子「達」があらゆる想定に基づいて思索を徹底して編み出した系統だった戦略戦術の記述の在り様を、むしろ嫌っているとしか思えない。極力排しているように見える。もちろん、必要な諸点は暗示的に記されているが、必ずしも全てが具体的とはいえない。それは、後述（五章。三～四節）のように、譬（たとえ）に自然現象を援用しているところに示されている。

孫子は主題を分別してから要旨を簡潔に記している。それに比して、闘戦経の各章は提起されて順序が繋がっている章もあるが、無い場合が多い。簡潔過ぎる。現代人のように散文に慣れた者から見ると、その多くは木で鼻を括るという表現が妥当のものもある。両者の違いは何なのか。

誤解を招くようだが、闘戦経の内容は、死地に臨んでも泰然自若、だからといって何なのか、といった姿勢があるように感じられる。究極のところでは天地自然に由る、という諦観ではない信がある。それは第一章にある「我武」という表現に出ている。だから、編集のスタイルも体系化する必要を認めなかったのではないか。

そこに挙げられた諸点は、読者が必要に応じて取り上げて咀嚼すればいい。天性が十分にあり、それに基づく姿勢さえしっかりとしていれば、闘戦経の伝えるところから臨機応変に処するようになる、と信じている気配がある。最も肝要なのは、心の在り様である、と。

闘戦経は、そうした人智の努力のさらに奥にあるものを明らかにしようとしているように見える。それに際して必要とされる認識群を提示しようとしていると理解できる。このような記述は、分かる者にはわかる、と思い切っている。従って、一見すると、至らない者にはあまり親切とは言えない。だから初学者には判じ物のように難しい。むしろ容易な理解を拒んでいる、とすら思える。

両者の違いはどこから来ているのだろう。それは書き手の死生観と人間観の違いのように思う。闘戦経の作者には、分からない者には言葉や修辞に工夫しても、伝わりはしないのだという思い切りがあるように思う。その境地になって心底わかってくる章句がある。

ここには、非情な選良意識があるのを感じざるを得ない（第四十章）（注52）。そこが、孫子と闘戦経の編集スタイルの違いになって現われているように思うのだが。

（注52）後掲の十三章、一節、「二、天性としての剛ある統率者（将帥）観」を参照。

三、公案のような修辞が求める読み手の条件

分かる者にはわかる、分からない者にはいくら親切に修辞を尽くしても伝わらない。と、見切った者が書いた兵法書が闘戦経である。分かるはずの者でもわからない修辞がある。それは試行錯誤の経験と思索が不徹底だからだ。読んでいて、自分で這い上がって来い、その器量と修養に応じてわかってくるのだ、と高みから見降ろされているような気分に取りつかれる場合がある。禅の公案のように。

すでに前掲の二節、一、の（注49）で触れたように、闘戦経の章句の解釈（釈義）が、笹森と寺本では違う事例がある。読者は、二つの釈義を比べると、そこに両者の気風だけでなく、その思索と洞察力の深浅を感じる場合もあるだろう。そこに見識の差を感じざるを得ないのだ。怖いところである。

だが、問題は兵法という軍事の領域、つまりは戦いの世界の在り方である。表現はいきおい、研ぎ澄まされたものにならざるを得ない。ここでの修辞は、美辞麗句ではない。戦いの本質、どうすれば負けない、敗れないで済むのか、いかにあればホゾを噛まないで済むのか、である。

戦いは統帥を握る者の生死だけでなく、指揮下にある多くの兵士の死生を左右する。それが一つの戦場での戦闘であればまだいい。一国の存亡を賭した戦争であれば、敗戦は亡国に繋がっていくのである。統帥を担える者は、自ずと限られて来る。誰もがわかる兵法など在り得ない。統帥を担う者だけがわかる範囲があるのだ。それを後述のように、闘戦経では「剛」を生来保持している者と表現している（第四十章）。詳しくは後述の十三章、一節を参照されたい。

剛を我が身に不十分な者は、投げられた公案を解き明かすに不十分な者でもあるのだ。公案である以上は、最適の模範答案は無い。その力量に応じて釈義するしかない。普通の読者にとっては不親切極まりないのだが、それは仕方の無いことでもある。親切に説明したら誰にでもわかると思うのは、思い上がりであり、浅見だから。

五章　幽顕一体の兵法にある世界認識

一節　闘戦経が孫子を排する理由の一端

一、詭道の世界認識と異質な天人合一の場

最初に唯武観としての「我武」という世界観を提示することによって、平時と有事を分けていない。在り方としては常在戦場なのである。常在戦場の意識で事態に臨むことのできる者は、生来の選良である。孫子が統帥権者や指揮官によるノウハウに力点を置いた書としたら、闘戦経は指揮統率を担う者たちの心構えや心がけを列記しているのだろう。

孫子と比べると、精神面への傾斜が大きい。その背景には何があるのだろうか。孫子に象徴される中国の兵書を懼れに尽きると言い切ることのできる自信は、日本列島に息づいた古来の感性に根付いているところからのようだ。孫子を読んで、平生、自分たちの考える物の見方と違うとの違和感の背景には、何があったのだろう。

それは前述した、有史以前から素朴に信じてきた現し身と隠れ身の二つの世界を前提にした死生観にあると思う。そこから、日本人の思惟なり感性なりが、孫子の考えの在り様をそのまま受け入れるのを拒んだのであろう。

「問題の提起」で引用した俳人でもあった永田秀次郎に、短文だが実に含蓄の深い随筆がある。「俳句的人世観」(注53)。永田は句作に取り組むようになってから、季語になる自然から現象を見られるようになったという。自然を人である認識者の対象と見るのではなく、逆に季語の、たとえば花から人間を見ることもできるわけだ。この逆転から、人の営みも自然のうちの一つにすぎない在り様に不自然さを感じないようになる。

加賀女の「朝顔に　つるべとられて　もらい水」は、朝顔と詠み手の関係が同じ次元になっている。そして、朝顔の自然を自分の都合よりも優先して慈しんでいる。そこには、朝顔の蔓の生命力と自分のそれを一緒にするのに全く違和感がない。しかも、抱擁し共生している。加賀女が朝顔に発した惻隠の情というこの感性こそが、日本文明の特質なのだ。

この句を大切にしてきた以後の俳人たちの感性は、日本人の感性のうちの果敢無くも美しい一つである。こうした心性を不思議としない在り様は、生きている場が天地と人の融合している場と自然体で受け止められていることを意味している。ならば、詭譎の習いに血道をあげて、あたら生死を賭すなど、人として生まれてきて、貴重な今生においてどれだけの意味があろうか。

（注53）前掲（問題の提起、三、末で紹介）『自然体の伝道者／4代学長　永田秀次郎』に収録。

二、詭道を習いとすると、やがては不信と猜疑心を増殖させる

幽顕という二つの世界を透視して一体のもとに捉える習性があるとすると、事態の受け止め方に独特の深みを帯びることになる。あるいはふくらみがある、ともいえるか。これは諦観とは違うところに留意したい。

孫子の発想根拠は「懼れ」に尽きると断じた姿勢に何があったのだろう。闘戦経の作者にとっては、その認識の仕方は事態への主導権を失う精神の敗北に繋がり易い、と判断したのではないか。「懼れ」とは心情を指しているだけではなく、現象の背景にある潜象、それも可変極まりない可能性（奇）の認識をも意味していた、と先に指摘した。

だが、闘戦経の作者は、その側面には顧慮せずに心情面と断じた。この問題領域を無視しているのではない。それは、「鼓頭に仁義なし」（第三十九章）と認識しているところにある。にもかかわらず、現象を人の織りなす奇として受け止めると、事態を解決するために詭の領域に入り易い、と観たのではないか。

すると、第八章の冒頭にある「漢文詭譎《きけつ》あり」との批判的な強調や、第十七章の「奇正無し」の断定は、それなりに意味のある示唆になる。道をつけても「詭」の領域に関与すると生じやすいのは、事態の操作を図るために不可避な、俗な言い方をすれば人間臭い勘ぐりである。そこを、現象は疑えば切りがない、疑いを持たなければ「万物皆疑はしからず」（第二十二章）と断じて、読者にいずれを取るかと、決断を迫っている。この問いかけは生死の関頭に立たされてのものだ。

敵に対してだけならいい。だが、この習いは味方を疑うようにならないとも限らない。誰が敵で誰が味方かあいまいな場合や状況も起こり得る。それから生じる不信と猜疑の無間地獄にはまることを拒んだところから来ていると思う。周囲にあれこれ思いを巡らせるところから、戦いに臨んで潔くなることを「懼れ」たのではないか（詳しくは、八章、二節、三、を参照）。

三、詭道に触れると、人智の過信に傾斜する

敵から味方に寝返る者である反間を評価し、むしろ厚遇を薦める孫子の最終章（「十三、用間」）にある教え（前掲の四章、二節、「二、孫子は敵から寝返る『反間』を尊ぶ」を参照）には、戦争を政治が制御している様を見ることができる。この発想は、黄土で泥水を呑むことを習いとする感性と無縁ではない。シナ人は生水を決して飲まない。煮沸して後、飲む。山紫水明の地で、清らかな水を飲むのが当然であった日本列島の日常生活とは、全く異なる世界での知恵というか世智というか。

清冽な水で口を漱ぎ、手を洗ってから神前に拝礼する習いや、起きてから太陽を拝む日常をもたらした自然環境、いや、自然と一体になるのを不思議としない畏敬環境というべきか。それを当然とする恵まれた中で育った作者の感性には、孫子の教えに入り込むと詭の深間に徐々に際限もなくハマりかねない。と、危ういものを感じ取ったのだ。そこで、孫子の示した定理の受容を拒まざるを得なくなった。騙しや詐術に力点を置いた詭道を詭

譎とした認識は、天地大道（注54）から見れば、人智を過信しての一時の迷いでしかないと。

（注54）「天地の性豈に少なしといわんや」（第三十六章）。自然としての天地の性には、人智で計る多少はない。老子、四十六章には、「足るを知るの足るは常に足るなり」とあるが、この知足は自然界を含まない人間界のことである。七十三章の「天網恢恢、疎にして失わず」も、その意が強い。だが、普通の日本人の読者は、自然を織り込んで読んでしまう（後述の三節を参照）。

心情面での懼れという認識に強いて傾斜したのは、事態認識において懼れがもたらす心理の退嬰を危ぶんだからであろう。また、奇に臨んで直接の戦いを避けることで戦機を逸して、結局は負ける条件を選択しやすくなる可能性をも危惧したのではないか。

闘戦経はその一つを謀略と指摘している。「謀略は逃る」（第十九章）と記している（注55）。

（注55）謀略は謀略である。謀略を仕掛けて、それを上回る謀略が出てくると、当初の謀略は敗れ、事態はさらに悪化する、と笹森は第十九章の釈義で捉えた。笹森本。78頁。

とはいいながら、闘戦経も、戦いにおいて「仁義なく、刃先に常理なし」（第三十九章）と言う。笹森も、釈義でこの章の見方を肯定的に理解している。時と場合に由る、と言うわけか。

なぜなら、闘争の一形態であるパワー・ポリティックスの世界では、「謀」は日常のものである。F・ルーズベルト大統領が仲間や家族に話していた有名な警句がある。「政治の世界では、何事も偶然に起こるということはない」"In politics, nothing happens by accident". 真珠湾への日本海軍の攻撃は、舞台設定をされたあげくの、走狗煮らる？

そうした視点から、西木正明『ウエルカムトゥーパールハーバー』（2008年）を読むと、実に興味深い。角川書店。後に角川文庫。

闘戦経の著者は、謀略の選択は、正道ではなく、従って奇正で正当化もできず、邪道とみなしているようだ。複雑な作為を厭う基調がある。長半ばくちとマージャンの違いか。

ここに共通して見られるものは、詭道に依拠して我が身にもたらされるものへの懼れである。この懼れは、闘戦経の作者が孫子を批判するのに用いた懼れと意味が全く違う。懼れとは、人智への過信に傾斜することの危うさへの慎みを伴った痛覚である。あるいは、人智への過信はやがては心理上の汚《けが》れをもたらしやすい、と見たのか。

四、詭道に触れると、清冽な精神を腐食しやすい

謀略を邪道とみなす根底には、騙しや詐術を選択した際に、我が身の心中や相手に演じて見せねばならない振る舞いの醜悪さを厭う感性が息づいている。その際の心の動きや演技になる仕草、振る舞いにあるものを汚れであり卑しいとする感覚が働いたのではないか。すると、その動機を大道に反する人間界の浅知恵に甘んじる女々しいものとして、耐えられなかったのではないか。

懼れが心情に傾斜して酢が入ることで、人としての器も卑しく小さくなりかねない。人の悪意や劣情そして卑には限りがないのを孫子は知っている。そうした習性をあるがままに受け止め、さらにその裏を活用するところから詭道という分野ができた。利で釣る反間工作は、その一つである。

闘戦経の作者もそれを知るが故に、「漢文詭譎《きけつ》あり」と観た。現在でも、まともな成人なら就業の世界での日常で卑劣がいかに多く、悪意に基づく陥穽の横行を知っているはずだ。そうした振る舞いに古今東西の違いは無い。時に実利をさて置いても、振る舞いや仕草さえも恬淡さを求めた日本人の美意識が、詭譎という表現を用いた断定の背後で働いている。そこまでしての勝利でいいのか、と感じている気配すら感じる。

日本の戦国時代の後半において、茶道が異様なまでに武士に浸透したのは、儀式としての茶の一服が、禊《みそぎ》を意

味していたからである。戦闘の日常現象でもあった裏切りや騙しの日々の汚《けが》れを、一服の茶で祓っていたのだろう。と同時に、茶の席での一期一会は、その場に同席する生者だけでなく、彼の世にいる自分が「戦場」で殺した人々をも視野に入っている。いずれは自分も往くことになる。

また、根本には、幽顕一体の死生観において、その折々の勝ち負けは一時のことでしかないという達観もあるようだ。「人間五十年、下天の内をくらぶれば夢幻のごとくなり」。信長が桶狭間に向かう直前に清州城で舞いを演じた謡曲敦盛の一節である。

精神を腐食させてまで勝ってどうするという気合もある。汚《よご》れを厭う心情である。死ぬも一生《いちじょう》、生きるも一生、ならば天地神明に恥じず、の境地を優位に置いている（注56）。この心境というか心の在り様にある余裕は、孫子と闘戦経の発想の違いの一例であると前述した（前掲、四章、二節を参照）謀略と謀士の違いにも出ている。

（注56）闘戦経終（あとがき）の一節にあるのは、「古今の兵書、専ら奇正権譎に在り。この書は、奇に在らず、正に在らず、権に在らず、譎に在らず。天地と理を同じうし」と。人智の範囲を越えたところにある理を説いている。その強調は、敢えて「正に在らず」とまで言い切るところに出ている。

「奇に在らず、正に在らず」をどう読むのか。奇か正かは、自然の理の普遍と比べれば有限な人の目では、捉え方によって相対論に堕す懼れがある。そこで、このような言い回しになったのであろう。この修辞をもたらした背景にある、人間界の有限を意識した慎みに目を向けたい。

死生一如の感性を自分の言葉で述べて、ボーダーレスで多大の共感を得たのが、アップル創業者S・ジョブスによる2005年6月のスタンフォード大学卒業式でのスピーチである。彼は、人はいつか死ぬ、今日で終わりと思いつつ生きよ、と説いた。その基調にあって最後の行は、I wish that for you. Stay hungry, stay foolish. こうした心構えを彼に伝えたのは、日本人の禅の師家らしい。

二節　老子を無用にする幽顕一体の兵法

一、闘戦経に観る生理に根ざした現実認識

詭譎に基づいている反間などを必要とする謀略という動きは、実際的できわめて人間臭い現象である。それに比して、自然の現象や運行にある摂理から、人の行為をも含めた現象を捉えようとしているのが闘戦経である（詳細は、後掲の三〜四節を参照）。

存在するものは全て特徴をもっている。金は金の、土は土の。そして各々はその役目を為している。「ここに天地の道は純一を宝となすことを知る」（第四章）。すべての存在は固有唯一の意味を有している。今様に言えば、生態学的な植物連鎖の発想と近似しているともいえる。兵事である人の織りなす現象も、還元すれば自然の摂理に帰着するので、それを踏まえればいい、と直覚した。

別の言い方では、実に説得力のある物の考え方をいう。目は必要でも二つで足りる。三つを願うものか。指も必要だからといって六本はいらない。五本で十分だ。その用は自然の在り様で備わっているのだ。過剰な行為をして成果を上げるのは、かならずしも善とはいえない（第十一章）。敗れなければ良いのだ。自然の条件に過不足はない、という信頼がある。老子の危惧した「殺人を楽しむ」など、あり得ない。

亀は鴻《おおとり》になろうとして万年経ってもなれない。これは、亀は亀、鴻は鴻という自然の摂理だからだ。鴻の飛べる天性と亀の飛べない天性、「得ると得ざるとはそれ天か」（第四十一章）。だから自然（天）の仕組みに従順であれとの示唆には、それぞれが分を弁えて自然は成立しているという見取り図への確信がある。

このように、見方によっては自然と一体視しているから、兵事についても、生身の現実を最優先する。それは「食って万事足り」、「勝ちて仁義行われる」（第二十九章）という指摘に露骨に出ている。腹が減っていては戦《いくさ》に

ならない。次いで、腹満ちて戦勝して主導権を握ってから、まともな政治も実現する、と認識している。仁義の実現は戦勝の後に、とのことだ。戦闘ないし戦争のさなかには仁義は無い、という。そんなこと顧慮していられるか、との語気がある。負ければ終わりだ。勝つことだけに直進せよ、と。

孟子のいう、「衣食足りて礼節を知る」は、平時のことでしかない。有事の際はそういうきれいごとは棚上げしてしまえ、何事も事後のことだ、と言っているのだ。ここまで冷静な認識をさせるものは何か。

二、与えられた現実を活かし得る者

その強調は、「刃先に常理なし」（第三十九章）という認識と無縁ではない。戦闘に模範解答は無い、戦いのさなかにあるのは何でもあり、なのだと指摘している。つまりは、あらゆる現象が「奇」の様相を呈する、と言っている。

だから、寡兵であっても、衆を討つことは可能になる。それは局面的とはいえ、詭道あって可能になる。その際は、箭《や》の弦を放れる（箭離弦）機を得る必要がある、と具体的に開戦の時宜を示唆している（第四十四章）。奇は機に通じている。

しかし、この機を察知し、開戦の断を下すのは、よほどの修錬を重ねた上で得られる勘のようなものだろう。闘戦経の作者は、それは剛ある統率者だけが可能と直覚し達観している（後掲の十三章、一節、「二、天性としての剛ある統率者（将帥）観」を参照）。

平時での政治の在り様として、草木は霜に遭うと懼れるが、雪には懼れないという言い回しをする（第二十五章）。その意とするところは二つある。

その一は、降雪する前の霜は、やがて来る雪を想像して生じる懼れの気持ち、だが、実際に雪が降るとさほどの抵抗もなく適応する人の習性を示唆している。その二は、威と罰を権威と権力行使に分けてその二つの違いを明らかにし、必勝必罰の権の用い方から統治のあるべき原則を伝えている（第二十五章）。

総論では自然の在《あ》り様に即すれば全てうまくいく風な言い回しをしていながら、その場面場面では、具体に応じて運用のよろしきを得ないとうまくはいかないと教えている。極めれば、事態の主導権をいかに把握し続けるかの問題なのだろう。自然の法則を巧みに取り入れて比喩化していながら、平時と有事を貫く原理の現実性を示唆している。それを我武というのだろう。

ここには次の三～四節で明らかにする、所与としての自然に働きかける営為の積み重ねにより創り上げられた、自然に在る生活意識の反映がある。この生活意識は、ただの従順ではない。しかも、この与えられた現実を活かして戦いに主導権を得ることの出来る者は、天性を備えているという付帯条件があるのを見落とせない（後述の十三章、一～二節を参照）。

三、闘戦経は心の持ち方に重点を置いた

心の工夫に主力を注いだのは、第二章に記載された古事記や日本書記にある鉾を用いた国産みの一節から直覚して、日本人の武の受け止め方を言語化した「我武」に由来する精神面への顧慮から来ているのであろう（注57）。自然の受容において、武の象徴である鉾（注58）は、農の器である鍬やスキと同格になる。

（注57）後代、豊臣から徳川時代の初期に、剣術の立場から兵法を説いた宮本武蔵がいる。彼が書いた『五輪の書』の最終章である「空の巻」では、「実（まこと）の空」をいう。この「実」というところが大切なのだろう。観照的な捉え方だと「虚の空」になるのではないか。「実の空」は剣を帯びることによって、おそらく生成化育の働きをもたらしてくれるのだろう。

そこで、末尾では、「空は、善有って悪無し」となる。第二十二章でいう「疑はざれば万物皆疑はしからず」を連想する。武蔵の体験的な認識（体認）は、いかに闘戦経のそれと共通しているかが見える。この辺りは笹森順造が即自的に理解で

きる領域であり、筆者の把握能力に余り、とうてい及ぶところではない。
（注58）大正天皇は、青島戦の前線に赴いた将兵を想って漢詩を詠んでいる。カナ交じりを紹介することにする。
「西陸の風雲惨禍多し。列強勝敗ついに如何。山河いたるところ、血、海を成し。神武誰に憑ってか能く戈＊を止めん」。
＊戈（ほこ）は戦争の意。
山河は流血の惨事である。誰かに神武が乗り移って止めることができないものか。元来、戦いを止めるのが武の本義であり、「神武とは不殺を旨とするものである」（木下彪『大正天皇御製詩集謹解』１９４頁。明徳出版社。昭和35年）。
大正天皇が皇室の思想的な伝統を継いで、明治天皇と同様に英邁な姿勢の持ち主であられたことがわかる一端である。

そうした自然観だからか、知るということはどういうことかを伝える章句には、認識の徹底が骨に化すところになって初めて知ることになるとの表現がある。知るのを頭だけではなく、また体認でも足らず、「骨と化して識る」と表現して、知ることの深さの段階をいう（第三章）。

前掲で引用した老子の兵（軍事）への捉え方には、軍の効用はあってはならない最終手段であるとともに、その行為を結局は殺人としてだけ受け止めている（一章。一節。一、を参照）。だからその手段は、シナ文明での知識人を意味する君子の仕事ではないとしていた。

だが、上掲の闘戦経・第三章は、兵事の認識と活用には骨に沁みるまで徹底しろという。この覚悟は、老子には無縁であり、不要でもある。と言って、この表現は老子から得ているところが玄妙である（後掲の五、にある第六章の説明及び（注61）を参照）。

闘戦経の作者は、森羅万象を唯武のもとに把握している。従って、殺人も相手を生かす一つの方法にもなりうる。これは修辞の問題ではない。だから、戦争も一概に悪として否定しない。それは、幾度も記したように、人間界の出来事である兵事を自然現象の一環として捉える思考があるからだ（注59）。

（注59）詳細は、後掲の四節、「一、『自然に過不足無し』を実感できる場の少なさ」を参照。

そして、自然の運航を四季の変遷に見ている。秋になって落ち葉あり、冬に霜あって草木が縮まる。「造化を観るに断あり」（第七章）と。四季の移ろいという節目節目に区切り（断）があることを示している。断の力学は殺人を不可避とする戦いをも意味している。断を生来自家にしているのが剛の持ち主なのである（第四十章）。

四、戦闘や戦争は虚無としか受け止めない老子

心の置き方に重点が掛かる認識は、次に何を用意しているのか。次は信と義の在り方に関わってくるはずである。信と義に基づくから「神気も張れ」るのだ（第四十七章）。これは、「兵は詭道なり」の孫子にある実際的で人間臭い実学（プラグマティズム）をもたらす感性と次元を異にして、真っ向から対峙している。手段より在り方が大事なのだ。武道になる所以である。

日本人は武道というと、まだ文武両道という表現があるように、選良の在るべき姿となっている。だが、老子の知的な世界から見るならば、武道は道という語を用いても、詭道と同じく一段低い立場にある。副次的な役割しか与えられていない。

老子から見れば、前項のような闘戦経の解釈は沙汰の限りであろう。だから、戦いを「勝ちて美とせず　而《しか》るに之を美とする者は、之殺人を楽しむなり」と断定できるのである（前掲、一章、一節、二、を参照）。

ここには、兵事をあくまで人間界の中に収める認識がある。また、幽界はない。さらに、自然現象とは無縁だ。この世の出来事であるかぎり、操作可能の世界になる。兵より政を優先することになる。兵による戦いを避けることができるのだ。孫子の世界も同様である。にもかかわらず、実際に戦争が起きると、無残な諸現象が不可避的に生じる。これでは老子ならずとも、極まって虚無になるしかなくなる。

老子・三十一章の最後には、「人を殺すこと衆《おお》ければ哀悲を以って之を泣き、戦い勝ちて喪礼を以って之に処る」とある。終始、兵の運用はあってはならないことであり、悪とする見地が貫かれている（注60）。

（注60）孫子はこの老子の考えを受け入れて、実際の戦いは下策と見ている。「三、謀攻」。

だから、勝って戦勝を祝賀するのではなく、死者への喪礼をいうのである。おそらく老子のいう喪礼の対象は、自軍だけでなく敵軍の死者も含まれているのだろう。この喪礼に老子が立ち会ったとしたら、人の所業の惨状に虚無の眼差しを注ぐのだろう。

戦没者への喪礼は、政事を全うすればあり得ない、あってはならないことが起きてしまったことへの痛恨である。孫子にいう「懼れ」を見極めて対処し、「戦わずして勝つ」ことができなかった結果だから。

だが、戦争は無くならない。この永遠の主題に、老子は人の性《さが》の限界を見たのだ。そこで、戦争という人の所業への認識で虚無になった。戦争は人智を尽くした技《わざ》の失態であるとともに、人智の敗北にもなる。そこから、「哀悲」に由る「葬礼」の強調しかなくなる。

五、老子の虚無感に距離を置いた「我武」

これに比して、闘戦経では、「用兵の神妙は虚無に堕ちざるなり」（第五十三章）といって、老子にあるような殺人を招来する戦いという人間の性《さが》の全てを業《ごう》としてない。老子の虚無とする括り方の危うさを排している。それが、「虚無に堕ちざるなり」という意志を伴った断定になった。堕ちる場合もあるし、堕ちないようにもできる、と観ている。堕ちないようにするには、「神気を張」ることによって（第四十七章）、「鬼智」（第三十一章）を活かし、初めて可能になる。

第五十三章の章句を闘戦経の最後の章にもってきているところに、老子と無縁でもない孫子などシナ文明の思想上の成果への、闘戦経の作者による自他を明示した上での自立の宣言がある。自然の摂理は我武でいいのだ、と。それに即せば、虚無に堕ちないで済むのだ。

と言って、闘戦経は老子の考え方の全てを否定しているわけではない。老子の生命観に共鳴しているところもあるのは、老子の名を出しているところに見られる。

骨が胎内でも最初にできるという点を見据えて、肉体が死んでも骨は残る。だから骨を強くすることが根本である。老子も、「骨を実にす」と言っていると（第六章）（注61）。

（注61）老子の道徳経三章の一節で政治の要諦を説き、「其の腹を実にし、その志を弱くし、その骨を強くし」とある。笹森は、老子のように骨を強めるとしないで「実にす」とした闘戦経の作者を評価する。強から実への変換は、和語にして意味を深めたと言っている。笹森による示唆の意味するものは深い。笹森本45頁。だが、三章の意と闘戦経・第六章の意は、文脈上で余り直接しない。「その腹」は、場面は違うものの、闘戦経・第二十九章の冒頭「食うて万事足り」という現実認識と共有するところが多い。

この「虚無に堕ちざるなり」の断定は、「兵道は能く戦うのみ」（第九章）という直截の表現と表裏になっている。ソフトだけでなく熱い戦いによって死を含めた犠牲が双方に生じる事例も承知の上での定言である。そうした昂然とした姿勢は、断の連続でもある常在戦場という認識を踏まえるところから出てくる気象であろう。その気象は自然の摂理に裏付けられているという自信のうちにある。だから用兵という修羅の渦中にあっても、諦念から虚無に堕ちないのだろう。

闘戦経の所説は、西欧風の概念で言えば、あるいは唯心論といえるかもしれない。心の持ちようで事態の認識は変わると強調しているからだ。

天地の現象は疑えばすべて疑わしくなる。だから、見方を変えて疑わなければ「万物みな疑はしからず」。そこに立脚して万物が我が味方であるとの信念に立ち、我が身を委ねれば（「唯だ四体の存没に随って」）、「万物の用いると捨つるとあり」（第二十二章）がわかると。ここには、万物という自然のもつ摂理への信頼がある。それは前掲の一節、三、の末尾にある（注56）で紹介した闘戦経終（あとがき）の論旨にある一節「天地の理と同じうし」にもある。

この信頼があるから、虚無に入り込まないで済むのである。そうした心情は「我武」という世界観と幽顕一体の死生観が根底にあって可能になる。しかし、シナ大陸、例えば黄河の氾濫など、人智の努力による治水を越えた自然の暴走は、自然に寄り添えない働きをした。日中の所与条件の違いである。

三節　自然を敵対する存在ではないようにした日本人

一、自然の観察から戦いの本質を修辞する

闘戦経の論旨の伝え方で顕著なのは、前節の一、の冒頭で記したように、自然現象から人事を眺めて説明する仕方である。その自然とは草木虫介、動物、魚、爬虫類から鳥まで、また土から鉱物までも取り上げる。その例えは多い。孫子にある現象把握と趣《おもむき》を異にする。趣というと穏やかな物言いだが、自然の扱いで基本的な違いがある（注62）。

（注62）一言で言うなら、孫子は自然を手段要因としている。活用すべきものであって、それ以上に出ない。自然が出てくるのは、「一、始計」での戦力の5要素のうちにある、天と地。天は、陰陽、寒暑、時制。そこで、情勢と時宜に関わる。地は、遠近、険易、広狭。環境的な条件。

「七、軍争」では、朝は鋭、昼は惰、暮れは帰。夕方は兵の帰心を指しているのだろう。「八、九変」では、地形。例え

ば高地にいる敵を低地から攻めるなとか。「九、行軍」でも、用兵で地形に応じた配置を求めている。「十、地形」、「十一、九地」と、自然といっても兵団が実際に動く地という場に留意している。

以上を眺めただけで、自然という存在の在り様から闘戦経の作者が学ぼうとした姿勢とは全く無縁な、所与としての自然への対処やそのままいかに活用するかだけの実際的な思考がある。自然の在り様から摂理を感じ取る見地や取り組みはない。

闘戦経の作者は、自然の例えを用いる修辞法が読者に説得力をもっていると信じている。兵法における環境把握の仕方にある特徴を考えると、日本列島の生態学的な環境の示す営みが、作者の世界観に影響を与えている。それとともに、着想にも刺激を与えている。

同時にそれは、作者が自然に没入することに違和感を持たない。「自然《じねん》をもって至道となさざれば、――何をか謂んや」（第三十八章）と、明確に断言している。「じねん」という表現を用いたところから、闘戦経は平安末期の作と見做してもいい。この頃に用いられ始めたと言われている。

先に触れた（一節、一、の（注53）を参照）永田秀次郎の『俳句的人世観』は、近代以前、それも闘戦経の作者の時代では、庶民、知識人を問わず日本人には当たり前の生活実感であり思考法であったことがわかる。

そこには、列島の四季にある複雑微妙な自然《しぜん》を活かした営為としての農産の環境作りが並行してある（近代から用いられた「自然」はnatureの訳語である）。さほど多くなかったと思われる兵農一体の読者は、日々の生活実感と見聞から、闘戦経の作者の意図を着実に察知している様も浮上してくる。

こうした所与と営為の自然を介在させた意思疎通の在り様は、日本文明独特のものであるように思われる。作者と読者は、自然現象から摂理や法則性を把握して違和感のない生き方を不思議としない。その闘戦経の内容を通して、独特の共感を増幅させていった。

この共感から生じる想念の根拠には、自然を人の生活にとって折り合いのつけられる、基本的に敵対し手段化する存在にしなかった日本人の営為がある。黄河の氾濫は、それまでの努力を一切無駄にした。尤も、氾濫は負だけでなく、上流の山間部にある有機物を含んだ土を下流に運び、地味《ちみ》を豊穣にもしたが。日本列島では、その営為から作られた米田や里山など生態学的な環境も含めた常態化した「第二の自然」がある。

その初歩的な接近を、個々の章にある内容から明らかにすることを次項で試みてみる。次いで三項で、そのような解釈の仕方を容認する日本人にとっての自然の持つ意味を明らかにしたい。そこから、産業化、都市化、情報化、その果ての一極化集中を促進するグローバリゼーションの未消化によって、環境把握に混迷をきたしているところに起因する、現代日本人の無明が浮上する。その問題性を明らかにすることは、さらに、揺籃している日本文明を再編成するのには何が必要かも暗示されるだろう。武漢肺炎（コロナ）の蔓延は、一極集中に多少の変化の兆しを見せはしているが。

二、自然の在り様から解釈を試みた記述

既往の文に引用しているところだが、表題に即して再引用する。

第一章で最初に出てくる例えは、雛が卵から一瞬で出てくる様を重視する。禅の言葉に卒啄同機という表現がある。これは親鳥が殻を破ろうとする雛と一瞬一緒になって（同機）割る共同作業を指すが、闘戦経では雛の意志を尊重しているように見える。初めに生きようとする意志を確認している。

第二章では、何が「蔕《へた》を固め萃（はな）を載せる」のかと、大自然の働きを信なるものと伝えている。

第三章では、骨に化してこそ、知が識になるという。

第四章は、土は土、金は金としてあり、各々の役割を果たしている、と考える。

第六章は、胎内では骨が最初に生じ、死しては骨が残る。原則の確認が不可欠と暗示する。

第七章では、四季により自然が変わる、秋になると葉は黄色になり、冬になって草木は萎む。そこに造化があ

るという。

第十一章は、目は二つ、指は五本で用を足している。なぜ三つ、六本を必要とするか。自然を無視した欲は不自然。従って、よくない、という。

第十四章では、草は枯れて疾病を癒すものありと、枯れて薬効のある草になる例えを用いて、死ぬことが生きる場合もある、を暗示する。

第十五章では、魚に鱗あり、蟹に足ある。これは、どちらが得かを考えてもあまり意味はない、と示唆している。

第二十一章では、翼も足も嘴もない蝮は、その代わりに毒をもっていると、天の配剤をいう。

第二十五章は、草木は霜を懼れて雪を懼れずと、政治における威と罰、さらに時間の経過から生じる習性の効用を説く比喩にしている。

第二十六章では、蛇と蜈《ムカデ》の戦いで、足の無い蛇が百足に勝つのはなぜか。蛇の一心と一気によるという。後天の心気や意志が重要と示唆する。

第二十八章では、火を太陽の精として捉え、降伏するのは英気としての精が無いからという。

第二十九章では、食って万事足ると。食無くば万事足らずの反語。

第三十章では、小さい虫にも毒あり。だから、少ない兵でも条件の活かし方で大敵に勝てるのだと。

第三十三章では、手を動かす際に指を考えるな、しゃべる時には舌を無用に動かすなと、振る舞いでの心の在り様を示唆して、生理的に起こるスキに注意を促している。

第三十五章では、胞子は胞によって守られている、造化に神慮ありをいう。

第三十六章は、瓢箪は葛に生じ、蝮には毒がある。天地の性に過不足はないことを示している。

第三十七章では、足元の蛇である身内の害を除いてから、外敵である山中の虎を制圧せよと、攻めの優先順位を説く。

第四十一章では、亀は鴻《おおとり》になろうとして万年かけてもなれない、しかし、田螺《たにし》の子は化けて大空を飛ぶ場合もある。飛べるか飛べないかは天命でもある。努力したからと言って天命は来ない、と意志とは関わりのない事態の非情さを伝える。

第四十二章は前の章を受けて、龍が空に昇るのは勢いで、鯉が滝を登るのは自力だと、勢いには他力と自力の二つがあるのを示唆する。両章は二つにして一を言っている。主観とは無縁な現象を認識しつつ、意志の大事さを説いている。

第四十六章では、変容する前の芋虫は、いずれ空を飛ぶのを知っているか、空を飛ぶ蝉は、地上に出る前に長い時間をかけて地中にあったのを知っているか、現象が次に展開して変容すると、元に戻ることはできない。機会は一度きりだから、その機会を活かせ、と強調する。

第四十八章では、水中で生きる貝や魚などは甲羅や鱗で守られている。山に生きる者は角や牙をもっている。借り物ではない生来の武器を用いれば十分に生きられるように予め配分されている、と予定調和の作用の働きがあるのを暗示している。

第五十章では、龍は威、虎は勇、狐は知を象徴して、いずれもそれなりの限界があるので、それだけに頼るなという。

第五十一章では、磁石が北を指すのは天の法則だと、人事でも変えようもないことのあるのを暗示する。

以上のように、五三章あるうちの二十章が自然現象から摂理を導き出して説いている。四割弱である。いかに作者が自然現象の示す理《ことわり》に信頼を置いているかがわかる。では、この信頼の裏付けはどういう自然であったのか。

三、第二の自然（「瑞穂の国」）を作り上げた日本人

実際のところ、日本の自然は日本人にとって、そのまま有用であったのではない。列島の七割以上は山々で平

地は少ない。関東以南の太平洋岸はともかく日本海側の自然環境は厳しい。豊かな水資源でもある豪雪は、現在でもその地域の住民の生活にとっていかに過酷な条件であったか。

公共事業による社会インフラの整備を優先した田中角栄の出現までは、裏日本という名称にもあったように、実際のところこの地域は放置されてきた。その過酷な自然の中で、住民は生き抜いてきたのだ。海浜などで漁場によっては豊かな場を築いた在り様もあったが。

その環境で日本人は列島の自然を相手に営々として働き続けて、稲作の北限を押し上げて、十分に暮らしていける第二の自然を作り上げてきた。

東南アジアの水田耕作のように粗放ではなく、水利灌漑一つでも相当の努力が求められた。高低差の大きい山岳からは、清冽であっても大量の冷水が平野部に急流で注いでくる。水田を作ることでダムになり、堆肥の入った栄養価の高い水が河川から海洋に注いで、世界にもまれにみる漁場をもたらしてきた。山彦、海彦の世界を営々と作り上げてきたのである。

各地に残る農書を見れば、所与の条件であった山と海を有機的に結んだ人々の英知の結晶である。魚つき林も森林保護という人為があって可能となった。所与の自然への意志的な働きかけの具体が、水田稲作を主にする農地であった。この第二の自然の風景を見れば、日本人の営為がいかに真摯に継続されてきたかは、一目瞭然である（注63）。

（注63）日本の自然が示す「美しい光景」は、一方で「日本の生活の現実の困難がひそんでいた」と見抜いたのは、東日本大震災後に日本への帰化を表明したわけではなかったドナルド・キーン。『果てしなく美しい日本』講談社学術文庫。29頁。

森林と河川を水田によって結びつけた営為は、決して豊かでない日本列島の自然を活かし、第二の自然としての独自の景観をもつ生態学的な環境を作り上げたのを指摘したのは、角田重三郎『「新みずほの国」構想』。農文協。1991年。

勿論、1960年代から始まった高度経済成長政策の展開は、里山を必要としないエネルギー事情の変化と、離農を促進する就業構造の変化、それは都市化と連動していたが、この景観を大きく変貌させてしまった。それだけでなく、数千年の背景をもつ日本人の生き方にまで大きく作用しているかに見える。都市化というより一極化による少子化現象は、日本社会の自壊化要因にもなりうる状況を呈しつつある。

武漢肺炎のパンデミック現象は大都市圏における就業形態の変化を促し、一極集中に変化の兆しを生じているのは、奇貨であった。近現代では1945年の敗戦で一時は止んだ集中に初めての居住分散の作用である。制度化まで至るかどうかは政策プランナーの取り組み如何だが。

そうした環境作りという意志は、第一章の「雛の卵を割るがごとし」にあり、第二章に紹介されている古事記の記述（注64）にもある。自覚されていた証左である。

（注64）「天祖先づ瓊鉾《ぬぼこ》をもって磤馭（おのころじま）を造る」。この一節から、国土創成の意志を読み取れる。

ぬぼことは、前段に神話を含む『古事記』にある天地創造の際に、伊邪那岐命（いざなぎのみこと。『日本書記』では、伊弉諾神）が保有していた武器を指している。「おのころじま」とは、高天原から降臨した際に、「ぬぼこ」を以て最初に造った場所。

鉾は第二の自然を造り上げるための環境を整備する用具にもなる武器を象徴している。闘戦経に即して表現するなら、いわば「作った牙」ともいえる。

日本の神々は人間界と超絶的な関係ではなく、神代から繋がっている。神々の振る舞いは人の真似る生き方にもなるから。

その営為と実績に基づいて出来た宥和的な自然観は、日本人の美意識にも深い影響をもたらしている。花鳥風月や雪月花による自然の営みが、人の振る舞いや仕草《しぐさ》に微妙な影響を与えてきていた。振る舞いや仕草に求められる美は、戦闘観や戦争観だけでなく、死生観にも大きく作用している。そこに「躾《しつけ》」という和語ができた。

例えば、世阿弥の「秘すれば花」（『風姿花伝』）などはその典型であろう。顕示しなくても、伝わるとの信が生きているからこそ発意された、黙契という熟語の生き方が成立する背景あって見出された感知である（前掲の三章、一節を参照）。知恵と作為の求められる謀士への限りない共感も、そうした生き方と無縁ではない（前掲の四章、二節、一、を参照）。

四節　自然との共生感から得られた発意

一、「自然に過不足無し」を実感できる場の少なさ

地球各地を眺めると、日本人が作り上げたような第二の自然を保有する日本列島のような環境の成立している場はあまり多くはない。むしろ、人間存在にとって自然は過酷である場合が多い。そうした自然は、人間の営みにとって必要ならば、収奪の対象になっている。

四大古代文明が河川流域に成立したのは、大河の氾濫で地味が豊穣になり農業の収穫が豊かであったからだ。自然が定期的な堆肥作りを洪水という贈与でやってくれたのである。所与としての日本の自然はそれほどいい条件ではない。日本の自然はナイルのように自然堆肥を運んできてはくれない。堆肥の確保は日本人が自らやらねばならなかった。

世界の古代文明が衰退した理由は、農や都市での人間の生活活動によって森林が枯渇し、同時に大地の保水力が低減してからのものと見られている。環境考古学から見ると、人為の活動による自然環境の破壊も作用している場合もある。シナ大陸を蔽っていた樫科を主力にした森林も、人為によって大半が消えた。その収奪の激しさは、万里の長城を見ても、すぐに推察できる。それは安田喜憲（元国際日本研究センター）の環境考古学によっ

て実証されてもいる。最近は日本の当該分野の協力もあって、急速に森林が増えているようだが。

日本でも坂東太郎や筑紫次郎のように、台風が襲来して氾濫はあっても、事後は概ね人の営みで収拾できる存在であった。中国と比べると、長い時間をかけてはいても、人力と人智によって制御できた。ただし、地震や津波は例外になる。すると、日本人の営々とした働きによって作られた日本列島の自然環境は、地球上できわめて特異な例外であることが見えてくる。

しかも列島に棲む日本人は、自然を収奪の対象と考えず、共生する道を選んだ。収奪だけだったら、それで終わりだからだ。有史以前から制御可能な生産の場にするしかなかった。だから、自然から学ぼうとする姿勢では素直であった。その実際が闘戦経の記述に反映されているのを、前掲の三節、二、に明らかにした。

こうした自然認識も、グローバル・スタンダードにはなりにくい。最近、にわかに出てきた「持続と循環を可能とする環境としての自然」の大切さを主張する欧米の環境論者は、近代以前の日本人が当然としてきた生き方と価値観を、まるで自分たちが到達したように喧伝している。有史以来、さんざん収奪した挙げ句に、だ。

地球上の大気も含めた資源の有限性が論理的にも現象からも見えてきての、略奪が習いであったこれまでへの反省である。遅まきながら、自然環境をこれまでの征服対象とする生き方では、人類の生存が持続不可能という予測が見え始めたのだ。そうした動きは一神教の教義・解釈にも影響してくるであろう。

二、自然との共生を可能にする道を伝える闘戦経

自然には法則がある。その法則性は兵事を含む人間界とも無縁ではない。究極的には同じなのだ。それを知るか実感するかによって、事態への取り組み方も変わってくる。徹すれば、同じだとわかるし、わからなければその行いに無駄が生じることになる。以上は、多くの工夫が蓄積された自然と共生して生活してきた、闘戦経にある「自然と兵事」の一体観である。

そういう見方を成立させるのは、自然が人間にとって制御された生態学的な環境である第二の自然が用意されていることだと、先に述べた。台風や地震という災害があれ、自然環境との協働からもたらされる作物によって日本人は永らえてきた。人間と自然は共生していると素朴に信じられる環境を創り上げたから、畏敬と意志が併存する独特の境地が過不足なく在り得た。「我武」という表現は、それを簡潔に示している。

列島は八百万の神々の棲息し集う場である。所与と営為が一体になっているのは、この多神性にも出ている。そして、畏敬による慎みの裏には、稲作水田を作り上げた働きかけの意志による自立がある。

この在り様を見ると、闘戦経でいうところの自然の法則性も、日本という自然の場を、所与のままに受け止めたところから生まれたものではないことがわかる。自然への働きかけという営為を重んじた関わり方という、条件つきのものだ。意志としての働きかけと言っても征服ではない。働きかけつつ、その対象に直入するところに生かされているという慎む心根を保持している。この行いと畏敬の二重性に、生き方において独特の仕草と振る舞いが生じる（注65）。

（注65）日露戦争における日本海海戦で連合艦隊を勝利に導いた秋山真之参謀は、「成敗は天にありと雖も人事を尽くさずして天、天と言うことなかれ」と書き残している。ここにも、天に象徴される自然と、その中に生を永らえていることを知る日本人による意志に基づく営為を、一体の下に捉える在り方が示されている。『天剣漫録』。明治32（1899）年頃。

日本を越えて他の文明と接すると、こうした日本の常識は他国の非常識、他文明での常識は日本での非常識になることになる。そうした事態が起きるのは、意志を前提にしての「自然に過不足無し」と実感できる場が、地球上では少ないところから来ている。

日本列島の西の対岸にあるシナ文明は、孫子を産み出したものの、自然林を食いつぶして現在に至り、太平洋の対岸にある米国も自然を収奪、あげくに地下水まで費消し砂漠化を招く帝国を築いた。8千万から5千万はいたと思われるネイティブ・アメリカンはジェノサイドに近い政策により、3百万足らずにまでなった。訳語のない「もったいない」に裏付けされた「自然に過不足無し」の日本人の伝来の思惟方法なり視座は、グローバリゼーションとボーダーレスの動きが生活面でも心理面でも益々激しくなるこれからの時代にこそ、必要になってくる考え方だろう。日本人の自然観を前提にしての闘戦経の思索に在る到達した境地は、隠れた普遍性を内包しているからである。

三、闘戦経に見る生態学的な思考の特徴

闘戦経の把握はなぜ普遍性があると言えるのか。それは、地球という人類にとっての生活単位は、様々な意味で有限であることがやっと観え始めたという最近の認識があるからだ。近現代の文明意識が自らの所業によって、そこに到達したのである。二酸化炭素排出についての、日本が主導する危機感もそれである。地球環境にどの程度の危険性があるかとする認識の是非は別にして。この危機感は現実性はともかく、象徴的には間違っていない。

そうした事態が、闘戦経の思考と何の関係があるのか。

人間の立場から自然に有限を感じたのは、近現代の世界を作り上げた欧米文明の現実と思考が行き詰まりに来ていること示している。自然は人間が生存するためにはいくらでも収奪していい、そこには人間と自然が一緒であるという共生ではなく、「と」の関係にあった。それも自然が人間に奉仕するだけの存在を意味していた。征服せよ、さらば与えられん、と。人間だけが唯一の支配者であった。いや、近代で生きていたthe West世界における奴隷制や農奴制を見ると、白人だけが人間であった。彼らにとっては、カラードを含む自然は、人間（白人）にとっての有益な資源を意味していた、という一方的な関係であった。

さんざん自然を費消したその挙げ句が、近未来で大気汚染や水資源の限界の来ることが分かり始めた。危機感を鮮明に有している欧米の知識人には、カタストロフィーが時間表になっている（その走りが今は減速したロー

マ・クラブ『成長の限界』であり、アル・ゴア『不都合な真実』)。この事態認識は、日本文明にある伝来の自然観から見れば、遅きに逸しているが、気付かないよりはいい。

では、それが孫子と何の関係があるのか。人間を相手にする兵法は、兵法が展開される場である自然を視野に入れていないことはすでに指摘した。だから、無制限の殺戮が行われることになる。兵事が起きると、そこに抑制が働かなくなりやすいという孫子の世界の現実を、前述のように老子は見抜いていた(前掲、二節、二〜四、を参照)。第二次大戦末期での戦略的にも不要な米国による日本への原爆投下も、その文脈で観る必要がある。

一方の闘戦経は、自然の摂理を重視していることによる慎みが、大量虐殺や自然破壊に対して抑制の働く意識をもたらしていた。そこには、何事に対しても知足という有限の認識が働いている。戦場になる場の自然も所与のものだけでなく、営為の重ねられた第二の自然でもあるから。

従って、日本文明が創り上げた所与と営為の統合による自然観は、有限を前提に置く独特の生態学的な思考をもたらしたと言えよう。こうした出自を前提にした生態学的な思考形態は、闘戦経の特徴でもある。さらに、このような思考形態は、有限の資源を計算に入れたこれからの地球の経営にとって意味があるのも、これで明らかになったであろう。

収奪一方の行き方は依存でもある。そうした自然への一方的な関係ではなく、有限を前提にしての共生が闘戦経の世界認識である。もっともっとと求めて行き過ぎたり、または足りないと思い飢餓感に陥ったりする判断は、自分の考えへの過信から生じる。「足るを知ること」を自然は伝えているのだ。要は、現実に過剰な負荷のかかった自然が出しているメッセージを、受け止めるだけの知恵と勇気が不足していることに、1960年代から始まった高度経済成長政策以後の現代の日本人は気づいているのやら。従って、第二十七章でいう「取るべきは倍取るべし。捨つるべきは倍取るべし」は、戦闘という有限の場での見方であろう。

「足るを知ること」、そうした考えは、主意として国土を創成している神話に基づいている(第二章)。日本神話では、国土は神々によって創られたが故に、その神々を先祖にしているが故に、自然が与えてくれた条件に対し敬虔に臨み、有限を自覚した抑制と制御意識をもたらしたのである。宮中祭祀の新嘗祭はそれだ。現在も米作の行われている地の神社で斎行されている。

創成神話はユダヤ教など一神教の世界にもあるが、神との関係意識はこれまで違っていたようだ。それは「自然」という契機への受け止め方の違いからくるのだろうか。日本文明は、自然を所与のものと受け止めたものの、だから手段化することを優先しなかった。ともあれ、これからの時代に、日本文明の経験は、初めてグローバルに説得力を持つであろう。闘戦経のもつ生態学的な思考がこれからの時代に有効な所以である。

Ⅲ部　昭和日本の弱点・統帥権とシナ大陸

六章　近代日本が惨たる敗北を迎えた所以

一節　失われた統師

一、統師を求める主権とは何か

最近の日本では、地域主権という表現にも出ているように、主権概念があいまいになっているので、一度振り返ってみよう。常識としての法概念で言うなら、地域主権なる表現はあり得ない。

だが、近代日本とくに昭和日本での地域なり地方なりの法制としての自治や自治性が、戦時体制による中央政府の強化により衰退し、且つ占領下で統治のしやすさから温存された歴史背景を視野に入れると、現在言われるところの「地域主権」の立ち位置の見えてくる部分もある。近代の負の遺制を引きずる日本の、国家社会に生じている歪みを是正するための、戦略的な調整と過渡的な概念として、この表現は一定の役割を持ち得る、と理解できる余地はあるかもしれない。

敗戦し占領下に置かれるということは、主権を喪失することである。国家を構成する即物的な要因は、領土（領海）、国民と、それを守るための正当性としての主権である。その正当性の言語化しているのが憲法となる。

領土と国民とは視覚できるが、主権は視えない。強いていえば、旅券にある前文で見えると言える面もあるかも知れないが、抽象的ではある。

前二者は主権と比べると現時的なものだが、主権は過去と現在、そして未来を含む通時的なものとして捉えられる。つまり、歴史性と無縁ではないばかりか、むしろ歴史そのものによって裏付けられている。日本のように歴史背景が永いと、伝統概念と主権の正当性は表裏の関係にある。

主権の究極にあるのが、政体を背後で支え権威づける正統としての国体である。

主権は法概念でいうなら、現時的な側面の強い明文法で一応は説明できる。なぜなら明文化は時勢と不可分にあるからだ。だが、国体を成立させているのは明文法を裏付けて今日に活きている、不文法または慣習法の総体である。明文法は、その折々の時勢の変転に作用されて意味を伝えはするものの、不文は不易流行の不易を意味するからだ。

かくて、主権を構成する内容で最も重要な領域は、現在の国土、国民を裏付けている歴史の背景にある、国体であることが観えてくるだろう。闘戦経で見るなら、国体は、第一章と第二章に輪郭の基本が開示されている。

だが、昭和日本は占領下におかれた七年間に、それ以前の戦時という非日常事態での余儀なくされた余りの過剰な国体を強調する期間への反動で、棚上げにされた方向付けに囲い込まれてしまった。政体だけで日本が成り立つかの幻想が与えられた。いわゆる象徴天皇制である。擬似憲法を優先するあまり、政体の中に国体が紛れ込む変態が生じてしまった。

この変態現象は、当然に主権喪失下での占領側による意図された認知操作の産物でもあった。そこで主権の構成要因についての理解があいまいのまま現在に至っている。地域主権という表現が堂々と横行する所以でもある。この表現ほど現在の国家社会としての日本の異様さを物語っているものはない。なぜなら、主権は主権を保持するために統帥を必要とするから。地域主権というのが有り得るとしたら、行使に際して地域同士が相食む事態が想定されるだけでなく、非常事態では内乱状態を容認することになるからだ。

二、半世紀余にわたる統帥の不在

主権を構成する三要因への侵犯があった場合、それを守るために戦争を開始できるのも、主権の権利ないし義務であるのが、本来の姿なのだが。

しかし、不思議なことに「憲法」は開戦権利を放棄している（9条）。戦力を保持せず、国際紛争の解決手段として武力を行使しない、と明記している（交戦権の否定）。主権の内容を明文化しているのが憲法だが、主権の在り方と自衛についての法理の常識を否定している面妖さである。主権を守るために主権を行使する究極が、開戦権ないし交戦権であるにもかかわらず。

その行使にあたり不可避のものが統帥権（supreme command）である。しかし、開戦と交戦権のない現在の日本「国家」では、統帥権は在り得ない。軍が存在しないからだ。

統帥権とは、ありていに言えば、それを担う者が指揮下の軍に向けて、国家の構成要因や主権が危ういから、障害になっている敵を排除し殺せと命じる権限である。だが、主権を守るための開戦と交戦権無く、軍を必要としないと最高法で明記されてある以上、殺せという命令をする者がいない。統帥権者（supreme commander）は何処にいるのか。兵権は誰が掌握して行使するのか。まさか、日本以外にある？ その匂いは芬芬としているのが、福島原発処理での日米共同作戦の様相である（前掲、「はじめに」三、を参照）。

だから、現行の自衛隊は攻められると、個々の隊員は自然権としての正当防衛の権利で交戦することになる。法制上で厳密に言えば、ここでの「交戦」は交戦ではない。軍人ではなく、特別職国家公務員であるから、警察官と同質なのだ。相手と戦うのは緊急避難の余儀なくされた自然法の行使である正当防衛の措置なのである。

ここから、普通の国とは異質の法制を保有する国家社会が出来上がった。果して国家と言えるのか。法制上で統帥という働きの全く削除された社会で最も危ういことは、個人の心境での偏頗性である。敵と遭遇して交戦する場合に生じる動作での逡巡である。「平和を愛する諸国民の公正と信義に信頼して」いる以上、法制上で「敵」は存在していないから。自衛隊は実質で武力集団でありながら、憲法で武力放棄を謳っている以上は、武力行使はありえず、その権限が不在なはずなのである。

三、戦時もある国家有事の際に不可避の統帥

闘戦経の章句で言うなら、軍で命令する者、受領する者に必要不可欠な、敵をせん滅せよとの「断」（第七章）がない。断こそ軍を成立させる命令の骨格を作る。そこで統帥を遂行する指揮官に、不透明状況での武力行使を決断する「胆」力（第二十章）が求められることになる。

国家を国家とさせている最も枢要な働きを法制上無くして、社会生活で不要としてきた昭和27（1952）年の「主権」回復後の半世紀余は、一体、日本に何をもたらしたのか。危うい。「壮年にして道を問う者は南北を失う」からだ（第十章）。この観点から見れば、異形の日本社会はすでに壮年を過ぎて初老を迎えている。それらの弱点が一挙に露呈したのが、平成23年3月11日に起きた東日本大震災と福島原発損壊以後における、国政選良らの事態収拾での醜態の数々であるのは、前掲の「はじめに／属地日本を蘇生させる拠り所になる闘戦経」のうち、「三、東日本大震災・福島原発損壊／人災に観る「再びの敗戦」」で触れたところである。

明白な国家有事であるにかかわらず、政権も政府も平時のつもりで取り組んできた。有事とは何かが判然として共有されている気配が無かった。有事は、場合によっては準軍事的な措置を必要とする。だが、現有人員の過半数に近い十万人の自衛隊員を出動させていても、最高指揮官が指揮統率とは何かがわかっていない有様だった。いわんや、統帥など理解の外であるのが、その不用意な振る舞いから内外に見せてしまった。

地震や震災の場合、内容によっては準軍事的な行動による対処が必要な事例もある。それはともかく、外国からの挑発によって生じた国家有事の場合、日本の政治つまり国政は、主権を侵す者たちを排除するために、殺人を伴う「断」の働きに思いが至っていない。それは東日本大震災における有事法制の不在に出ていた。その後、政権にもどった自民党により不満足ながら法制化された。

日本の国政は、有事を打開するために「断」の必要の可否を考える胆識の涵養される場が失せて、三四半世紀

を経て現在に来ていた。軍の根幹は、統帥によって成立する。その統帥が無い以上、どうやって断を訓練するのか、どうやって指揮官は指揮統率に必要な胆識を修得するのか。ここでいう指揮官とは自衛隊の指揮官だけを意味しているのではない。首相や防衛相を意味している。こうした精神上の用意が無いところでのシビリアン・コントロールとは一体どういう代物になるのだろう。

そうした法制上と心理面の空白から、この三四半世紀の日本社会は、専ら経済上の収益を確保した者が最もえらいという判断の蔓延するところになった。前述のように、数年前に、ＩＴの成功者が、カネで買えないものはないと言い放った。その彼を当時の政権与党の幹事長が総選挙で推薦の候補者にして、選挙演説で我が息子と褒めそやす始末である。これでは有権者が愛想尽かしをしたのは当然だろう。政争なら何でもアリを許し、恥も外聞も矜持も無い。こうした弛緩は、国家有事の実感も無い「選良」（？）の定着を示している。

二節　統帥の不在がもたらした災危

一、統帥の不在がもたらした廉恥の喪失

かくて資産の保有高が人格まで決める社会が創出された結果、本人もそれで充足しきって、他の基準も価値も無いと思い込んでいる。今の世での選良たちには、「士は已むを得ざるにより動く」（前掲、「問題の提起」二、）心境などを、知る余地もなければ感性も枯れている。その生活において実感したこともないだろう。教育の場でも無い。この市井の習性は、部下に死を命じたり、戦闘で身を捨てたりするという、つまりは死をも享受せざるを得ない軍の価値基準とは、反極に位置する。

財貨蓄積の自由は「食」（注66）の確保であり、国における軍（兵）の存在理由や役割とも関わっているものの、

統帥の発動過程では不要なものだ。むしろ軍人の職責にとって害になるのは、闘戦経の基調からも明らかだ。だが、市井の食は統帥の必要な役割と制度があって保証されてもいる。現在、その保証は米軍がしている、といえる。

（注66）論語　巻第六　顔淵第十二　七　子貢問政。全文は、前掲「問題の提起」四、の（注7）を参照。

兵を占領軍である米国に捨て去られた上での経済（食）の優先は、日本社会で信の根拠を掘り崩す負の効果をもたらしたのは、本稿の既往ですでに様々な側面から明らかにしている。食と兵を結び付けるものが信なのである。信の無い食も兵も、その弊とするところ限りがない。少なくとも、信を欠いた食の追及による弊は、すでに日本社会の日常に現出している。

食だけからは信も出てこない。信の無い兵は、老子のいう「殺人を楽しむ」集団になってしまう懼れなしとしない。生死を賭してもいい覚悟は信の有無と関わっているから。信の希薄なところ、廉恥の感性も衰弱するだけだ。食だけの視点しかない害が日本社会を侵食し三四半世紀余を経ている。この現実は、非常時で必要な「食うて万事足り」（第二十九章）を平時でも最優先しているだけで、新たな敗北への一里塚を意味しているだろう。信こそガバナンスとガバナビリティの根拠であり、その精華が統帥を成立させ得るからだ。

「食」を優先するのは市井（民）の基調である。しかし、国家と「民」の社会を守るための統帥という働きを喪失したままの日本の最近は、その弊害が行政で顕著になってきた。官僚の所掌権限の私物化による天下り、わたりが堂々と横行して目に余るものになっている。

「内臣は黄金の為に行わず」（第二十四章）の逆が現出している。天下りもわたりも黄金が動機だ。こうした行為は官僚（内臣）に廉恥が希薄になっているから起きる。次官が役人は面従腹背と広言する始末だ。彼らが保持する信の程度が知れる。信の及ぶ範囲が省益最優先なのだろう。それは正確に言えば、信ではなく利である。民など眼中に無い。この点では、党利を最優先する現在の中国や、市井では宗族の範囲で生きる信のシナ社会の在り様と近似してきている（後掲、八章、三節、五、を参照）。この頽廃現象は、統帥という厳粛な制度と動作の無くなった日本社会の負の象徴的な反映の有力な一つである。

統帥の働くところ、軍外の官は廉恥心による所作の制御はあり得る。だが、経済の成果物である財貨の多寡を有力な、というより唯一の判断基準とする風潮では、個々の存在を保障しているはずの信の意味への敬虔さはない。そこで、慎みや廉恥の働く余地も、著しく尠ないことになる。ここでは、公の実感する機会が稀だからだ。東日本大震災以後の取り組みは、否応なしにその長き不在を実感させる機会を提供した。この機会は、近隣の国際環境では北朝鮮の核武装と相まって天与なのだと思う。統帥の発揚は公の極致だから。

二、統帥の成立する境地を拒む背景

統帥の必要な事態になっても、現在の環境では、大方の日本人は為すところを知らないだろう。それは東日本大震災や付随した福島原発損壊事件への対策における危機管理の不手際に見られる。すでに明らかのように、事態の大半は天災ではなく人災であった。有事という事態に平時感覚で臨んでいる無様さは、第二次大戦での敗因を徹底して解明しなかった怠惰と、底流で無縁ではない（後掲、十章、三節を参照）。

そこで、リスク・マネージメントやダメージ・コントロールの観点からの、政策判断がほとんど無いことになる。だから情報公開が求められておりながら、専ら隠蔽に終始し錯綜する事態が続いた。そこに被害の軽減のための対策にとって必要な、情報の集中管理の動きすらない。後世にとって貴重な財産になるはずの議事録もない。迷走の継続は、信の欠乏と「疑」の増殖という力学作用で、舞台は笑えぬ悲喜劇の展開なのだ。昨今のコロナ対策でも同様である。

なぜ記録の保存が必要なのかの分かる素養が、最初から欠落している、と観た。ポツダム宣言受諾の決定後での、「次に備える意識不在」の参謀本部等での記録の焼却への狂奔と、無縁ではない。先祖がえりをしただけだ。

１９４５年9月に国家としての日本が降伏したとき、選良たちには自分たち個々の生活の再建と荒廃した国土の再建が一体の下に捉えられていた、と思う。占領下にＧＨＱの間接統治の手段になっていた保守政党（？）は、昭和27（１９５２）年4月の主権回復後も、それをそのまま政治の課題にした。経済（食）だけ。その裏付けが、日米安保条約による米国に依存した安全保障環境であった。「戦後保守」の発足である。

この現実は、どのように「食う」かも問われないようになった。兵の進退（第十七章）は他国に委ねた上でのものだから。

こうした事態を常態化したのは背景があるはずだ。現在は死語になった戦中派と言われた世代、軍でいうなら尉官クラスの世代の果たした負の役割を、三四半世紀後の現在で考えたい。政治家でいうなら70年代から80年代前半にかけて威勢を放った田中角栄に象徴されている。彼らが世代交代もあって跳梁し得たのは何故か。その前の世代である作戦を起案し命令した佐官クラス以上の統帥を構成した世代と国務である国家経営を担った選良たちが、敗戦後に戦時の自己総括をキチンとしていなかった。

前述のように、次の世代に学習する素材になるはずの敗者の総括を提供しなかった。それは、結果的に、我が身に甘かったことを意味する。そうした知的な怠惰は、結局は後継世代を甘やかした。後継世代は先人の自己総括の不徹底さを他所目に、勝者側の提供した敗戦総括であるポツダム宣言の論理を受け入れることに、深刻な違和感を持たないことになった。日本社会の民主化とは、とにかく「食」である経済を最優先することになった。

彼らは、戦時、命令をされる側に立っていた。後掲の拾遺に登場する学徒出身の予備士官・神島二郎もその一人である。敗戦後は、ＧＨＱに支配される日本社会が与えられた。この二つは、旧世代への不信感を一層に助長したようである。戦時と占領下の双方で立場上からそれなりの有責はあり得ない。命令される存在であるのを余儀なくされたところから、何が生まれたのか（九章、二〜三節を参照）。命令の極致にある統帥が求められる事態になるのを極力拒む態度である。平和憲法の護持、その態度でよしとする免罪符が現行憲法の論理になる。

三、忠誠の空白

軍人の具有するはずの断は、一身を賭した自己犠牲を不可避とする。そこから誇りと矜持や名誉心も生まれる。国家社会は職責上の公務への殉難者に対し、敬意をもって顕彰し接遇する。だが、法制上で統帥が無い以上、断に求められる境地は全く不要なものになっている。統帥の働きが求められる場が無いからだ。兵として前線に向かい戦死・戦病死をした「英霊」を祀る靖国神社への公人による参拝の是非は、常に争点になっている。

昭和45（1970）年10月に作家三島由紀夫が楯の会隊長の立場で、市ヶ谷自衛隊駐屯地にある旧参謀本部の2階で割腹自殺をしたのは、なぜか。軍における断の気象の棲息する場を与えない自衛隊を放置し冷遇している日本の前途を憂慮して、一命を賭して警鐘を鳴らしたのであった。三島は、自衛隊の職域に名誉を与えない日本の政治を痛撃している。名誉は忠誠心の発揚と不可分にある。だが、忠誠心を活かす環境が与えられていないのだ。こうした不在のままに推移すると、本格的な亡国に至ると。それは檄文に記されている。「属地」に安住しているとしか思えない状況を、国の安危に直結するとの憂慮が簡潔に提示されている。

現在は偽国家と言われる中国の東北部にできた満洲国の国軍でも、問題になったのは忠誠であった。内面指導権を有していた関東軍は、同国軍と日本が反目状態になった場合の忠誠心をあいまいにした。同国の中堅官僚を育成する教育機関であった建国大学において、某日系教員は明快だった。日本に反目する事態になった場合は、敵対するのは当然との見解を発表。そのため、激昂した関東軍中枢の参謀らにいのちを狙われる羽目になった。危惧した周囲の奔走により、満洲から立ち去ることで永らえた。後年、彼は90を過ぎ、天寿を全うした。

もし日本軍の忠誠対象である天皇に満洲国軍も忠誠を誓う仕組みならば、満洲国とは主権国家なのか。大英連邦を目指せば、それもあり得た。だが、当時の日本を取り巻く状況では、偽国家であることを自ら認めたことになる。ここには、ガバナンスとガバナビリティの相互関係の意味する深刻な問題性が、統帥と忠誠を巡って示されている。満洲国軍に影響力のあった関東軍中枢に、この辺りの問題性の深刻さをどこまで分別していたかは、個人はともかく機関としては怪しい。1945年8月にソ連・外蒙連合軍がソ満国境を越えて進攻した際に、満洲国軍はすぐに瓦解した。最近では、米軍が予告通り撤収した8月31日前に、公称では30万人いたというアフガニスタン国軍が霧散したように。

戦後76年を経て「忠誠」という精神領域の長き不在のもたらした負の遺産に注目せざるを得ない（後掲、十三章、三節、五、を参照）。そこに急ぎ行く前に、その背景としての昭和日本における統帥権の認識は、どのような負の経緯を辿ったのかを瞥見してみよう。

三節　昭和日本の軍部は統帥権の拡大を目指した？

一、『統帥綱領』と『統帥参考』の間から統帥権国家が生まれた

昭和日本を敗戦に導いたのは、統帥権だけが先行して国家を支配し、国務が下位に置かれた結果による、という説は、結果論とはいえ否定しがたい説得力をもっている。中には、軍部が国務に影響力を行使はしても、一定の距離を置いて、統帥権万能視をしないという見地もあったと言う。だが、軍が統帥に最も意を注ぐのは、戦力の行使の在り方とは統帥そのものだから当然の力学である。結果ではあっても、国務の役割をないがしろにしての統帥権独走が日本を破局に導いたとしたら、その要因は何だったのか、百家争鳴で諸説入り乱れて、今だに釈然としない。

ここで連想するのは第二次大戦を勝利に導いた英国のチャーチル首相の発言である。大略「戦争のような大事

な事業を軍人なんかに任せられるか」と、戦争中に最高作戦指導部に泊まり込みで戦争指導した。中枢を構成していた職業軍人から見ると、作戦への容喙は頭痛の種だった、という説もある。最近、とみにチャーチルの存在には負の評価が高まりつつあるが。とまれ、日英の違い、それも厳然たる違いを思わざるをえない。国政全体の見地から国務としての戦争指導と、最終決定の仕組みにおける経験の蓄積の違いである。

だから、端的に日本軍国主義が敗戦を招来したという説が最も影響力をもってくることになる。負けたのは確かだし、負け戦を演出したのは軍だから。そして、戦時下では軍は国政を引きずりまわしたのは誰も否定できないから。

だが、軍に全てを押しつけて臭いものに蓋《ふた》をしてもはじまらない。なぜそうなったのか、その内在論理も明らかにする必要がある。その最適な資料が、大正3（1914）年に陸軍の作成した『統帥綱領』。現在閲覧できるのは、昭和3年（1928年）、参謀本部編の改訂版（以下、単に『綱領』）と『統帥参考』（昭和7年。1932年。陸軍大学校編。以下、単に『参考』）である。『綱領』のどの部分が改訂されたのかは、初版が無い以上、わからない。初版が無いところにも、終戦前後の参謀本部の焼却がいかに徹底していたかがわかる。

旧軍人で経営者としても能力を発揮して、多くの著作を発表した大橋武夫（陸士39期）は、自著『戦いの原則』で、闘戦経とともに、『綱領』と『参考』の二つを紹介している。そのはじめに、「このような名著がありながら、なぜ敗戦という事態に至ったかについては、しかとわからない」（PHP文庫版128頁）と記している。

この下りに接した際、なんとも複雑な気持ちが起きるのを否定しがたかった。ありていに言えば、敗北経験を通しての反省と悔悟が全く感じられないからだ。二つの文献を読み進む気力が萎えた。

次項の「関連年表」から類推されるように、陸軍中枢は改訂『綱領』に飽き足らずに、『参考』をまとめる。この著作には、軍主導による統帥権国家を新たに樹立しようとする論理体系がある。その背景には、満洲問題から統帥権干犯問題に至る国会論議で、軍事を含む国政全般を掌握しているはずの議会政治を構成する議員たちが、政争優先から結果的に国務を担う意味と役割を否定していく過程がある。

政争という議会の迷走を眺めていた少壮高級参謀らが、これでは国家が持たぬと、軍中枢による国務に超然とし、高度国防国家建設に向けて国政を掌握壟断するのを意図した。明治天皇が示された『軍人勅諭』にある、政治への不関与（「世論に惑はす政治に拘《かか》らす」）は、他ならぬ少壮軍人の跳梁によって空文になった。そこに大権私議の「意志」が浮かんでくる（注67）。

それが闘戦経と何の関係があるのか。昭和の悲劇を結局はもたらした『参考』の解明を、闘戦経の知恵から読み解く試みをすると、昭和史という身近な題材を通して、新たな観点からの昭和史認識が可能になるだろう。それは、なぜ敗戦を迎えたかの内在理由を明らかにしてくれる。

（注67）近現代日本で統帥権問題に多角的に取り組んだ唯一の該博な著作は、中野登志雄『統帥権の独立』（昭和11／1936年）である。著者の憂慮は、当時の一部の軍高級官僚の言動にあった。それは、この著作の結論部分に記されている。同著七二九頁。その憂慮は、歴史として正鵠を得ていた。軍官僚をして過激な言動をさせ得た論拠は、『参考』にあった。

1928年の最高指揮官用の『綱領』の改訂作業にすでに、後の『参考』に至る種が蒔かれていると見たのは、片山杜秀である。前者の改訂は、翌年の下級将校用の『戦闘綱要』の改訂にも及んでいた経緯を追っている。わたしの知らないところをカバーしている。教えられるところが多い。同『未完のファシズム「持たざる国」日本の運命』第五章を参照。新潮選書。2012年。

『綱領』から『参考』に至る論旨の深化した背景には、一説によると大正8（1919）年の秋に謄写版で内々に刊行され、12（1923）年には改造社より伏字だらけで市販された北一輝による『日本改造法案大綱』のクーデタ礼賛の論理が活きているという。とりわけ少壮軍人に多大の影響をもたらした経緯を解明したのは、大川周明の五高時代の同級生でもあった永雄策郎による「日本改造法案大綱と大川周明」。同『日本人の肉眼』に収録。講談社。昭和36年。

二、『綱領』から『参考』に至る関連年表

以下の年表を注意深く見ると、日本国家の中枢が軍、主に陸軍の影響力に占拠されていった過程が浮上する。それは同時に日本における国政を担う議会政治が政争を優先して徐々に指導性を失い、ということは自分で自分の首を締めて、応じて国務を担う内閣も軍事に関与不能になるという劣化を起こし、軍事行動の追認機関になり下がっていく過程でもあった。その実績を的確に踏まえて、『参考』は作成されている。

昭和3（1928）年
　2月20日　最初の普通選挙
　3月15日　第一回日本共産党員の大量検挙
　3月20日付　『統帥綱領』。鈴木荘六参謀総長名での紹介あり。
　6月09日　蒋介石率いる国民革命軍、北京入城。北伐完了
　　21日　張作霖爆殺事件（満洲某重大事件）
　　29日　改訂治安維持法公布
　7月03日　張学良　易幟（蒋政権・青天白日旗を満洲に掲げる）
　10月　ソ連、第一次5カ年計画開始
　11月　昭和天皇　即位の大礼

4（29）年
　3月　改訂治安維持法、衆院で事後承諾
　　5日　治安維持法改訂に議員で一人反対した山本宣治刺殺さる
　6月　拓務省新設

5（30）年

10月24日　ニューヨーク・ウォール街　魔の木曜日　世界恐慌始まる

4月　ロンドンで海軍軍縮会議。日本代表団調印

これを契機に「統帥権干犯問題」が起きる。

58回帝国議会で野党の犬養毅と鳩山一郎が浜口首相を攻撃

6月10日　加藤軍令部長が干犯不承知を理由に辞表提出

8月12日　相沢中佐、永田鉄山・陸軍省軍務局長を斬殺。後任は今井清

9月　橋本欣五郎大佐ら　桜会結成

11月14日　浜口首相　東京駅で佐郷屋留雄に狙撃され、後日死亡

6（31）年

3月　三月事件（クーデタ未遂）宇垣一成が黙認あるいは黙視？

4月　重要産業統制法の公布

9月　満洲事変勃発

10月　十月事件（クーデタ未遂）

7（32）年

1月28日　上海事変起きる

31日　血盟団、五・一五計画

3月　満洲国建国

5月　五・一五事件。首相犬養毅、殺される。政党政治の崩壊

6月　警視庁に特別高等警察部を設置

7月　『統帥参考』。陸軍大学校幹事　少将今井清名でのまえがき
同月　ナチス、第一党になる。翌年1月、ヒトラー、政権樹立。
8（33）年
3月　国際連盟脱退
9年
6月　文部省に思想局を設置
10月　陸軍省新聞班『国防の本義と其強化の提唱』。60万部
16（41）年1月　『戦陣訓』を示達（東條英機陸相）

三、陸軍大学校を支配した高級将校らの自己陶酔ぶり

統帥に関する各論の理解は『綱領』でもいいが、総論は『参考』が参考になる。執筆者や参画者たちの本音が、本文に付帯しての小文字の説明で縷々詳細に、且つ懇切丁寧に記述されているから。

問題は二つ。一つは統帥を掌握する将帥の在り方の解釈。それは剛について、彼らがどのように考えていたかの間接証明になっている。「兵を学んで剛に志した」（第四十章）者たちの知見の限界である。

二つは、統帥が遺憾なく発揮されるための、兵と兵を支える国民の位置付けに出てくる。すると、『参考』の独善ぶりと思い上がりが明らかになってくるだろう。『参考』は、民意が反映するはずの議会政治による国民国家であろうとする前に、軍主導の統帥権国家の成立でよしとする方針を理論づけたのであった。この延長線上に、二年後に、陸軍省軍務局新聞班の刊行した小冊子『国防の本義と其強化の提唱』がある。

統帥権者でもある天皇からの大命が宇垣一成に降下していながら、政治化した陸軍中枢が大命大権を無視して、陸相の推挙を拒み反対した。そのために組閣を辞退せざるを得なかった宇垣が、結社化した陸軍中枢の専横と危

険性を、当時の腹心であった大蔵公望に話している（昭和12／1937年）。ここには大権私議がすでに公然と横行していた事実がある。大蔵はその発言を記録している（注68）。

（注68）『大蔵日記』2巻307ページ。

この間の問題については、公開されている『大蔵公望日記』（内政史研究会）を参照。この日記には、上述の大蔵と宇垣のやりとりを実証的に明らかにしている。統帥権を私議した当時の軍官僚への批判である。

だが、昭和になって統帥権の独走が突如として始まったとするのも偏見であろう。下地は十分に培養されていた。陸軍の主流は明治の建軍以来、徐々に国家社会内で軍をして自己流の聖域化にするのを厭わなかった（注69）。政治不関与の『軍人勅諭』は、昭和時代で結果的には軍部の隠れ蓑になってしまった。

（注69）その経緯について概説的に記した、秦郁彦『統帥権と帝国陸海軍の時代』平凡社新書308、を参照。

皮肉なのは、宇垣内閣が流産した理由であった陸海軍現役大臣制を廃止して予備役でもよしとした山本権兵衛内閣（大正2年6月）の時代、制度改革に同意した陸相に対し、陸軍省の軍事課長であった宇垣が、現役制を支持していることだ。彼は、予備役でも軍大臣になれるのは、「国家に害毒を流す嫌いあり」との所見を省内の文書に付していたという（同書155頁）。あまりきれいな表現ではないが、自分の吐いた唾が、後年になって自分の顔にかかってしまったことになる。

この軍官僚の独善ぶりは敗戦を経て現在も気質で変わっていないようだ。自衛隊と米軍の作戦一体の強化が、既成事実として優位に立つ事態。「トモダチ作戦」は、その成果の一つである。請求書は後から。米軍横田基地内に新設されたという米日共同統合運用調整所も、それだ。日本に主権があるのなら、そして日米調整所が必要なら、基地を日本に返還した後に開設すればいい。これは、現状の日本は、属国でもない属地である証明である。議会での安全保障委員会や外交防衛委員会の範囲に限定しても、日米制服による連携についての現段階がどこまで情報公開されているのやら（注70）。そこに日本の病巣がある。こうした隠蔽の性癖は、昭和から現代を通しての日本人、とくに選良の劣化でもある。なぜなら、官僚が国民の選んだ議員を信頼しておらず、国民を愚民扱いしている結果になるからだ。

（注70）２０１８．10．03に公表されたアーミテージ・ナイ第４次レポートの米軍と自衛隊の協力関係の強化についての提案の内容が問題である。対等協力ができる法制上の保証が日本には不十分であるから。20年12月、に第5次が公表。

四節　昭和日本は統帥権解釈で滅んだ？

一、政・戦の分別もできなかった『参考』の作者たち

『綱領』は、菊版で本文は60頁に満たない。用語の解説としての「兵語の解」が26頁付いている。それでも合算して百頁に満たない。統帥については将帥も含めて、4頁と5行。それに比して、『参考』は、５３６頁。二編に分かれ、第一編は「一般統帥」、分量は３３８頁。第二編は、各論としての「特殊作戦の統帥」、分量は１５０頁。見出しの付け方とこの頁数を見るだけで、編者の意図が露骨に浮かんでくる体のものだ（ここで閲覧したのは、昭和37年に財団法人偕行社発行の復刻版）。

それは、第一章　統帥権、の二項「統帥権独立の必要」に直截に記されている。「政治は法により統帥は意志による」（原文カタカナで句読点無し。以下同様）から始まる書き出しの内容は、兵営国家観とでも形容できるもの。戦時体制になれば統帥だけがあればいいので、法治つまり国務は必要とせず、と読める内容になっている。それは「意志」（注71）の強調に言外に出ている。

（注71）執筆者がナチスに惹かれていたのであろうか。１９３４年9月のナチス党大会の撮影したリーフェンシュタール

監督『意志の勝利』は好評を博した。この題名をつけたのはヒトラーだった。日本の軍人選良も第一次大戦後のロシア、イタリアを含めた欧州で起きている新しい潮流、時勢とは無縁ではなかったのである。

殺人を命じる統帥が意志と不可分なのは当然である。だが、この意志には、「政治は法により」との前置きがついている。この前置きを尤もとするると、それよりさらに倫理的にも高い境地が求められていると観るのは不自然ではない。だが、事後の運用での推移を見る限り、そうだったのかは、以後の記述で明らかにされる。『参考』での統帥における意志は、第二の自然を造り上げた日本人の意志感覚とは異質であったようだ。なぜなら、日本人の在るべき意志とは「敬神崇祖」がまずあって成り立つものだからだ（闘戦経、第一章、第二章）。その思潮が『参考』の重視した「意志」の意味の背景に流れている気配はない。意志の強調は「権力への意志」か。

こうした論理を生み出し（あるいは輸入し）、さらにそれで育成された大学校の卒業者が、国軍を支配しただけでなく、国政を壟断《ろうだん》した。国軍は国務に超然とするばかりか、国政を手段化するに至った。彼らは上意下達を知って、民意に基づいた下意上達の可能な議会政治によって成立していた国務の役割が分別できない。議会政治は審議のために情報入手や、場合によっては公開を不可避とする世界である。軍は日頃から、またとくに作戦をするにあたっては、情報を秘匿するのが常態の職域である。

第二章　統帥と政治、では、「兵政の統一」という表現で、「統帥と政治とは（中略）各々独立して一は帝国議会と全然無関係の地位に在り」（19頁）と言い切っている。兵に政が統一吸収される理屈だ。さらに、「戦時統帥の目的」の説明項では、「統帥の戦略決定及びその実施に政治機関の容喙《ようかい》するは甚だ危険なり」とまで言い切る傲慢さである（20頁）。前述（二節、一、を参照）の議会人チャーチルの見方と真逆の見地がある。日本敗戦に至る思考過程が着々と準備されていたわけだ。

『綱領』では、政戦両略の指導の重要性を指摘しつつ（第一　統帥の要義。（1）、統帥が「独立不羈なるを要す」

といえども、「政略指導」まで担うとはしない（2）。後知恵で読むと、文意からやや踏み込みが感じられはするものの、政と戦の役割分担は明快である。兵政はまだ論理として分離されており、軍側の禁欲が生きている。だが、『参考』では、そのような自他の分別は消えて、専ら統制だけを前面に出すことに臆面は無い。統制は統帥権を担う軍の独占になり、行政はその補完の役割に置かれることになる。正確には副次的な存在に落ちることになる。だから、国政は「全然無関係」（前掲）であるばかりか、統帥の下位に置かれる有様になった。

二、昭和の統帥は「意志」を強調すればするだけ戦争力が低下した

好意的に見れば、議会の問題処理能力を疑わせる醜態にあきれ果てて、常在戦場を意識しての高度国防国家を建設しよう、それを統帥権の主導の下に行おうとしたのであろう。ここには上意下達はあっても、議会政治の存在理由である下意上達の役割と意味するものの理解は希薄である。職業軍人となるべく隔離して育てられたためか、軍外にある国家社会、いや軍は一つの構成要因でしかない国家の大要の観えていないのが分かる。

国務の存在理由、軍事は国務と国政を構成する重要だが一つの要因という帝国憲法の慣習による不文の法理を、統帥権を拡大解釈することで侵害し軽視して、唯我独尊になった。それは「意志」という表現で法治を凌駕させている浅薄さに出ている。実際は、こうした意志が個々の局面でも恣意に変質するのは容易だった。

不都合な戦績の隠ぺいは、海軍のミッドウェー海戦の敗北に出ている。開戦して半年にもならない敗戦だ。負け戦に参加し生き残った戦傷兵や兵は、敗戦を隠蔽するために戦地の各地に隔離までしている姑息さである。敗戦を陸軍に報告もせず、いわんや内閣にも報告しない。やがて、敗色が濃くなるに従い、大本営発表への信は国民間、とくに知識人間で相対的に減少していく。その場その場をしのいでの浅知恵を用いた不正確な、より正しくいうと戦果の誇大情報の乱発で、ものの観えた国民の疑心を増幅させていったからである。最高統帥権者である天皇に平気で虚偽の報告をしている。ここに、忠誠は内実を失い形骸化している。

この統帥部の態度を闘戦経の章句から見るとどうだったのか。戦時体制とは戦国と言える。「戦国の主は、疑を捨て、権を益すに在り」（第三十二章）。だが、昭和統帥を担う大本営の動きは、国務、国政そして国民間に「疑」の増大を招いたのである。議会の役割は有権者のもつ「疑」を質して、事態を公然と明らかにするにある。

前述のチャーチルは、マレー沖海戦で英国の東洋艦隊の旗艦であった「プリンス　オブ　ウエールズ」が日本軍の空爆によって撃沈したときに、大英帝国にとって政略上で致命的になる敗戦の事実を、国会に報告している。実際は、日本海軍の世界戦略の無さによって、英国は救われたのだったが（後掲、四、の＊を参照）。連合艦隊司令官・山本五十六に気兼ねしての日本海軍の作戦中枢は、結果的に統帥恣意を容認することで山本に加担している。すると政を優先するチャーチルの姿勢とは全く逆である。

「海軍反省会記録」（ＮＨＫ放映。関連証言録の番組。『（証言録）海軍反省会Ｉ』『Ⅱ』ＰＨＰ）によれば、大本営の中枢による南方の島嶼での作戦（用兵）放棄により、補給無く飢餓で死亡した多くの兵を放置する無責任ぶり。国民に対する敗戦情報の隠匿から、戦法にもならない玉砕に誘導し収斂していくなどの裏切りというより組織犯罪は、闘戦経の最終章（第五十三章）「用兵の神妙は虚無に堕ちざるなり」の明示の逆を行く体のものと見られても仕方ない。大本営は、まるで詐話師の集団になっている。

作戦参謀だけでなく大本営そのものが無責任の体制にあり、その中に棲んでいた者たちは、本物ではない便宜的なニヒリストになり果てていた、とでも評するしかない。それは、集団で事態にズルズルと引きずられて行ったからだ。敗戦近い昭和19年3月に起きた海軍乙事件（注72）などは、その処理の仕方を見ると、すでに軍規が中枢で失われていたと断ぜざるを得ない。

状況に流されていくだけで、個々人の有責意識や組織としての自立している雰囲気を覗うことができない。状況を把握することによる主導権意識を感じ取れない。統帥とは反極に在る現象が露呈している。現実の中に立つのを懼れての、狭い身内を守るだけの逃避と看做されても仕方ないだろう。

（注72）この事件の処理に見られる海軍中枢の弛緩と身内庇いについて、手厳しい批判を加えている論評は、野口裕之記者。産経新聞、コラム「【軍事情勢】組織を崩した『乙事件』」。平成23年5月8日。

三、陸海軍の一体化より、背反する力学になる病理

『参考』での意志重視による自己陶酔が、敗色という現実に由って否定される事態になると、どうしていいのか、どのように対処していいのかの見当識を集団として失っている。事態を当事者として把握する認識力は失せて、結局は一種の自己解体というかメルトダウン現象を起こしていたのではないのか。まさか、無為は『参考』が強調した意志の別表現ではないだろうに。

そうした病理を一層活発にする環境は、陸軍と海軍の呉越同舟である。陸海双方が、戦争指導を巡って一度でも一体化したことがあったか。双方は相手の能力に、概して懐疑的であったのは、多くの記録に残されているところだ。

作戦で陸海軍の一体化は難しかった。チーム意識が欠乏していたのは、お互いの情報隠ぺいに出ている。硫黄島でもサイパン島でも、陸軍と海軍は、別行動をとっている。作戦に統一性は無い。この不思議さ。だが、当事者にとっては、セクト主義に徹することに大真面目であったところに、信じがたい喜劇性を孕んでいる。それはブラック・ユーモアそのもの。

サイパンでは、敗軍になってから、大場隊には海軍兵も参加している。硫黄島では、敗残兵が壕に逃げ込もうにも、陸海軍は相いれなかった。海軍さんはあっちに行け、陸軍さんはこっちではない、といった具合。そうしたセクト主義は現在の官僚機構でも同じだ。農水省と通産省（現経産省）は対米交渉で別々の方略を立てていたところを見ればいい。各省の思惑は別々で、互いに情報を出し惜しみする始末だ。同じ省内でも、局あって省無し、課あって局無し。この病的な宿痾の由来は、明治建軍の際の、陸は長州、海は薩摩？から来ている、とだけ

で済ませていいのだろうか。

では、一体になって敵に対処しないこの種の倒錯した統帥の現象はなぜ生まれたのか、を考える必要がある。それは、西欧衝撃にあった悪しきモダニズムにあるパワーの解釈に汚染されたからであろうか（注73）。下意上達を無視して、自分たちに都合のいい上意下達で良しとする一知半解の真似ごとであったから始末が悪い（前述の三章、三節、三、四、と、後掲の五、を参照）。

下意上達意識が共有されている組織は、組織のある社会全体に柔軟性、つまりはチーム意識と営為が発達している。アングロ・サクソンが近現代でグローバル・パワーとして優位になり得た所以である。そこで上意下達の弊害をチェックし、バランスを取ることができる。全てではないものの、情報公開が制度化されている。報道の自由もある。結局は日本が敗れ、ソ連が滅んだ所以でもある。これからの中露の危うさの側面も、ここにある。

昭和日本では、軍は『参考』の論理によって、自ら聖域化し国家内国家に変質していた。統帥権者の下にあるはずの軍は、敗戦末期には元首天皇の臣民を、地方人と呼んで、心理操作では手段化するまでになっていた。何をカン狂いしたのか、統帥ならない自己陶酔による頽廃そのものである。

明治の有司専制の官僚制国家は、近代化のために不足していた財源を含めた資源配分では有効性をもっていた。その効率追求は、社会的な気風で、公共の「公」の強調はあっても、日本の基盤社会を構成していた市井での生活意識であった「共」というチーム感覚を削除していく作用があったのは否定できない。公が共を食ったところに政府による欧化の近代化は推進されていったのである。その力学の延長線上に、統帥権強化もあった。明治の議会開設に向けて、民権が藩閥外で叫ばれていた際のチェック機能は、普選を経ての昭和の時代には逆に衰退していた、と評していいのか。一体、そうした退廃が生じたのは何故か。

少し先走るが、昭和二十年八月のポツダム宣言受諾という決定が「聖断」という表現で顕彰される向きもある。だが、それは統帥が国務を軽視して閣議を軽んじた結果である。それは、繰り返すように議会の役割が劣化していた証明でもある。あまり褒められた史実ではない。

（注73）いわんや、最近の歴史研究では、ドイツに留学した陸軍の俊英たちの多くは、ハニートラップに嵌って親独になったという。この説が事実としたら、劣悪な環境にあってこうした統帥部の指揮下で戦った無名の兵士の死者は泣くに泣けない。ハニートラップは中共党の得意とするところで、影響力のある政官財の要人がやられているのは、事情通にとっては公然の秘密らしい。彼の地に駐在の外務省職員もやられ、情報の漏洩を強要されて、自殺までしている。醜聞の写真公開をしたらいい、と開き直る度胸はない。一度、公開したら、この手は二度と使えなくなり、当人は恥をかくものの、国家への貢献は非常なものがあるのだが。誰か恥をかき社会的には抹殺されるだろうが、国家のために勇気のある者はいないのか。

四、敗戦（終戦）の想定が無かった昭和の統帥中枢

統帥権が昭和日本の中で自他ともに制御不能なモンスターになってしまった背景解明が必要である。すでに多くの考察がされている。ここでは、国務の枠組みから飛び出し独走を自明としてしまった論理構成を『参考』に見た。統帥中枢を支配した独善ぶりの理由も鮮明になった。

それを闘戦経から読み解くと、従来、明確に指摘されていない昭和国家の経営体としては、欠陥制度になってしまった由来が結局は明らかになってくる。昭和の統帥中枢の独善ぶりは、昭和になって突然生じたとするのは無理がある。物事は、内外の状況から来る力学もあって、思い至るところからの選択の積み重ねが、結局は錯誤をもたらしたわけだ。その際の思い至る判断には前例という先行がある。

昭和の統帥中枢にとっての先行事例とは何だったのだろう。それは日露戦争である、と見ていい。問題は、日露戦争から何を学んだのか、である。その学びの危うさの由来は、すでに本書の「扉」に紹介した二番目の挿話で明らかにしてある。事実の隠ぺいをする努力が結局は何をもたらすかへの、想像力の欠如の究極的な由来を明らかにすることが求められている。

日露戦争が薄氷を踏む辛勝であったことは、すでに記した。その薄氷の実態解明にベールをかけての隠ぺいは、どういう心理過程から生じたのかを追跡する必要がある。参謀本部4部長の判断の由ってきた背景を、冥土に訪ねていって聞いてみたい。

日露戦争時の統帥中枢も国務中枢も、彼らの胸中を支配していたのは、必勝の信念の裏面で、敗戦をも覚悟していたことである。敗れれば日本はロシアの支配下に置かれる。戦争指導や経営の重責にあった者は、一様にそれを知っての取組みであった。児玉源太郎の国務への講和交渉のせっつきは、それだ。

昭和の統帥中枢には、その想定があったのか。昭和16年夏に内閣総力戦研究所での机上演習に参加した者たちは、日米戦力比から敗戦必至を確認していた。演習に立ち会った当時は陸軍大臣であった東条英機は、その結果の秘匿を命じたという。そして、彼は同年12月の日米開戦時の首相になっている。尤も、別の機関決定していた秘策もあったが、真珠湾攻撃の局面的には華々しい戦果により、何時のまにか消えてしまったという摩訶不思議な出来事があった（茂木弘道『大東亜戦争　勝利の方程式を持っていた』ハート出版。２０１８年）。

昭和国軍の統帥中枢は、開戦になぜ突き進んだのか。この公案を妥当に解かないと、再びの敗戦を招くことになる。その敗戦の予行演習は、すでに東日本大震災から発した福島原発の初期対応で行われているのは、前掲の「属地日本を蘇生させる拠り所になる闘戦経　三、東日本大震災・福島原発損壊／人災に観る「再びの敗戦」」で触れたところである。

昭和の戦争指導をした統帥での最高中枢を構成した面々が、開戦時で行く末における敗戦の想定をしたのかの記録は、機関としては無い。個々人の内面はわからない。敗戦後に、客観的にその追跡調査をした者の記録もない。占領軍の演出による「軍国主義の破綻による民主化」に踊るのにさほどの抵抗も感じなかったのか。

闘戦経が提示している、「軍なるものは、進止有って奇正無し」（第十七条）の「止」の意味するものが、最高統帥の面々にチームとしてわかっていた、とは言えない。敗戦を想定する想像力の欠如は、どこから来るのか。

統帥を構成していた面々には、敗戦の想定から来る行為に移る場合の重圧を自覚していなかったのだろう。これは職責の無自覚であり、堕落以外の何物でもない。いわんや、それは国務の仕事と思っていたとしたら、ブラック・ユーモアである。

敗戦を想定していると、敗戦後の事態の想定も検討内容になってくる。選択肢も考慮に入ってくる。個々人はともかく、機関として敗戦と降伏が課題になったのは、法的な根拠のない最高戦争指導会議で、しかも末期の八月に入ってからだった。ここでも調整がつかず、「聖断」を待たねばならなかった。会議に法的な根拠が無かったのは、統帥部がここに至っても国務の介入を拒んだからである。ほとんど病気と評するしかない。

五節　昭和の将帥に見る堕落

一、陸軍　石原莞爾

昭和の将帥のうちで、国家の命運を誤った要因は複数挙げることができるものの、私見では上掲の二人の振る舞いに典型を見ることができる。

陸軍では昭和6（1931）年9月の満洲事変を主導した石原莞爾。天才として熱狂的な支持者がいまだに多い（早瀬利之「終戦『東久迩内閣』生んだ〝影の首相〟『石原莞爾』最後の日々」週刊新潮。令和3年8月12・19日特大号）。だが、昭和の大変では、最初の統帥権干犯の当事者の一人だった。陸軍の中で現地軍の独断専行による既成事実作りの最初の事例を作った。事変を演出した当時は中佐で関東軍作戦参謀。

石原は自分の利害のための作戦を立てたわけではない。彼なりに国家百年の大計から、世界最終戦に向けた日本帝国の保全の出発点としての満蒙領有構想の入り口であった。日本以外の中国を含めた諸地域は、ソ連を含めた欧米に対峙できるだけの自立をしていなかったのは事実だからだ。この史実は特記として記憶に留めておく必要がある。

関東軍の駐留していたのは満洲（現在の中国東北部）。それも南満洲鉄道の付属地を警備する理由だった。兵力は2万足らず。対する東北軍は30万ともいわれた。事変が起きると、2万足らずの日本軍に30万の兵力は蹴散らされた。精度では比較にならなかったのである。

日本の敗戦このかた、中国側は日本の侵略を盛んに喧伝するが、軍閥の軍がいかに無辜の民衆を収奪する無能な存在であったかを示すことは決してない。知っているくせに。兵権はあっても民からの信は無かった。だから関東軍に追われて関内に逃亡するしか無かったのである。国民軍としての日本軍と、軍閥の違いである。結局は、東北軍は満洲から西安方面に駐留した。

後の西安事変の要因になったのは後日のこと。周恩来は、張学良の死後、西安事変があったればこそ、と彼を中華民族百年の英雄としゃーしゃーと称えたが、その隠れた意図を見落としてはならない。

信の無い軍閥が消滅すると、満洲建国になる。新聞の戦果報道もあって国内での関東軍の勢威は上がった。上がったものの、統帥権干犯の事実は消えない。高級統帥を無視しての作戦行動であったからだ。東京からの命令は無い。だが、参謀本部は追認。国務の閣議も追認。それのみか、後に関東軍の関係者の昇格人事と勲章を贈った。議会でも批判の声は表面化せず、媒体の新聞はヤンヤの喝さいを贈った。大権を私議し、統帥無視を称揚した結果になったのである。陸軍の下剋上がこれで当然となった。『参考』で強調する意志の産物が、これである。既成事実に乗じて理論化したのが『参考』と見られても当然であろう。

石原らが作戦終了後に、上層が責任を問わないという事実を憂慮して、昇格人事や位階勲等を拝辞返上し軍を去り蟄居閉門していたとしたら、以後の大権私議によるシナ派遣軍などでの下剋上は起こりようがなかったであろう。だが、石原らはそのまま陸軍に在籍し続けた。国の安危を背負う気概はあったろうが、問題ありだ。

二、海軍　山本五十六

海軍では連合艦隊司令長官・山本五十六。ミッドウェー海戦の敗戦隠ぺいである。この作戦自体も国務とは全く無関係に作られた。昭和17（1942）年4月、米空母から発進した爆撃機が東京を空襲した。それが作戦の発意であった、という説がある。帝都空襲は海軍の面目を失ったと。とくに陸軍に対して、である。この山本の作戦計画に反発した参謀もいた。

ミッドウェーよりも、壊滅状態の英国の東洋艦隊によるインド洋の制海権喪失状態に乗じて、インド洋に連合艦隊を出撃させるべきだとの意見である。英国のインド支配の崩壊。ソ連への軍事物資支援のイラン・ルートの中絶。スエズ運河の占領。グローバルな戦略眼が山本にあったら、どちらに力点を置いたであろうか。ミッドウェー作戦によって、グローバル・パワーとしての大英帝国は曲がりなりに生き伸びたのである（注74）。

（注74）グローバルな視野から新しい知見に基づいた山本五十六批判で参考になるのは、中西輝政のものだ。彼は、山本の戦争責任として三つを挙げている。その1は、ハワイ攻撃、その2は、ミッドウェー作戦、その3は、ミッドウェー敗戦後のソロモン（ガダルカナル）の大消耗戦。

その2に挙げられているミッドウェー作戦で、「日本の戦略方向を『西に向かわせない』ようにするということの意味が問題視されなかったのは、なぜだったか」と問う。この指摘の意味するものは恐い。山本は「兵は稜を用う」（第十八章）の真逆を行ったことを示唆してもいるからだ。同「大東亜戦争の読み方と民族の記憶」『正論』2012年1月号。

記されているところによれば、ミッドウェー敗戦以後、山本長官はかなりの期間、旗艦の長官室から出てこなくなったという。引きこもりである。一種のノイローゼ状態だったようだ。手ひどい敗北という事実を受け入れるだけの器量を欠いていたのである。

山本が敗戦結果を公表して、責任を取り辞任し、せめて閉門して隠棲すれば、統帥部に振り回されていた閣議も、外交を優先する休戦を選択肢に入れた国難打開に取り組んだであろう（注75）。

（注75）中柴は、前掲書（注49）で、アッツ島で玉砕した山崎部隊と山本五十六提督の戦死を同格において、称揚している。この視野狭窄の判断力こそ問われるべきだ。87頁。

三、象徴的な二人の振る舞いから

二人は、その振る舞いから見ると、剛の側面をある程度は具有していたものの、一国の運命を担う将帥として及第とは言えない。出処進退について不明であったから。やはり、「剛を志した」将帥だったと言わざるを得ない（後掲の十章、一節を参照）。一流選良だった。それは次章で後述の「政・戦」関係において、統帥をどのように把握し、自らの立ち位置をどの程度に認識していたか、とも深く関係している。

結局、そうした事態の現出は、昭和日本の国としての弛緩である。弛緩に対し、中枢を構成する面々が「先ず脚下の蚍（蛇の他語）を断ち」（第三十七章）切るだけの自己制御力や回復力を失っていたのだろう。すると、内部要因によって負けるべくして負けたことになる。陸大出身者の消耗率は一割程度という。

海軍兵学校や海軍大学校出身者よりも、学徒出身の予備士官の死亡率が圧倒的に多いともいう。

この数字の示唆するものをどのように評価し総括するか。両極端の見解があり得る。だが、統帥を担う者が本来は有することが求められている、ノーブレス・オブリージュの匂いは余り感じられない。もしも、敗戦に至る経緯の検証を徹底して行った調査研究を後世に残していれば、またこれは別の話だが（注76）。

（注76）後知恵だから、それなりに割り引いて聞かねばならないが、平成23年3月6日2時からＮＨＫ第一で放映された特集「日本人はなぜ戦争へと向かったのか」（4）「開戦・リーダーたちの迷走」では、この程度の選良しかいなかったのかと愕然として聞いていた視聴者が多かったと思われる。

石原と山本の二人の出処進退について、戦争中に大本営参謀で情報畑を歩んだ杉田一次は、悔恨の手記『情報なき戦争指導』（原書房。１９８７年）で、筆者と同じ批判をしている。３５０〜３５１頁。

石原の場合は、参謀本部第一（作戦）部長の際に盧溝橋事件が起きて、シナ事変不拡大を唱え、後に関東軍参謀副長に転出、山本の場合は、連合艦隊司令長官の際に日米開戦に反対でありながら、職を辞する覚悟が無かった、というのである。杉田は主権回復後に警察予備隊に入隊、後に第三代陸上幕僚長に就任した。この著作は、後身への教科書の側面を有しているように思える。統帥のもつ重さを伝えようと試みているからだ。ただ、誤植の多いことが悔やまれる。部下だった情報参謀の堀栄三を栄一としているところなど。

六節　大本営の一作戦参謀による反省

一、昭和の軍官僚にとっての忠誠とは？

石原や山本という中枢官僚において、軍人勅諭と無縁な、統帥を軽視した振る舞いがなぜ起きたのであろうか。それには、彼らの考えていた忠誠とは何かを問うところから検討するしかない。統帥を成立させるのは忠誠心だから。法制上の理屈で無理やり統帥権を行使しても、そうした在り様は、やがて軍の統制を瓦解させる。そのような「威は久しからず」（第五十章）である。それは、敗戦後にＧＨＱによる使嗾もあって、旧軍への反発を当然とする世相に露呈している。その残滓は今日にも反軍気分として根深く継承されている。

統帥と忠誠は不可分であるが、同時に国家という単位で考えると、忠誠は統帥の枠の中で収まらない心的な行為でもある。このあたりの問題性に、昭和の職業軍人は気づかなかったようだ。軽い言い方だが、命令に慣れてか、下意上達の意味への顧慮が不十分としか見えない。『参考』にも見るように、軍官僚は伝来ではない外来の「意志」を専ら強調する思潮下にあった。そこに起因しているように思う。

中野本の寺本少将も、笹森の釈義でも、忠誠の問題は強いて触れていない。忠誠は自明としていたから、敢えて取り上げるまでもないと思っていたのだろうか。だが、忠誠が制度としても社会的に抹殺され、日本軍国主義の温床と否定された占領下を経て、76年を過ぎた。その結果、現在の日本社会の通念において、忠誠は成立する場を失って久しい。

上記二人の先達は、間接的にしか触れていない。寺本は、五一五事件に参加した海軍軍人を、職分をわきまえていないと批判している（前掲、三章、三節、五）。だが、当事者にとっては、決起そのものが忠誠心の発揚であった。ここでは、本人の自意識はともかくとして、国事として軍人の職分を越えたところに身を置いていたのである。

二二六事件を惹起した尉官の将校にしても、どこまで自覚していたかは別にして、軍人の立場を逸脱した行為であった。しかし彼ら自身は、最も忠誠に即した行為と確信していたのであろう。だから、自決を上位の軍官僚から強要された際、勅使の派遣を求めている。最高統帥権者の天皇から峻拒《しゅんきょ》されているが。忠誠心溢れる者たちと法制上でも忠誠対象であった天皇との間に越えがたい亀裂が生じている。この二律背反の悲劇の生じた所以を、敗戦後の軍の無い日本の思潮下で明確に指摘したのは、三島由紀夫であった（注77）。

（注77）同『道義的革命』の論理」。『文化防衛論』に収録。新潮社。1969年。

二、作戦参謀・瀬島龍三の反省

大戦中に統帥部である大本営に参謀として枢機に下位ではあっても参加していた瀬島龍三による証言『大東亜戦争の実相』（PHP研究所。1998年）がある。この証言は、瀬島が旧敵国で勝者であった米国の名門ハーバード大学の大学院ケネディ・スクールに招かれ、MITも含む学者を前にして講演をした記録であるところに意味がある。1972年のことであった。そこでの彼は、戦争の呼称を大東亜戦争という大戦中に日本が名付けた通りに用いている。その理由も報告の冒頭（「序章　「大東亜戦争」という呼称について」）で明快にしている。彼の矜持は鮮明である。矜持とは、間接的に日本降伏の条件であったポツダム宣言史観、その文脈にある「太平洋戦争史観」を拒んでいるところに生きているから。

また、敗戦後27年を経た72年の段階だからこそ、彼の報告に意味がある。一つは、彼は、まだ伊藤忠商事の副社長であった。過去の経歴はどうあれ、企業人であり私人である。後年の公職回帰ともいえる第2臨時行政調査会（臨調）委員として辣腕を振るう前のことであるために、その解釈は公人のものではない。

二つは、当時の米国社会はベトナム戦への介入が問題化していた。3年後の75年に、米軍はサイゴンから撤退した。米国の「自由を守る」という聖戦がベトコンの「民族解放」？　という聖戦に敗れたのである（注78）。常勝で来た米国による第二次大戦後の初の敗戦であった。こうした同時代の現実の趨勢が彼の見解提示に影響していないとはいえない。

極東国際軍事裁判での訴因の始まりであった満洲事変を扱った、「第二章」の最初の引用文献は、林房雄『大東亜戦争肯定論』（1964年刊）である。その内容は、幕末の活動家・橋本佐内の見解ではあるが、見方にもよるものの、この段階での引用は意図的と考えざるを得ない。かなり踏み込んだ活用の仕方である。林風の意見というか見方もある、とさりげなく示唆していた、と読める。

だが、瀬島は、必然論に近い「裏返しのマルクス史観」ともいうべき林風の歴史観に与しない。それは、「問題は明治憲法による統帥権の独立に発しています」（227頁）との一節にも覗うことができるから。その認識に立ってはいるものの、日本にとっての大東亜戦争は、「自存自衛の受動戦争であって、米国を敵とした計画戦争ではなかった」（219頁）（注79）。だから、「米国にも戦争の責任はあるのではないか」（同上）。このマクロな反省は共感しやすい状況が出来ていた。

すでに、日本占領軍の司令官であったマッカーサー元帥が、トルーマン大統領により馘首されての帰国直後の米議会での証言（１９５１・５・19）で、第2次大戦での日本は自衛戦争を行った、と述べたのと平仄が合う。元帥の証言は、議会筋で顰蹙《ひんしゅく》を買い、大統領候補への期待は消えたらしい。日本はまだ占領下にあった。

防衛のための予防戦争という範囲もある。その選択は、いつもあり得る。軍は防衛を目的としつつ、限定的な先制攻撃を作戦として是認する。軍という存在と機能や役割は、この傾向を生理的に否定できない。その軍が政治に介入する、あるいは上位にあると統帥部を構成する当事者が思い込んでいると、歯止めがなくなるのも当然だ。「予防」の解釈次第である。統帥と国務の役割を、前者が「勇」で後者が「智」としたら、「智は初めにして勇は終わりたらんか」（第四十五章）。統帥は、やはり国務を凌駕してはならないのである。

（注78）況やベトコンの前身であるベトミンの中堅幹部を育成したクアンガイ陸軍中学校（士官学校の前身）は、旧日本陸軍の尉官クラスを教官にした建学であった。朝日新聞初代ハノイ支局長・井川一久の談話と紹介記事。『青年運動995号』。そして、46年経っての２０２１年8月、アフガニスタンから米軍は撤退した。９・11を契機にしての攻撃対象であったアルカイダを支えていたタリバンが、20年経って再びカブールを占拠した。イスラーム分派の聖戦に敗れたのである。

（注79）海軍側は中堅幹部が35年経った１９８０年から集い、「海軍反省会」を始めた。その記録は、また30年経った２００９年からＰＨＰ研究所より刊行されている。第一巻と銘打ってはいないものの、最初の「証言録」の末尾に、敗戦直後の9月に海軍大臣の命令で纏められた『大東亜戦争戦訓調査資料』が収録されている。その「一般所見」には、瀬島と共通する所見が提示されている。尤も、「武断政治」（４４７頁）という表現を用いて、国務を壟断した陸軍批判はしっかりと明記されているが。

陸軍中堅や将帥による共同研究の取り組みはない。それに近いのは奥村房夫編　同台経済懇談会の刊行した『大東亜戦争の本質』１９９６年、か。

三、統帥は国務を凌駕できるか

笹森は、統帥権に関わるこうした行為を含めた全てだと思うが総括して、先に引用したように、明治以降「日本武士道が偏奇的に形成され、邪道に堕ちた」結果から来る軍閥の所業と批判した（前掲、三章、四節、一、）。この所懐は公憤そのものではあるものの、いささか十把一からげのような気もする。

石原と山本の二人の出処進退には、楠木をはじめとする武人の品位あるいは慎みある忠誠心を覗えない。軍官僚は陸海軍を問わず、明らかに進退における不明が横行している。恥じていない。それは、先人の軌跡にある様々な先例を知るところから来る忠誠心の深みが、十分でなかったと断じざるを得ない。昭和日本の中枢にいた軍人のその振る舞いで、我田引水が多かったのはなぜかの追求は、いまだに十分にされているとは思えない。

私見によれば、『参考』にある「意志」の強調に見られるように、敬神あって分かる「胎子に胞有る」（第三十五章）を忘れたために、慎みを隅に追いやった思考が増殖したのに遠因があるように思う。先進的な武器を伴った権力至上の支配に魅入られた欧化による、だから意志を強調する悪しき「知」の影響を今更に考える（前掲、三章、三節、を参照）（注80）。

この悲痛な昭和史の錯誤が示すものは何か。瀬島は、帝国憲法に由来する統帥権の独立に問題があった、と述べたのは、すでに紹介した。しかし、直近では１９２９（昭和４）年10月に、ニューヨーク・ウォール街から始まった株式市場の大暴落からの世界資本主義の破綻。それへの日本政官財の選良たちの対応不能、さらに無知と視野狭窄もあっての大陸での多くの錯誤の累積による、国際環境の悪化への出口の見えない危機感もあった。結果、統帥は国務を凌駕してはならない、という不文の命題が観えなくなったのではないか。そこを前掲の笹森は「邪道に堕ちた」と総括したのだが。

（注80）宮城内の庭園を散策されていた昭和天皇が、侍従の「雑草の多さ云々」の発言に対し、「雑草という名の草は無い。すべて名前がある」と応えられたお言葉に見られるのは、第四章の意味そのものである。昭和天皇のこの心境（大御心）は、

国柄の究極にある雅《みやび》に由来するのだ。権力による支配欲とは全く真逆にある。そしてこの発言の背後に息づくのは、日本文明の知と情の極致とも評され得る。このような心性の持ち主が最高統帥の立場にあった近代日本の悲史を想う。

では、大御心とは、と問われると、野口裕之記者の書いたコラムに端的に出ている。『先帝陛下の大御心　位牌を抱きしめた少女に涙』。ここに描かれている情景は涙無きに読めない。産経新聞【from Editor】平成24年5月3日

七章　昭和日本の統帥は毛沢東の『持久戦論』に敗れた？

一節　政・戦のグレーゾーンを我がものにしたのは

一、「奇正無し」の背景にある時間意識は速攻

闘戦経は、孫子の重要概念である「奇正」を好ましくないものとして受け止めている（第十七章）ことは述べた（前掲、四章、一節、二〜三を参照。）。奇正とは、在り得ない事態の出来《しゅったい》に主導権を握りつつ対処する、あるいは奇をもって事態に積極的に展開する、その双方を含んでいる。

そこで、奇正概念は戦略資源としての時間とも密接な関係に在る。

時間から闘戦経を見ると速度を専ら重んじている。第十八章、第二十六章、第四十三章。日本では、「奇正無し」と断言してしまっても問題が生じなかったのは、列島の範囲だった側面もあろうか。海外遠征が視野に入った際に、そのまま妥当性を持つかと言えば、近代史の帰結を見ればいい。

日露戦争では、速戦即決であった日本海海戦は完全勝利だった。だが陸戦であった旅順など遼東半島から南満

洲では、後方は銃砲弾から兵員補充も含めて兵站は十分でなく、参謀本部は薄氷を踏む日々であった。奉天大会戦が限界であった。持久戦など夢のまた夢。満洲軍総参謀長の陸軍大将児玉源太郎は、躍起になって中央政府に対ロ講和の進捗をせっついている。

速攻に視野が狭窄されると、速効を知らずうちに当然とする。その前提は『綱領』の基調でもある。「作戦指導の本旨は、攻勢をもって速かに敵軍の戦力を撃滅するにあり」(前掲。第一。3を参照)。すると、広大な空間を前提にした政戦一体による戦略戦術を展開する側に遅れをとることになる。短期決戦を求めるのは、地理空間とともにロジスティクスも関係している。大陸国家ではない島国という地理的な制約条件から来たこの心理が、兵事とは速攻速効だけを当然とする癖をもたらしたのか。

この時間感覚の有効性を裏付けているのは、速攻は寡兵でも多勢に勝るという判断があるからだ(第十八章。第二十六章。第四十三章。第四十四章。第四十九章)。

孫子の時間は、速度から見るとどうだろうか。それは「兵は詭道なり」で多面性を内包させている(「一、計」)。とはいいながら、戦闘の遅延は、「兵を鈍らせ鋭を挫く」(「二、作戦」)から、「故に兵は拙速なるを聞く」。「いまだ巧久なるを睹《み》ざるなり」や、「久しきを貴《とうと》ばず」(同上)と、速度を重んじている。ただし、これらは全て戦闘における速攻を重視しているだけだ。その面では闘戦経と共有している。尤も、だらだらした戦闘を評価する者はいない。

二、戦闘と戦争を、改めて分けて考えると

しかし、戦闘と戦争の違いに留意し、分けて考えるとどうだろう。戦争には、速攻だけではなく「遅攻」もあるはずだ。速効性のある戦略戦術もあれば、遅効性のあるそれもあることになる。だから奇正概念は可変性に富んでいるものとなる。これは列島と大陸という所与の空間規模の違いが作用する面もあるだろう。戦略資源とし

て、空間を時間に転換できる背景である。ありていには、強大な軍に追撃されても、いくらでも逃げられる空間が後方にあるのだ。シナ事変から大東亜戦争中の蔣介石や毛沢東の行動はそれだ。

そこで、相手が強大であるとの認識に立てば、戦略的な後退の選択肢は当然出てくる。毛沢東流に言えば、『持久戦』のうちの遊撃戦段階である。空間を時間化して自軍存立のための戦略資源にしている。孫子は戒めていう。「いつわり（佯）てにぐ（北）るに従うことなかれ」（「八、九変」）は、詐計としての戦略的な後退をしている敵に乗じてはならない、と戒めている。結果的に見ると、ナポレオンもヒトラーも、対ロシア戦では敗北した所以である。

昭和の陸軍は、大陸でこの長期的な視野からの「持久」という戦略的な後退をする相手に、行け行けムードで乗じてしまった。あげくに、際限もない消耗戦に引きずり込まれた。広大な大陸の空間を時間に転換させる中国側の戦略に、日本の統帥部は気付かなかったようだ。

せっかく、親日の汪兆銘政権が南京にあったにもかかわらず、時間が経つにつれて、戦略目標まであいまいにしてしまった。「事変」と命名していたが、終結への見取り図というか何をどうするという構想が、統帥機関としてあったのだろうか。目標が定まらない一撃、また一撃の繰り返しだった？　これでは「一撃」にならない。汪政権が国民党を名乗ったことで、蔣介石の面子を潰し、むしろその戦意を高めただけであった。ことは正統性の問題に関わっていたからである。

戦闘に勝って戦争に負けた背景には、勝った勝ったと思っていたのが、前述のように（一章、二節、「四、戦うとは守りではなく攻めだが」）、案外、消耗を避けて戦略的に逃げる相手に、局面的に勝たせてもらっていたのに気づいていたのか、気付かなかったのか（注81）。

（注81）人件費に目が奪われて製造業の企業移転が現地の下請けや関係を含めると、中国経済の3分の1は日本企業の影響下にあるともいわれた段階を経た現在も、同様のように思えてならない。サプライチェーンは益々強化されている。ま

るで一体不可分だ。進出とは、昔陸軍、今は企業。全面撤退も有り得るという想定が織り込み済みなのだろうか。政府はどうか。「軍なるものは進止有って」（第十七章）の止が不明だったのを、現在も繰り返してはいないか。

止を織り込み済みの場合、自ずと相手の態度を変えもする。いまのままに行けば、いずれ、悲劇の再来はあるのか。企業による経済活動をその折々の都合で政治に転換させるのは、近代中国の政治の常套手段であった。現在の中共党も継承している。

超限戦は、それを公然と指摘している。

三、政戦の狭間、グレーゾーンを見据える

孫子にいう。わが軍が「少なければ、すなわちよくこれを逃れ、若《し》からざれば、すなわちよくこれを避く」（「三、謀攻」）。この戦術にある長期を見据えた背景にある時間意識に留意したい。尤も、前述のように、それも逃げ続けることのできる後方としての広大な空間が前提にある必要がある。日本では尾羽打ち枯らして、落ち武者はバラバラになってせいぜい山里で平家伝説の片割れになる程度だ。劣勢であっても政権を成立させる「三国史」での漢の正統性を継いだと自称する蜀漢や、重慶を仮首都にしていた国民党・蒋介石、逃げに逃げての毛沢東率いる延安などの政権は、日本ではありえない。

「遅攻」という概念を、戦争観に含めて検討する必要がある。『綱領』で記している政略が戦争指導にどのように関わるか、である。統帥権国家ではない、統帥と国務が役割分担で並立しても、最終的には国務が優先する常態の国家での話ではどうか。あるいは一党独裁での政としての党の意志が最優先される、例えば共産党の支配する党国の中国ではどういう展開の仕方になるかである。

グレーゾーンの多い「遅攻」現象では、政と戦が限りなく重複している、または、戦争指導という当事者から見れば、一体化していると看做すべきだろう。シビリアン・コントロールが意味性を持つ所以である。でないと、

プロの軍人は戦闘を戦争と看做しやすい陥穽《かんせい》に嵌《はま》るから。また、突発的に起きたかに見える戦闘が、長期的な戦争の過程での政治的な戦術であることを見誤るから。政の立場から眺めないと観えない世界があるのだ。

国語辞典には、速攻・速効や遅効という熟語はあっても、「遅攻」という表現は無い。そうした現実も無いところでは、そうした表現を必要としないために思いつかなかったのであろうか。奇正を尊ぶ孫子の世界では、「遅攻」は政戦一体のために、当然過ぎて触れなかったのだろう。あるいは不文の奥義なのか。

かく考えていくと、超限戦の提起は遅攻というコンセプトと密接な関わりをもっているのが観えてくる。

二節 『参考』は毛沢東の『持久戦』を凌駕していたか

一、『参考』でいう持久戦は常態ではない変則

『綱領』では持久について触れない。『参考』において、第二編　特種作戦の統帥、第一章で、「持久作戦」に触れている（389〜417頁）。最初に触れたのは、重要性を優先していたことが覗える。だが、それは、冒頭の「持久作戦の意義」で、「本書において持久作戦と称するは戦略的に時日の余裕を得るを主眼とする作戦を言う」（原文カタカナで句読点無し）としている。作戦の最中の普段には、時間の余裕はないよ、といいたげである。

その位置付けは、「この種作戦の多くは主作戦に従属し支作戦方面において実施せらると雖も、時として主作戦場においても決勝作戦に転移し得るに至るまでの間においてこの種作戦の実行を見ることあり。而して持久作戦指導の適否は全局の成敗に影響するところ甚大にして、之が指導には特別の考慮を要するものすくなからず」。

副次的な作戦が多くではあるものの、場合によっては主作戦場で決定的な段階に至る前に行われ、全局に影響

するところもあるので注意を要する、としている。が、文意の運びから見る限りでは、一般的に主作戦ではない。そこでの統帥が次項に触れられる。「持久作戦統帥の特色」。持久という時間要因によって決勝作戦とは作戦指導の方式手段は多様化するので、戦略も可変性を帯びる。そこで、「本作戦の統帥に任ずる者は、常に大局の利害と当時の情況とに鑑み、機宜を制すること肝要なりとす」。大局と小局を視野に入れた戦局における主導権の握り方だ。

だが、持久とは普通の戦闘行為ではない、という前提がある。そこで、この項の説明では、「持久作戦の統帥は『無法則主義の統帥』と言わるるごとく、一定の方式手段なく一に情況に応ずる略と述とを応用せざるべからず」(391頁)。『参考』を記した者は、持久という命名は通例の作戦現象ではないというのを、無法則主義という表現で伝えている。奇正の領域である。

では、「無法則」の持久作戦に対する指揮はどうするのか。現場ではなく高級統帥の所管とした。そしてその発動は、「全般の政略竝に戦略上の情勢の推移に応じ従来の持久作戦方面を主作戦地に転換すべき好機を逸せざるの責任を有するものとす」。

ここにあるのは、一貫して持久作戦は本来の作戦、つまりは常態ではなく変則だ、という捉え方である。それは、政略という別概念をもって表現しているところに暗示されている。しかも、最初にもってきている。作戦が速戦即決ではいかない領域となるのは政治的要因が出てくるから、という理解だ。政戦の混合現象として受け止めていることはわかる。だから、所掌は高級統帥になる。

軍事の世界ではないとなると、軍事的な法則が生き得ない場合も在り得ることの示唆である。それを無法則主義とした。持久戦とは政戦関係でのグレーゾーンに生じる事例が多いと自覚していたことが分かる。本来、軍事に政略はない。それは国務(上掲『参考』でいう「政治機関」)の領域であるから。統帥の範囲ではないはずだ。それを無法則としたら、何でもありとなり、引いては無法になり果てる。『参考』を記した軍官僚は、「意志」を持ち出したときに無法に足を踏み入れていた。敗戦後のそれに気づいていたのか。少なくとも末端の一人であった大橋武夫は気付いていない（前掲、六章、二節、一、を参照）。

二、『持久戦論』は『参考』の視野を越えた政戦一体

中共党の言うところの抗日戦争を勝利に導いたのは『持久戦論』であった、という神話が彼らの拠り所である。この臆説に巻かれているのが現在の中国人であり？　さらに現代日本人だ。いや、正確に表現すれば、この戦略戦術によって勝てたとの思い込みに負けているのが今の日本人であろう（後掲、四節、六、を参照）。敵の法則性ある取り組みである持久政略を予測していなかったから、敵の心理戦に嵌ることになる。その心理的な陥穽の仕組みがどうなっているのかを明らかにするのが、この項の目的である。

『参考』では持久戦は変則、従って無法則主義で対処しなければならないとしていた。それでか、統帥は現場ではなく、高級統帥に委ねるとした。それはそうだろう。政略なる表現が出てくるくらいだから。軍にとっては通常の指揮系統で取り組むべきものではなく、異常な事態なのである。特務機関はその種の作戦の担い手であった。全体から見ての整合性の評価が問題になる。

だが、毛沢東は、むしろ持久戦によってのみ対日戦に勝利を収めることができるのだ、と言い切っている。ここには政戦の区分は無く、むしろ渾然一体となっている。当然に政（党）が戦を制御している。兵は政の手段である。統帥を担うのが軍ではなく、革命を目的とした前衛である党であったから、毛によるこのような言い方が可能になったのだ。軍には主導権を任せないという理解では、チャーチルと同次元にある。チャーチルとの違いは、自己保存をとにかく最優先しているところだ。正確にいうなら温存である。とにかく永らえれば、いつかは運命が微笑んでくれる？　さらに、信仰としての「歴史的必然」である。

『持久戦論』は、彼らのいう抗日戦争が１９３７年７月に北京郊外の盧溝橋事件から始まり（その惹起の謀略

性にはここでは敢えて触れない）、日本軍の攻勢が破竹の勢いでの激しい中で執筆された。12月には首都南京を日本軍が占領、以後の翌年4月から5月には徐州作戦にまで、それまで、日本側の現地では暴支への隠忍自重が転じて暴支膺懲《ぼうしようちょう》になったからだ。

『持久戦論』の背景には、盧溝橋事件から2カ月後の9月に、形式とはいえ国共合作による抗日民族民主統一戦線の成立がある。世に言う第二次国共合作である。だが、中国側の主力である国民党指揮下の政府軍は敗走に次ぐ敗走。その間の5月から6月にかけ、延安で一週間かけて講演された。戦局では圧倒的な劣勢の最中、毛に即して言えば、第一段階の敵の攻勢に対して「戦略的防御」の段階で、最終的には中国は勝つという方向付けを行ったのであった。

戦略的防御とは、劣勢で負けている現実に、表現上では主導権を握っているのを示す、別の表現である。こうした厚かましい自信は、日本の将帥にはできない厚顔を基調とするシナ政治伝統の芸でもある。国民党の蒋介石は台湾に亡命政権を立て「大陸反攻」を唱え続けたのも、この文脈に入れるべきであろう。蒋介石が１９７５年に死ぬと、後継の蒋経国は「反攻」を実質で取り下げた。

三、政戦一体の見地に立つから日本に勝てる

毛沢東は、反共、非共、容共を問わず、中国の前途に対して、悲観論と楽観論の両方が提示されている情況での、勝利への明快な指針を示した。このように事態を理解し、このように対処すれば日本に勝てる、という処方箋を示したのである。しかも、そこに一定の法則性を持ち込んでいる。主なる構成要因は、持久戦という表現にあるように、時間である。＊

色々と述べているが、要するに時間をかけて手持ちのカードを組み合わせて抗日戦を続ける。すると日本軍は持久戦にいかざるをえなくなる。そこで、諸条件の貧困な日本は追い詰められて敗れる。日本が追い詰められる

世界情勢を説くが。基調は他力本願である。しかし、中国側は、結局は勝てるという。勝てる理由は、客観的な情勢分析だけではない。毛は、勝利に至る当事者の精神性も重視している。それに「自覚的能動性」という表現を当てている（注82）。必勝の信念に近似しているかの説明もある。

＊戦略研究学会編集。村井友秀編著『戦略論大系⑦　毛沢東』芙蓉書房出版。２６０頁。同文（七六）項。

（注82）自覚的能動性については、前掲書２４９頁。（六〇）項。日本軍が持久戦をせざるをえなくする自分たちの精神的な優位性の内容である。この心理的な要因に留意するから、後述の日本軍捕虜の活用に至れる（次項の四、を参照）。

政戦一体認識から来るさまざまな条件を列記して、自分の見通しの確かさを言っている。その前提には「戦争とはすなわち政治のことであり、戦争そのものは政治的性格をもった行動」だ（六三。前掲二五一頁）、との断定がある。だから、軍に固執ないし軍に拘束される『参考』は無法則を言うしかない。それに比して『持久戦論』は政戦一体のために、客観状況と取り組みの両面から解き明かして、事態に自前の法則を立てて記述できるのだ。日本は、『持久戦論』発表から3年後に対米戦を開始し、奇襲による緒戦での戦果はともかくとして、やがて米国の反撃から国際的な孤立を深めて負け戦になった。他力を前提にする毛沢東の予測が見事に当たった。

昭和日本の統帥を担った軍中枢と毛沢東の『持久戦論』を比較して、戦争に対する取り組みでどちら側が相手を呑んでいたか。それは、結局はどちらが「自覚的能動性」で相手を凌駕していたか、をも明らかにしてくれる、とも言える（注83）。

（注83）扉で紹介した『昭和天皇　独白録』にある昭和天皇による第二次大戦における日本敗戦の原因として挙げられた四つの最後の四、には、統帥部を構成する者たちに、「大人物に缺け、政戦両略の不充分の点が多く…」と述べている。陛下には政戦両略の見地を保有していたことがわかる。昭和天皇の英邁な在り方と見識の深さについての評価は、侍従長

をしており、終戦処理内閣の首相になった鈴木貫太郎の『自伝』にも明快に記されている。同『鈴木貫太郎自伝』315～318頁。日本図書センター版。1997年。

天皇は事態の理解はできても、近代日本における立憲君主制の成文法で明らかにされている無答責の立場と慣例上からくる制約によって、報告は受けても明確な指示はできなかったことが覗える。

この独白録は偽書の説が出てきている。説得力もある。先ず、どういう意図で編集されたのかの意図の評価が必要であろう。すると全くの偽書とするには至らないと思われる。

毛は、「自己を保全し、敵を消滅させるという戦争目的こそが戦争の本質」（注84）であるという。そこで、最大の資源は人になる。その活用の放胆な、あるいは考えようには尤もな一例を挙げて、日中の違いを考えてみよう。ここには、昭和日本の統帥との比較で、毛沢東の優れた政戦一体観が出ている。だが、毛沢東が特に優れていたわけではない。孫子に見られるように、戦いとは元来が政戦一体なのだ。だが、その認識を、昭和日本の中枢は、統帥部はもちろんのこと国務において共有していたように見えない。明治との違いである。

（注84）戦略研究学会編集。前掲書。256頁。『毛沢東選集』第二巻　東方書店版。204頁。選集では、「保全」と訳さず、「保存」とする。（七〇）項。

四、『戦陣訓』の視野狭窄と『持久戦』の長期政略

問題は、捕虜の扱い方に出てくる。その活用について。日本軍兵士の戦闘精神を評価しつつ、それを打ち破る方法として、「彼らの自尊心を傷つけるのではなく、捕虜としての寛大な待遇に始まり、日本の統治者の反人民的な侵略主義を理解できるように彼らを導くことである」（103）という。

『持久戦論』を発表後、3年後の1941年1月、東條英機陸相は『戦陣訓』を示達。その一節にあった「生

きて虜囚の辱《はずかしめ》を受けず」が、個々の戦闘において多くの犠牲をもたらした。犠牲とは、無用の自決と玉砕としてのバンザイ攻撃の奨励である。サイパン島では戦死者2万1千名に比して、自決8千名という数字もある。背景には戦闘中の米兵による兵士だけでない民間人への残虐行為もあって、民間人に至っては自決の選択を余儀なくされた。

劣勢になると、兵に自決と玉砕を強要する軍の統帥と、「戦略的防御」しかできない劣勢にもかかわらず、捕虜を手厚く扱い、戦争の義はどちらにあるかを伝える発想とシステムを作っていた毛沢東率いる政戦一体の中共党と指揮下の紅軍。ここには、自滅に遁走するための統帥と、敵を味方にする気概と方法を有する革命を目指した党軍がある。心理環境面で勝敗はすでについていたわけか。

『戦陣訓』作成の背景事情と意図はそれなりにあった。軍人勅諭が既往のものとしてありながら、長引く大陸での日本軍による作戦行動で、ロジスティクスの不十分さもあって兵士の略奪暴行が多発していた。シナ派遣軍参謀であった三笠宮殿下による内々の上奏もあったとも言われている。統帥部には、それへの憂慮があったと側聞している。が、一片のパンフで効果があれば世話は無い。実体は官僚制機構でもある軍隊組織で、事態の責任を下部に押しつけて上部は責任転嫁できる論理構成になってしまった、という側面を否定できない。その内容の基調からは、『参考』での独善が十年の実績を経て強化されている。

『参考』の独善で理論武装した上での『戦陣訓』、自決と「玉砕」（注85）の強要という三点セットで、日本軍国主義の負の印象を現代にまで引きずっているのは確かだ。それは、沖縄戦での住民自決の出来ごとの背景にもあったのは、十分推察される。

すると、毛沢東の不退転な態度に基づく長期政略を評価せざるを得ない。妄想かどうかは別にして、彼の脳裏には、いずれは対日戦で勝利する中共党がしっかりと刻まれていたのか。そこには先兵としての日本軍捕虜による対日進攻部隊のイメージがあったのか？その幻想の実現に向けての布石は、現在、北京の党中枢が棲む中南海の住人にも継承されているようだ。日本国内に呼応する反間存在そのものの「友好人士」が中共経済の巨大化からくる利もあって、官政経の各界を問わず余りに多いからである。

前史として、中共党による「天皇の軍隊意識」の改造は、中共国家の成立後に引き出物のようにソ連のスターリンから引き渡された旧関東軍幹部や「偽国家」満洲国高官への調教に発揮された（高尾栄司『毛沢東の隠れた息子たち「天皇の軍隊」を改造せよ』２０１２年。原書房。この著作では、中共軍の謀略に仕掛けられた通化事件（１９４６．02）の真相というか深層など、中共党の陰湿な謀略の凄さの一端も明らかにされている）。

（注85）最近の調査研究では、アッツ島の玉砕は、現地からの補給と人員派遣の要請を、大本営が無視した結果らしい。だが、玉砕後の戦果発表で、大本営は認知操作をして、援助要請は無かった風の発表をし、玉砕を讃えた。

中柴は前掲書で、この玉砕は日本の「攻撃精神の極致を顕現せしもの」と、激賞している。同著56頁。闘戦経第九章の説明の中の下りである。内実を知っていて言ったのか、それとも内情は知らずに徒らに酔って言ったのか。中柴の闘戦経解釈にある倒錯については、巻末の『拾遺』を参照。因みに、中柴は昭和20年11月に亡くなっている。自決ではない模様だ。終戦つまりは敗戦をどう受け止めたのか、の後日談は無い。

五、現実を重視する自己制御力の弛緩した由来

彼我戦力の推移や比較に力点を置く『持久戦』略と比べて、視野狭窄がいやでも印象づけられる『戦陣訓』が案出された由来を訊ねていくと、現実認識の重視よりも観念への重きを置く態度が出てくる。その遠因は、『参考』における意志の強調にあると観てきた。兵に戦闘精神を強調するのはいい。だが、戦争指導をする職業軍人である高級幹部も一緒になって精神論にまかれてしまうのは、職業倫理の欠落と知の薄弱を意味する。戦争の経営力とは、同時に戦闘をする兵が戦闘をしやすい環境を準備するところにある。兵站の整備である。観念としての戦闘精神ではない。だから、闘戦経の作者は、「食うて万事足り」（第二十九章）と観ている。

統帥部は、事態の現実をどれだけ重視しているかに由る。重視するとは、認識における、まだ形になっていない期待をどれだけ減らすことができるか、でもある。つまりは、戦闘精神よりも、食料と弾薬という「もの」である。前線を考えて、明日の飽食よりも、今現在の握り飯一個を兵に補給できる環境、その条件整備はどうなっているか、に心を優先的に砕けるかである。

太平洋戦線の前線で、開戦期に一千万トンあった輸送船団が、意図的な米海軍の潜水艦群により撃沈され、1944年末には九百万トンを失っていたという、たとえ結果から来る側面があるのであれ、兵站の軽視は信じがたいものだった。作戦と兵站は不離不測にあるのだが、陸大出の成績順位4番までは作戦、兵站と作戦を結ぶ情報参謀は5位以下という配置では、全体の輪郭の把握が偏向する。輸送船団への潜水艦による防衛が軽視され、主力は作戦行動に動員されていたのである。

結果は、兵の飢餓による犠牲数に出ている。世界の戦史と比較すれば、その異様さに気づくだろう。その現実を、統帥部が我が事としてどこまで認識していたのか。作戦重視の高級参謀の視野にどの程度に兵站の重要性に気付いていたのやら。米軍は着実に日本軍を劣化させていたのにもかかわらず。劣勢の補給で死闘の続く前線から報告に帰国したある士官は、海軍省が定刻になると明かりが消えていたのに驚いたことを書き残している。

ここには、前線の現実と後方の現実の認識に、大きい落差があったことを示唆している。戦争経営にあたって、この落差は敗戦への一里塚を意味しているであろう。統帥部を構成する者たちは、前線での現実と同じ目線と心境になっていなければ、現実に即した作戦立案や指導はできないはずだから。

こうした落差の生じた背景は、過去の出来事ではない。現在でも現場と後方にある中枢間で起きている現実である。現実を重視するよりも観念に走るのは、心理的な一種の逃避である。それは事態の認識での自己制御力の減退を意味している。自己制御力とは、そこに信じがたい現実が生じても凝視し逃げない力である。主力空母を失ったミッドウェーの敗戦という過酷な現実から目を放さないという胆力である。そこから、どうすれば事態の閉塞状態を脱することができるか、の知恵が生じてくる。山本は、前へ前へと戦線をソロモンなど拡大したが、それは攻勢のように見える逃げであった。

「輪の輪たる所以を知らざればすなわち蜋（かまきり）の臂《ひじ》折るべし」（第四十五章）。物事の理を知らないと打撃を受ける。自分の特性を生かして、初めて攻めることができる（第四十八章）。それは相手の特性を知ることでもある。「草鞋」もわが「足健にして」用いられる。びっこでは、わらじも役に立たない（第四十九章）。つまりは、「敵を知りて我を知る者、百戦危うからず」。それもこれも、統帥部の彼我の認識における自己制御力の多寡、見切りにかかっている。

現実の認識を徹底した上で発揮する「一心と一気とは兵勝の大根」（第二十六章）。だが、現実認識が不十分なところでの「一心と一気」は、観念遊戯でしかない。観念は容易に飛躍できるが、現実には飛躍は無いからだ。

三節　毛沢東戦争論の虚無から来る破滅性

一、毛沢東流儀の「持久戦」に勝てない現代日本？

日本軍は中国の戦場では勝利を収めてはいなかったものの、負けていない。その単純な事実が見落とされるのはなぜか。それだけ敗戦後からの日本人は、事実を認識する力以前に、気力が萎えている、つまり精神が劣化している。負けてもいないのに、敗戦後に始まった認知操作の「戦いに屈せられ」「降っている」（第二十八章）。だから、事実を事実として受け入れるよりも、一定の方向付けされた解釈を通しての事実認識に左右されやすくなっているのだ。そこには大戦中の統帥による拙劣な戦争指導への批判心理も作用しているだろう。

中南海に居る後継の者たちは、そこを見据えて建前上か本気かは不明だが、開祖毛沢東の規定に忠実に、抗日戦争に勝利したと言いつのっている。最近では後に重要講話に指定された抗日戦勝利70周年での習講話。それだけでなく、自信をもってか嵩にかかってきている。対日戦で勝利した「事実」を背景に、尖閣諸島は日本に奪われた中国固有の領土と主張する。同調するNYT紙の元東京支局長も居る。尖閣海域での中国漁船による日本巡視艇への意図した衝突。それへの腰の引けた、民主党・菅直人首相率いる日本政府の「降っている」対処で、益々自信を深めただろう。それは、菅の後を継いだ野田佳彦の尖閣諸島国有化に際しての反発に出ている。

与しやすいと見ていた見当識が最初から希薄だった民主党政権と比べて、安倍政権の登場で計算は一時は狂ったが、2020年の秋には侵犯を正当化する海警法の整備も強力にされている。この法整備は南の隣国ベトナムへの牽制でもある。日本漁船は中国領海域への不法侵入による操業であり、武器使用も可となった。法制面での失地回復への日本政府の積極的な取り組みは見られない。4月の日米首脳会談と共同声明では踏み込んだが。

米国の失政とソ連の敵失に乗じた状況を背景にして、中共党は1949年10月に、国共内戦で地滑り的な勝利を収めて、北京に政権を樹立した。当時の中共党と日本の関わりの環境と現在は全く変わっている。といって、持久戦をする環境と内容は異なれ、最後の勝利を収めるために対日攻勢における基調は少しも変わっていない、と観ていた方がいい。超限戦という方法論も用意されてもいるし。

その緩急自在を学んでいないと、致命的な結果を招きかねない。現在は、持久戦の最終段階である第三段階、中国側の戦略的進攻と日本側の戦略的退却になっている、と彼らは考えているか。日本列島を越えている第2列島線の提起は、文攻でもあろう。実際に小笠原諸島海域に突然現れた三桁に及ぶ赤サンゴの密漁船は、その前哨戦でもある。まだ見せかけとはいえ空母の就航や建造など海軍力の増強は、着実に行っている。軍事予算は、日本の何倍になるのか。

戦争の目的と本質は、「自己の保全」だと毛沢東は喝破した。現在の中共党政権にとって、尖閣は自己保存の直近の目標の一里塚になっている。「核心的利益」と明言しているではないか。それはすでに東シナ海の日中中間線における海底ガス田開発の既成事実化で実証されている。東シナ海という海上の緒戦ですでに日本は敗走しているではないか。国内政治での親中派の公然とした暗躍がこの傾向に拍車をかけている。米政府は政官の親中派を名指しまでしているのだから。

外交で最も避けるべき国内の政局を優先した田中角栄によって、国交関係が1972年に成立して以来、日本政府は敗れ続けている。大平以後に経済協力という莫大な献上までしたのだ。政戦一体による自己保全の方針も目的も不鮮明であるから、敗れるのは当然である。不鮮明なら政策も政略もでてこない。それに準じる戦略戦術も体系化されない。無い無い尽くしでは前線の構築もできない。ならば、戦略的退却にもならない。ただ敗走するしかないではないか。こういう無様な状態は、日本が属地になっているから起きる現象だ。それを国政に関わる選良が気づいていない。気付こうとしていない。気づいたら今の立場に恐ろしくて居られなくなる。それに比して、超限戦で理論的に再武装した持久戦を仕掛け続けている中国側は生きている。

二、持久戦から人民戦争論、そして核戦争論へ

毛沢東の『持久戦論』にある非情性に留意しよう。前述で、『戦陣訓』との比較において、捕虜の活用に留意した『持久戦論』を評価した（前掲、二節、四、を参照）。しかし、これはあくまで日本軍兵士の捕虜を対敵の戦略資源として活用する策であった。相手の駒をして相手を叩く戦力にするわけだ。孫子にある反間育成の公然化である。人道とは全く無縁の措置なのだ。では、基本にある戦争観は、人民解放にあるのか。

主観的にはそうであろう。だが、後年の核戦争論を見れば、人民は最期の勝利のための最大の資源でもある。そこには、第五十三章「用兵の神妙は虚無に堕ちざるなり」の反極が示されている。また、孫子が「十一、九地」で死地の前に提示した、「囲地」を意図した深慮遠謀がある（深慮については、前掲の四章、一節、一、で触れた囲地戦法の背景事情を参照）。

毛沢東は1957年11月、モスクワで開かれたソ連陣営の首脳会議に参加した際のこと。米ソの核開発競争の結果、もし核戦争が起きれば世界は破壊されてしまうからとの認識で生まれたフルシチョフの「平和共存論」に対抗した。いや、批判した。共存という概念は米帝国主義への屈服に過ぎない、と看做したのだ。会議の席上で、核戦争については、起きてもかまわない、「世界に27億人がいる。半分死んでも後の半分が残る。中国の人口は6億だが半分が消えてもなお3億がいる。われわれは一体なにを懼れるのだろうか」、大略このような発言をした。

ここには、戦争に戦略資源としての人民をいくら投じてもかまわないという見地がある。彼のこの核戦争観こそが、持久戦論から営々と構築された「人民戦争」論（注86）の集大成だったのだ。毛沢東はフルシチョフの共存論に対して、別の場所、モスクワ大学での中国人留学生の前では「東風は西風を圧する」と演説。この含意の意図するものは、社会主義が資本主義を凌駕するとした従来の見方と違うように思う。

（注86）毛沢東から「人民戦争」という表現が出てきたのは、日本の敗色が決定段階に入った1945年4月に発表された『連合政府について』の中の記述だった。党、紅軍、人民の一体化により民族の敵に勝てる、国民党軍が敗北しているのは、人民戦争に反対しているからである、と。いずれ来る国民党軍との戦いの決定段階でも、勝利を収めるという理由と条件を明らかにしている。すると、連合政府の提唱は持久戦を踏まえての一段階でしかなかったことになる。毛沢東選集刊行会編『毛沢東選集4巻』「人民戦争」の項。249〜253頁。三一書房。1957年。

当時はまだ中国を代表していた国民党政権は、中国の解放にとっては反動分子であり、日本侵略主義者を助けている、という暗示さえしている。同書。245頁。「中国問題の鍵」の項。ここにも、最期には勝つ展望が明らかにある。

彼は、「形勢」の形は国民党でも勢は我に在りとの確信を伝えているのである。形勢論については、本稿の一章、二節、三、と二章、四節、三、の（注38）を参照。

その源流は、毛沢東が終生尊敬したスターリンの振る舞いにもあった。スターリンは革命のためにと、大粛清を強行した。だが、人口の半分を犠牲にしても良い、とまでは至っていない。せいぜい一割だ。

毛は革命のためには、人民のための軍隊ではなく、人民の生命を勝利のためにいくら投入し消費してもいい、としているようだ。昭和の統帥部が劣勢の末期に苦し紛れの放言である景気付けで言ったのか、一億玉砕のスローガンとは別物である。毛沢東の場合、そうした態度が統帥の究極にあるのは、「敬神崇祖」の反極にある「造反有理」に立脚しているからである。老子に敬意を表する孫子から見ると、違和感が生じるだろう。なぜなら、老子が念じた、戦いで生じた死者への「服喪」（同三十一章の末節）を求める慎みの心情は、ここには全く無いからだ。この昂然とした態度は何から出てくるのかに留意する必要がある。我ないし我ら（中共党）は中華の上に鎮座している？

三、人民戦争論が内包する虚無観

前述の57年11月は、中ソの指導者が互いに違和感を抱いた始まりだった。やがて過激な中ソ論争と対立が始まる。ソ連は中共に派遣していた技術者を引き上げた。核技術者も同様である。フルシチョフにしてみれば、毛沢東の中共と同盟関係にあると、いずれは共倒れになりかねないと予感したのであろう。ここには同じ共産主義を信奉しておりながら、中露間で文明の衝突が起きていたと看做してもいい。米ソ「共存」への信頼感が増せば増すだけ、対中不信が増殖したものと思われる。

毛沢東のこうした戦争観は、程度や強弱は別にして、中南海の奥の院に継承されている。鄧小平は、権力への意志では毛沢東を継承している。それは、彼が一貫して軍事の責任者であるポストを掌握し続けたからである。兵権の掌握が権力の源泉であることを承知していた。だから天安門事件で学生らに銃撃して弾圧することに、びくともしなかった。ここにも人民の軍隊ではない証左がある。どこまで行っても、革命を遂行している（はず）の党のための人民の軍隊なのである。天安門に集った学生ら人民に共感したヤワな趙紫陽は、総書記から失脚させられ、以後、死ぬまで幽閉された。党支配の永続性にとっての反党分子と看做されたのである。

毛沢東も鄧小平も剛そのものだった。その内容はともかくとして。シナ文明での兵事の行き着く怖いところは、「用兵」で人民を手段化して平然としていられる統帥にある。それは、老子が憂えた虚無に至る。いや、至るのではなく、堕ちていく。それは毛沢東の政権掌握後の行き方に出ている。大躍進と称した「大飢饉」、餓死者は総人口の一割以上と見られている。その失敗を糊塗するために始まった文革の軌跡に出ている。

戦争をそのように老子は観たから、兵事に関与することを拒んだのだろう。兵事に関わるのは君子の道ではない、と。拒んでも事態は変わらない。傍観は、結局は事態を受け入れることを意味する。諦観というのが妥当だろうか。だが、そうした姿勢も一つの虚無の在り様でもあると思う（注87）。

現在では、むしろ人民を犠牲にすることを厭わないで、兵を有効に行使する手練手管に長けていた毛沢東と鄧小平の後継者たちが、軍事力をチラつかせての外交戦と、友好人士と非友好勢力を分けた分断・反間工作で、影響力を日本に向けても行使している。その政略は『持久戦』の原則に基づいていると看てよい（注88）。

（注87）人民戦争が内包する虚無性は、ベトナム内戦で北ベトナムのボー・グエン・ザップに継承されたと観られていたが、ベトコンの前身であるベトミンの中堅幹部を育成したクアンガイ陸軍中学校（士官学校の前身）は、旧日本陸軍の尉官クラスの将校による建学であった。朝日新聞初代ハノイ支局長・井川一久の談話と紹介記事。『青年運動』９９５号。

井川の実証に裏付けられた見方によると、日本陸軍の将校に育成されたために、中国の影響力はさほどでもない、という。人民を手段化するのに全く抵抗のない虚無性を、「アジア・ニヒリズム」（東洋虚無主義）として捉えたのは、野島嘉晌『人民戦争』３０１〜３０５頁。原書房。

（注88）「一帯一路」によるユーラシア大陸をインフラ整備の市場対象とした諸構想は、経済を政戦一体の下位においた壮大な超限戦の新たな展開と表することができる。つまりは虚を実態視した大博打でもある、という見地から観る必要がある。これはそうした仕掛けに引っかかる方が悪いのである。

借金を返せなくなると代わりに軍事基地を設けたりする。最近ではＩＭＦが借金漬けの国家に融資することで肩代わりする仕組みができたらしい。日本も諾諾と組み込まれてしまっている。これも超限戦の戦略に国際金融機関が組み込まれている証明である。既存の国際金融資本は、承知の上で行っているのだろう。中国の冒険を是としているようだ。市場としての中国を崩壊させたくないのだろう。

四節 「死地」「亡地」に立ち、どう蘇生するか？

一、「死地」に入った日本という認識

日本近代史とりわけ昭和史に関わった近隣諸国から、と言っても現代では中韓朝の三国だが、日本の軌跡について否定的な言辞で攻撃されると、日本側の選良が怯むのはなぜか。気後れして、オドオドと首脳会談で視線を泳がせてしまうのはなぜか。胡錦濤主席と会って、メモを読みあげたのは当時の首相菅直人。そこには、相手を直視する自負も、従って自信もない。

端的な表現で言うなら、そうした態度は自国史の軌跡に自信をもてないところから来ている。さらに、現在の大部分の指導的な立場にいる者たちが、日本文明の知の源泉とその軌跡の記憶から遮断されてしまって育っているからである。与えられた稀有な恩寵の三四半世紀余は、旧敵国に従順なだけの腰ぬけ選良を輩出させた。その問題は後述する（九章、二～三節）。

その前に、昭和20年、今風の言い方では１９４５年８月、日本政府がポツダム宣言を受諾する決意に至った際、それを知ったある日本人が自分の同志に伝えた一書がある。その意味を解析するところから、蘇生の回路を探ってみることを試みる。そこには、楠木正成がその死生によって遺した在り方と同質の文脈が示されているのを見

出だせるから。

一書とは、昭和20年8月15日に、玉音放送された終戦にさいしての詔勅を刪修した安岡正篤による、『休戦に際する告辞』である。8月10日、彼が教育に関わった日本農士学校の講堂で発表された。在京する安岡から託された者が埼玉県菅谷にある学校に持参したのであった。

8月6日に広島への原爆投下、さらに軌を同じくして、ソ連の参戦と「日本は腹背に敵を受け全く兵家所謂死地亡地に立ちたるなり」（原文はカタカナ交じり文）。腹背に敵とは、日本が死地に入ったことを意味する。「往く所が亡くなった」（注89）という悲痛な示唆である。ではどうするか。『孫子』は、「これを亡地に投じて然る後に存し、これを死地に陥れて然る後に生く」（同161頁）と言う。安岡が死地に続けて敢えて亡地としたのは、個々の日本人に兵士の信に基づく気概あって国は「生きる」、と示唆しているのに留意しよう。
（注89）「往く所なき者は死地なり」。孫子（十一　九地）。金谷訳注　157頁。

二、「亡地に立ち」、蘇生は可能か

政府はポツダム宣言受諾の通告をスイス、スエーデンを通じて連合国に伝えた。これは、「日本は自ら敗戦を認め世界の平和と人道とのために敵国に降服した」ことである。だが、その結果はまだ不明である。続いて、降伏を申し入れたものの、回答の内容によっては抗戦も在り得る、と記している。

問題は後半である。今回の敗戦は何に依るか、と問う。「内においては道義の頽廃、外にあっては科学力及び政治力の未熟の結果なり」と、昭和日本の弱点に根本的な批判を提起している。安岡の胸裏には、理想型としての日露戦争の仕方があったはずだ。この時期、この下りは肺腑を抉《えぐ》るような言辞である。だが、この種の発言は開戦以後から内輪でされていたようだ。それは昭和16年12月の開戦に際しての安岡の発言からも推察されるが、ここでは深追いしない。

「敗戦」の結果、その後に来るものは、「小人奸人その間に跋扈し異端邪説横行して国民帰趨に迷うべし」と。敵国であった外国軍に占領されるかどうかもまだ未知の段階である。だが、価値観の逆転が起きることに依る、民心の迷いの生じるのを指摘している。事実、三四半世紀余を経ても、迷いは続いているだけでなく、深めてさえいる。

そこで安岡は同志に求める。「邦家の辱を雪《すす》いで天日の光を復すべきものは実に諸子の大任なり」と。さらに強調して、「諸子それ深潜厳毅もって自己人物を錬磨し鎮護国家の道約を果たすに遺憾なからんことを期せよ」。

文中は敗戦と明記しておりながら、題名は「休戦」である。言辞には厳密であった安岡の真意が奈辺にあったのか。つまりは、戦いは終わっていないということの暗示と観るのが素直な読み方だろう。敗戦以後の休戦期における「戦い」の内容が問題である。戦わねばならない事柄は、すでに告辞に明示されている。別の謂いでは、安岡の求めたのは自衛としての遅攻への取り組みである。

ここにある起承転結の明快さに注目しよう。安岡とその周辺は、この提言通りの生き方をして幽顕を分けた。つまり、旅立った。憂慮した事態に対処し、「遅攻」は展開されたか。一灯行はその開始であった。では達成されたか。達成というには程遠い現実がある。だが、我が身に覚悟すれば、その初心と所信に従って進むだけである。この戦闘の気は「我武」そのものである。だから、安岡は休戦と敢えて記したのだ。全く怯（ひる）んでいない。怯みようがない。この自覚から、毛沢東流に言えば、自覚的能動性に基づいた戦略的進攻の拠点ができる。主導権を我が内側に持しているのである。

安岡は同志に向けて、含み言葉でこれからは休戦と言ったが、米国務長官バーンズは日本降伏後は次の段階での戦争だと公然と言明している（後掲、八章、二節、二、の＊を参照）。

三、「小人奸人その間に跋扈し」76年

こうした在り方は安岡という人格だから可能となったのか。そうではない。有名無名を問わず、心ある日本人は此処で言う「邦家の辱を雪《そそ》」ぐための「遅攻」を誓った。我が身に黙契を課した。昭和天皇のご軫念《しんねん》（お気持ち）は、昭和21年の歌会始の御製「降りつもる　み雪にたへて　いろかへぬ　松ぞををしき　人もかくあれ」に示されてもいる（後掲、十一章、三節、三、にも再録）。

それが出来たのは皇祖皇宗の一系にある幽顕一体にあったからだ。昭和天皇のご宸念を拝して、数の多少は別にして、各々の場所で世代を通して一灯行に勤しんだし、勤しんでいるに違いない。だが、大勢は「小人奸人その間に跋扈し」た七十余年であった。

戦時中は「悠久の大義」という表現が権威をもって語られたが、今は死語。顧みる者は全くといっていいほど居ない。悠久とは永遠である。時間が切れ目なく意味をもって継続されていることを意味している。無機的な時間は人間の生活には無い。そこには内容があるから。内容とは記憶である。悠久と言ったときには、さまざまな継承された記憶が付随している。その内容の意味するもの、つまりは意義あるものが永遠に継承されていくとの予断が求められていた。その意図は、敗戦によって、社会的な地平では跡形も無くなるように霧散した。むしろ、それらを否定する見解が扶植されるべく試みられ、現在に至っている。

占領軍によって奨励された見解が新しい権威となった。捨てられた「悠久」は、結局は政治的なスローガンで内容に乏しかったのだろう。しかも軍歌「歩兵の本領」の一番の一節「散兵線の華と散れ」にもある「散華《さんげ》」と表裏にあった。もし琴線に触れるものを秘めていたら、そう簡単には消えないはずだ。語り継がれる記憶は、自ら伝えられていく。霧散したとは、戦時の戦意高揚の手管が上等な代物ではなかった証明である。だから、そうした使い捨ては日本国民の健康さなり逞しさなりを示すものでもある。

占領軍によって育成された「政党」が、講和条約が発効して占領の終わった後も与野党を演じた。野党は占領

軍の見解を後生大事に掲げ、政権与党は占領軍に付与された「憲法」を除外しての諸法制の改訂など一部の修正を試みながら、結局は基本的に何も為し得ずに過ごした。占領中に付与され扶植された見解を、根本的に転換するには至っていない。「戦後保守」の成立である。

それは、国連創設40年記念総会での中曽根首相の演説、敗戦50年の「村山談話」、60年の「小泉談話」、そして2010年の日韓併合についての「菅談話」の文脈に明らかである。安倍首相による2015年8月14日に記者会見で述べられた「戦後七十年談話」はどうだったか。既往の談話を継承する限り、前掲の『休戦に際する告辞』の一節「小人奸人その間に跋扈し異端邪説横行して国民帰趨に迷うべし」そのままになる。戦時の戦意高揚も小人の言の類だったのだろう。だから敗戦後は、霧散し果て、琴線を再確認するまでに至らなかったのだ。戦意高揚も反省とお詫びも稚気の類いか。だが、安倍談話は、やっと既往の迷妄に一つの区切りをつけた。

昭和天皇の前掲の昭和21年の歌会始の御製を背景にしてこの談話を読むと、様々な感興が生じる。跋扈の実相が観えてくる（注90）。このままでは、再びの敗戦を招来しかねない現状である。

（注90）「戦いて屈せられ、困（くる）しんで降る者は、五行の英気あらざるなり」（第二十八章の末節から）。日本人にとって、1945年の敗戦はポツダム宣言の受諾ではあるまい。その前に、受諾しての日本国の意志としての終戦の詔書がある。

四、再びの敗戦を招来しかねない現状

評論界では保守派というか硬派の重鎮である田久保忠衛は、産経紙の『正論』で、令和3年8月11日に、「中心を失い浮遊する日本に活を」と題する論を提示した。「活」を必要とする理由として、元来が日米関係を専門とするためか、菅首相が米大統領バイデンに代表される米側の危機感を共有しているのか、との疑念を米英関係との対比で記している。ここまで記すのは、田久保の憂慮はかなり深いものと推察される。

それは、田久保の有する危機感と菅首相のそれとの間に共有するものがあるのかどうかの問題を提起している

からだ。そして、文脈から見る限り、田久保はすでに首相菅を見限っていたかに窺える節もある。

米英関係の深さと米日関係は、その由来を考えるときに、比較すること自体に無理がある。ただ、田久保が日米関係の重要さが米英関係の深さと同質であるかの指摘をするのは、以下の提起があるから、と推察される。オランダ出身で米国に移住し1943年の大戦中に亡くなったイエール大学教授N・スパイクマンの、戦時中にも拘わらず太平洋戦争で日本をあまり痛めつけるなと、戦後への予見や用意をもとに指摘していた観点を前提に置くと、鮮明になってくるからである。

スパイクマンは、戦後の米国の地球戦略（グローバル・ストラテジー）の基軸では、大西洋と太平洋は最重要であり、その観点から英国と日本はユーラシアに台頭する覇権に対峙するリムランドになる。そこで米国にとって英日はオフショア・アイランド国家として同格になるからである。

尤も、スパイクマンの慧眼は対日占領政策で活かされた、とは言えない。占領政策を担った本国の本流や出先のGHQの面々には、それほどの達識の者はいなかったからだ。戦場としての太平洋の島嶼での日本軍将兵の戦闘力は、兵站でははるかに強大な米軍に対峙して一歩も引かなかった。その果敢さに、米軍将兵はほとほと参っていたからである。だから、占領期から、日本の戦闘力の基盤の破砕に、制度変革だけでなく心理戦としても巧妙に取り組んだ。「非軍事の戦争」の継続である。

その成果は、田久保の見識と菅の8月15日の振る舞いの落差に象徴的に出ている。その象徴的な一例は、次に述べることとする。

菅首相は千鳥ヶ淵戦没者霊苑には自身が出掛けて献花したらしいが、戦死者を祀る靖国神社にはなんと自民党総裁の肩書きで玉ぐし料を奉納したという。ここには公私の分別に混乱のあることに気付いていない所作が見られる。確かに自民党は政権党ではあるが、私党であるに過ぎない。公党という表現はあるものの、党という意味はその出自は「私」であるのは、語源もあるが、政党の由来を考えれば一目瞭然である。

首相という立場では天皇・皇后両陛下の参列する全国戦没者追悼式に参加しているがゆえに、戦死者を祀る靖国神社への玉ぐし料奉納の肩書きを党総裁にした愚。これでは、むしろ「日本国民の一人としての菅義偉」とした方がまだましである。しかし、菅とその側近には、このあたりの分別がわかる見識は無い、と観た方が妥当のようである。このような不明では、コロナに事寄せて退陣するしかなかった。

占領中での米国の対日政策は、民主化を名分にして、こうした分別心の破壊を目的としたのであった。菅は、今回の振舞いから見る限り、優等生の一人になるだろう。占領軍が育成した「戦後保守」を継承する一人であるから。

前任の安倍首相の時代に積み上げてきた軌道修正の試みは、この振る舞いで逆戻りをした模様である。安倍の場合、祖父が戦犯として巣鴨の刑務所で過ごし、解放後は首相に登り詰めた岸信介、父親は安倍晋太郎、という家系からくるもの、氏《うじ》と育ちがあったろう。だが、村議を父親にした菅は、76年という三四半世紀を経た終戦後の挙句がこれだ。菅の成人になってからの祖国観は、平均的な今風の日本人の域を脱していないのが、今回のしぐさに出ている。ここには、「壮年にして道を問う者は南北を失ふ」（第十章）が露出している。

これでは、オバマ時代の副大統領であったバイデンが、韓国の工作に乗って、当時の安倍首相に靖国神社への参拝にケチをつけた振舞いの背後にある歴史認識から見れば、優等生になる。この優等生ぶりは自力で尖閣を守るより、日米安保条約の適用範囲という言質をとったのを外交成果と自賛するところにも露呈している。領土を守る態度としては恥ずかしい所作ではないのか。

太平洋の島嶼や沖縄での戦闘では、軍だけでなく非戦闘員も犠牲になった、米軍によるハーグの戦争法を無視した、本土での各都市の焦土を意図した無差別爆撃に巻き込まれて焼け死んだ人々を祀る千鳥ヶ淵霊苑を優先している態度と、尖閣を守るのに日米安保を優先して公表する態度は、表裏の関係にあることに気付いていない。これでは、再びの敗戦を迎える懼れなしとしない。「四体未だ破れずして心先づ衰ふるは、天地の則に非ざるなり」（第十四章）を踏まえると、すでに「心先づ衰ふ」状態ではないか。

五節　幽顕一体の徹底から生まれる「遅攻」

一、常在戦場としての「遅攻」の不在

現在の日本は、仮死状態にあるとしよう。死んでいるとしたら、ここでのこれまでの思索も意味は無い。日本からの反撃とまではいかない、まず「戦略的防御」は、どのような精神的な境地から開始すべきなのであろうか。この戦いを凌駕し得るのは、「虚無に堕ちざる」（第五十三章）見地に立つことである。

本稿であれこれ多方面から解明を試みたのは、混迷の現代から闘戦経にある言霊の世界に入っていくための道作りであった。この道程は、日本だけで止まらない地球社会のサバイバルを意味していた。しかし、この場では課題を拡げずに、日本に限定しよう。闘戦経は、稀有な恩寵の半世紀余に徐々に出来てしまった「属地」としての日本社会の、弱点を癒せる精神面での武器の再発見と整備になるのかどうか。それは、闘戦経の明示と示唆を咀嚼しての、現在以降の戦いで検証するしかない。この判断が間違っていたら、日本「国」と日本文明は今の名存実亡という滅びの道をそのままに辿るだろう。

滅びの道とは、海外から殺到するグローバリゼーションを肥やしにしないで、その荒波に併呑されることを意味している。古代の日本人は、新知識を具有する帰化人を含めた多民族社会にあって、自分たちの運命は自分たちが主導権を握って決めるために、試行錯誤を重ねに重ねた。この錯誤には、物部と蘇我の武闘もあった。十七条憲法の「和《やわらぐ》の精神」の提唱は、現実では抗争の修羅の場であったことを想像させる。

前掲のように（I部、一章、まえがき）に記した白村江の敗戦を契機にした古代日本国家の輪郭の創建に至る経緯は、東アジア世界での、当時のグローバリゼーションに怯まず臆せず、やがて記紀の編纂で集大成する。そ

の到達点から本稿の主題である例えば闘戦経にある世界認識のように、一層に深めた修辞をもたらしたのであった。第一章の冒頭にいう「我武」とは常在戦場の別名でもある。

この気概としての英気を再興するには、兵に関わる多くの認識や思索分野と行の、私的な領域ではともかく、公的な場における消滅をもたらしてしまった事実の確認から始めるしかない。闘戦経の指し示す世界への沈潜など在り得ない現実が拡がっている。

その実証が、先年の航空自衛隊の田母神幕僚長の近代史記述をめぐる国会での与野党が連携野合して見せた狂態であった。国会が国権の最高機関とされている現在では、自己責任を最低条件とする武夫《もののふ》の道（一章、二節、）である武士道は決して生き得ないことを、日本の内外に示したのである。結局は、歴史認識で自前の思索と判断が出来ないことを、与野党一緒になって広言したからだ。国政を議するはずの国会とは名ばかりの、属地の集会所でしかない。

日本の諸隣国は台湾を除いて安心したであろう。同じキリスト者として新渡戸稲造の『武士道』を座右の書とする李登輝は、日本人の精神の不均衡さを憂慮いている。戦力放棄の法制で、文民統制を論議するのは「愚者の楽園」（国際政治学者若泉敬の戦後社会についての評（注91））そのものではないのか。

（注91）同『他策ナカリシヲ信ゼムと欲ス』新装版。616頁。文藝春秋

二、日本の「遅攻」は、最後には『持久戦』に優る

それまでの日本人の時間感覚には、列島の自然、それも生を永らえるための耕作対象としての自然が表裏一体にあった。だから、近代で見ると、政争化した「征韓論」に敗れた西郷は帰郷してから畑作に勤しみ、乃木希典は那須に隠棲して農作業に従事した。しかし、本意不本意は別にして一旦必要とあれば戦場に立った。ここには、死して幽界の住人となるを潔しとする感性が息づいている。

そうした心性が列島の自然の中でどのように作られ作ってきたかは、前述した（五章、三〜四節を参照）。その取り組みは「我武」であった。その戦闘精神と行為は苛烈でも、そして「断」において剛にして胆ありながら、同時に敵をも生かそうとする惻隠の情が働いていた。それも幽顕一体であるところから培われた心性なのであった。

乃木は、日露戦争中の旅順戦休戦に際しての水師営における会見で、敵将ステッセルに帯刀を許した、この遇し方。一方、ステッセル自身は、ロシアに帰国すると、軍法会議で死刑の判決。ここでも乃木は減刑を働きかけ、結局は10年の懲役にした。この二人の軌跡は日露両文明の違いを見せている。しかし、二人の間には武人としての「共生」が成立していた。だが、こうした乃木の姿勢を解せなくなっていた帝政ロシア中枢の在り様が、後年の革命になり、その後は大粛清に象徴されるスターリン的な政治文化をもたらした遠因の一つになる。ここには惻隠の情の働く余地は無いから。

こうした感性は、前述した毛沢東の人民戦争論やそれが内包する核戦争論の基調に流れる虚無性、あるいは核兵器を開発したばかりか使用した“the West”（S・ハンチントン）文明のニヒリズムと、深層で結びついている。ここに露呈しているのは、「権力への意志」である。意志の強調を専らにした『参考』も、その基調で共有していると筆者は観る。敬神の慎みに基づく姿勢とは無縁であるからだ。権力指向の欧化的な文明開化の迷妄に嵌った末の心理的な退廃である。その局面では勝者と敗者の関係ではあったものの、乃木とステッセルの間に反応しあった感性こそが、人類にとって次のステップになりうる。

近代以後、さらに昭和の敗戦以後、欧化知識人に多かった小人奸人は、自分を育てた日本文明の源泉を改めて汲むという脚下照顧を一切しなかった。外来のこの種の「異端邪説」に身を置くことに嬉々としている。吉田茂が曲学阿世と批判した、先に取り上げた南原繁はその一人である。

これらは、闘戦経の生理とは全く異質なのである。だから、日本文明に基づいた日本人による「遅攻」意志は、最後には『持久戦』に優る、と断言できる（注92）。それは「敬神崇祖」という幽顕一体にある生命観に在るのを孜々として継承できれば、だが。そして、その実行は、日本文明の復興を意味するだけでなく、最終的には日本列島もある地球社会を救うことにもなる（この稿の末、特論を参照）。

（注92）だが、この「遅攻」意志は、『参考』の行間から窺うことはできない。だから毛沢東の『持久戦』略に遅れをとる羽目になった。最高統帥部が我武に基づく遅攻に基づいた姿勢を共有していたら、統帥の究極にある政戦一体に気づくはずだからだ。最高統帥には、攻撃一本槍を越える立ち位置が求められる。だが、昭和の統帥にそれが無かったと看做していいのは、「止」としての終戦の想定が無かったところに出ている（前掲、六章、四節、四、を参照）。

その立ち位置からは、後述（十一章、二節、二、の（注114）を参照）のニューギニアでの兵站の不在によって実質で崩壊した前線に残留を余儀なくされた20万弱の将兵の餓死を無為に招くような指揮統率は出て来ない。彼らを活かすところにこそ「遅攻」に由る戦略的な発想力がある。

三、毛沢東に負けていないのに、敗北とする精神の劣化

以上の記述から、では、毛沢東の『持久戦』略に対して、彼が多くの著作で縷々豪語するように、日本軍は戦闘で負けたのであろうか。この章立ての表現からして、あたかも敗北したかのように受け止められる。だが、繰り返すように、日本軍は、シナ大陸の戦闘で蒋介石軍にも毛沢東軍にも、全く負けていない。個々の戦闘では負けたことはあっても、戦局を決する戦闘において、どこでも負けていない。

日本国は、原爆を投下した米軍と、英米が勝利を収める事態になってルーズベルトから投げられた、戦後の戦利を得るために慌てて参加したソ連軍により敗北を喫したに過ぎない。日本が１９４５年９月にポツダム宣言を受諾しての敗北をしたことで、米ソ側に中共軍も与していたことで勝った勝ったと言い募っているだけのことである。形式的には勝ったというのは許される。ソ連を含む連合国間では中国を代表していた国民党の蒋介石軍はともかく、実質で毛沢東や中共軍は関係ない。

日本は国家として、対戦相手の諸国家に負けた調印をした。中国は国民党の政府である。この事実は間違いではない。だが、毛沢東軍には全く負けていないにも拘わらず、なぜかこの七十余年において、いかにも毛沢東の率いた中共軍に敗北をしたかの印象ができてしまった。現在の中共党も中国政府も、その臆説を信じ込んでいるかのようである。日本軍国主義を打倒したと。だから、臆面もなく抗日戦勝利70周年と記念式典までする。これも、超限戦に基づく仕掛け「非軍事の戦争」のうちに入るだろう。

なぜ、そうした偽情報が堂々と臆面もなく伝播されてしまったのであろうか。これまでの本稿の記述内容を粗忽に読むと、毛沢東の戦略に負けてしまったように見える。だが、それは、どの観点から見ても間違いなのである。毛沢東の卓説の裏づけは、自分たちが決定的な役割を果たしていないにも拘わらず、その成果の果実だけを自分ものにしているだけのことである。このお笑い種に現代の日本人が巻かれているのは、日本人そのものが精神的に劣化している証明である。

劣化とは、闘戦経の指摘でいうなら、占領中に徐々に「屈せられ」（第二十八章）、「降る」（同上）羽目になったところから来ているに過ぎない。相手の偽情報に乗ぜられるのは、「四体未だ破れずして心まず衰《おとろ》うる」（第十四章）状態になったためである。

こうした精神の劣化がなぜ生じたのだろうか。「物の根なるもの」である、陰陽、五行、天地、人倫、死生と、その始めにある神（第十六章）が観えなくなってしまったからであろう。あるいは、観たくなくなったのであろう、という言い方もできる（そうした心理環境の醸成については、後述の、十一章、一節、三、を参照）。

ここには、占領下を「休戦」にしての「遅攻」を継続しようとする気迫は萎えている。ここで力説した精神的な境位の生じる背景を、表面的な欧化の別名である世俗化した心理が瀰漫し、劣化させて崩してしまった。ここでの世俗化とは、前掲の第一章、第二章でいうところの、日本の神々を本とする諸々の在り様である敬神崇祖を放逐したところにもたらされる心理である。

八章　勝利の意味が違う日中文明

闘戦経では、戦闘の場合に焦点を当てて、「鼓頭に仁義なく」と、勝利を得るために何でもあり、を言う（第三十九章）。戦いのさなかに仁義を求めるのは無理の話なのだ。それが古今東西を問わない戦いの力学である。このリアリズムは孫子も同様である（注93）。前掲の戦いの仕方はなんでもありを明記した「超限戦」概念もその認識から生まれた（前掲、四章、一節、一、の注。及び、同章、二節、三、の前半部分を参照）。

（注93）「兵は詐をもって立つ」（「七、軍争」）。詐は仁義の反対語である。だから老子は、「兵は不祥の器にして、君子の器にあらず」というのだろう。三十一章。

さりながら、戦いへの臨み方では、日中文明の捉え方には格段の違いがある。この違いを明らかにすることは、両者の関係が現在は食（経済）を主にしてサプライチェーンとなり抜きがたいような様相を呈し、それが政にも影響している現在の日中関係がある以上、必要である。

しかも中共党はその立党において兵事を最優先していた。「革命は銃口から生まれる」（毛沢東）と自得していた。現在も基本で同じである。それに比して、日本は法制上で兵を捨てている変則状態にあるのは、すでに度々指摘した。そうした両者の関係で、意思疎通での錯誤を犯さないために、兵法上の双方の理解の違いを明らかにしておくことは、有益のはずである。

相手の土俵に載って相手の戦いの仕方を真似ても、日常の経験が違うことによってホゾを噛む結果に終わる。それは遠い彼方ではなく、１９３０年代から45年までの日中関係史に出ている（後述、三節、四を参照）。その総括が不徹底だから、２０１０年1月31日に発表された第一次になるらしい日中歴史共同研究の無様な報告書になる。ここでの日本側の記述者は自分が「心がまず衰うる」（第十四章）になっている自覚がない。その延長線上に、２０１０年９月の尖閣海域における中国漁船による日本の巡視艇への意図した衝突行為が起きる。

中国側のこと日本に関わる歴史認識の前提には、歴史認識を武闘ではない文闘として考える、現代流に言えば、心理戦での「詐《さく》をもって立つ」がある。中共党の対日政策の根底には、孫子に象徴的に出ている流儀が活きている。そうした軽いジャブのように見せかけた先制攻撃の仕方の意味するものは、戦いの方法にある文明の本質を見抜かないと判然としない。

明白な領海侵犯である尖閣海域で起きた中国漁船の拿捕。そこから始まっている中国政府の恫喝と一連の圧力行為は、「政戦一体」（前述の七章、二節、二、三、を参照）による孫子や毛沢東の手本通りの展開なのである。民主党政権には、相手の手のひらの上で右往左往していることに気づく感性も知の用意もなかった。

初代の首相・鳩山由紀夫はいまだに「東アジア経済共同体」論を担いで、相手の提供した土俵の乗って踊り不思議としない。

一節　日中両文明の先駆者が思念した敗れない条件

一、主導権の捉え方に違いあり

闘戦経の作者が将帥に求めているものを簡明瞭に示したのは二か所ある。

一つは、後に真正面から触れる（後掲、十三章、一節、二、）、生来天与の剛について述べたところ（第四十章）。次いで鍛えによって得られる「主将に胆ありて」と、胆識と胆力を求めているところである（第二十章）。

いずれも知力とは余り関係がない。知識は表皮か糧にしか過ぎないことを暗示している。さしづめ、この「ノート」もその類であろう。孫子のいう「兵は詭道なり」の詭は、知の別名でもある。闘戦経にある、知はさておく姿勢は、胆という表現にも出ている。観念は知が無ければ成り立たないが、肉体は知が無くても永らえる。だが、生理的な肉体は胆が無ければ生き永らえない。

心の在り方を問題にすれば、その修養と錬磨に重点がかけられてくる。この課題は解決できない。つまりは取り組んでも永遠の課題で、その果てがない。それに比して、孫子は事態での具体的な想定にどのように対処するかの、原則的なマニュアル提示である。

孫子は、戦いの諸相を想定して、思考の演習を求めている。だから、「兵は詭道なり」と断定できる。そこで技《わざ》に力点が置かれることになる。心の修養は兵法書である孫子の命題ではなく、別の次元であり二の次である。老子に任せたのだろうか。

孫子と闘戦経の違いは、戦いに臨んで、何を保有し修得している者が勝つか、をどのように受け止めているかを示している。孫子は技を修得していないと、「百戦危うし」になると思っている。「敵を知り己を知りて戦う者、百戦危うからず」の「知」とは技でもある（「三、謀攻」）。さらには、先ず「敵を知り」と相手が先に立っている。

二、敵を知る前に自己を知ることを求めた闘戦経

闘戦経の作者は、敵への関心の前に、敵を攻める己をいかに錬磨するかを優位に置いた。戦う当事者は先ず自分だからだ、と。ここに、戦場としての現場、それが顕在化したものであれ、まだ潜在のものであれ、その場に臨んで、相手を知ることが主導権を握ると考える孫子に代表されるシナ人と、先ずは自分を知ることが事態の主導権を握る近道だとする闘戦経の作者の日本人がいる。

この主導権の把握の仕方に、両者の顕著な違いが示されていると思う。そして、この違いは両者の文明の根幹

の違いに関わっているのである。詭道を詭譎と断定する一方で、あらゆる知は全体知に通じるから行を伴う道にしている。武術ではなく武道のように。

自分は正しいし、相手よりも中華として上位にあるのは当たり前で、その上での敵認識と、自分の内面の錬磨を優先する自他への慎みの心を重視する違いなのだ。前者に「詭譎」が優先されるのは当然となる。それこそが知恵だから。しかも相手は中華の周辺にいる者達だ。

老子が前掲のように「兵は不祥の器」と断定するのはなぜか。「殺人を楽しむ」現象は、己をとにかく正しいと思うから起こる放埓《ほうらつ》である。自分がまだ至らぬという慎みの在り方においては、老子が憂えた無用な殺戮《さつりく》は生じない。剣道ではあるが、山岡鉄舟に集大成された活人剣の発想に通底しているか。

闘戦経の論旨から見ると、敵としての相手よりもまずは自分の心中にある敵の征服なり凌駕なり制御なりに注目し、最優先したようである。すると、慎みを重視せざるを得なくなる。脚下照顧より激しく、「先づ脚下の虵（蛇の意）を断ち」（第三十七章）てから、というところに端的に現われている（注94）。

（注94）宋学の主流になり日本にも多大に影響した朱子学とは違い、異端でありながらも日本では信奉者の多い王陽明に、「山中の賊を破るは易く、心中の賊を破るは難し」がある。後世になって陽明学が日本に移入されて、中江藤樹や熊澤蕃山など知識人の間で知行合一が生活の中で親和性をもったのは、前掲（第三十七章）のように、すでに日本人には心の在り方での習性として受け入れ条件ができていたからである。

闘戦経でいうなら、前述の「先づ脚下の虵を断ち」は、陽明よりも直截にしかも行為的である。陽明が「難し」と歎じているのを、闘戦経の作者は、「虵を断ち」と命令しているから。

この在り方というか心の持ち方は、知と勇の発揚の仕方で、前者が内向きの働きを自ずとするると、後者は外向として表現される。それは陰陽の法則による自然だと、第三十八章でいう。さらに、自然の理には、修養と求道の究極にある「至道」という表現を与えている。存在と当為が表裏にある。

倫理からすると、闘戦経の示唆が深いように見える。だが、主観性に流れる懼れがある。相手を知る、感じる「匂い」よりも、「思い」つまりは意志を優先しやすいからだ。それに比して、孫子は、相手としての他者や自他の関係、その在る環境など、客観性を重んじている。兵という事と次第からすると、どちらも一長一短がある。

三、心理的に優位に立つ内容の違い

所与としての自然に営為を重ねて共生する環境を創り上げての自然観に、幽顕一体という死生観を重ね合わせるところにもたらされる「我武」としての闘争観。戦いに際しての日中の認識の根底にある違いは何か。

敵を圧倒するのは物量と共に「勢」を見せつけるのが孫子の在り方である。物量には兵員の数も算入している。これでもかこれでもかと見せつける。その結果、戦わずして降伏をもたらすのを最上位に置いているのは、すでに述べた。表面では示威を繰り返し、裏面では反間を潜行させている両面工作である。表裏の両面で共通しているのは、物量による圧力である。さらに、「鼓頭」（第三十九章）響く戦闘以前に力点が置かれている。

闘戦経での戦いの仕方で推奨されているのは、寡兵で多数を圧倒する戦法である。小が大を圧倒する。その手法は、小なりといえども、かならず独自の条件を与えられているから、それを武器及び戦略戦術に反映すれば大に敗れないと、度々述べている（第三十章。第四十三章。第四十四章）。簡略にしてしまえば、表面的なこけおどしか、死生を越える覚悟をしての不屈の精神か、そのどちらに力点を置くか、の違いともいえる。

日清戦争の前、大清と日本は朝鮮半島をめぐって対立関係になった。その際に衆目の一致するところ、彼我の関係は、日本に不利であった。大清は日本に外交的、心理的に圧力をかけるために、当時の東アジアでは最大のドイツ製軍艦、定遠と鎮遠を、１８８６年に韓国と日本に向け就航。長崎に上陸した水兵は飲酒して乱暴狼藉をした。日本を呑んでかかっていたのである。

東郷平八郎は停泊する両艦を見て、これは勝てると思ったという。それは、定遠の主砲の間にひもをつけて洗濯物を干しているのを見たからであった。綱紀の緩みを見て、恐れることはないと。この判断は後年１８９４年の日清戦争での黄海海戦で実証された。定遠は自沈、鎮遠は日本海軍に捕獲された。

東郷は相手の武器としての戦艦にたじろがず、それを用いる兵の程度を見切ったのであった。もし、東郷が清の将兵と同様の心理上の持ち主であったなら、巨大な両艦を見て圧倒されてしまったであろう。これは負けると。

四、虚実の理解に隔たりがある

毛沢東が人民の食を犠牲にして餓死者まで出しても核開発に直進したのは、米ソ両国が保有していれば、いつでも攻撃を受けても反撃できない、と懼れたからであった。現在の中国政府が空母建造に固執し、その実力の程度は別にして就航するのも同様である。台湾海峡を米海軍の第七艦隊がいつでも渡航していては、台湾問題は国内問題と言えなくなるから。

東郷の昭和の後継者は、大和、武蔵の超弩級の戦艦を保持しながら、示威をせずにひたすら秘匿に努めた。秘匿が戦略的に妥当であったかどうかは、問題として残っている。

真鋭を説く闘戦経の示唆するものは、今日でも減じてはいないようだ。ただ、問題は、相手のハード面での積み上げを背景にした嵩にかかった力学に、寡兵という条件下で対峙できる心理的な優位を、国政選良や指導者たちが確保できるかである。それには、日本文明の基本を範にしての余程の修養が求められるところである。でないと、虚勢に堕すことになり、その態度は相手に容易に見抜かれる。実体の無いところ目が泳ぐからだ。

それは、２０１０年９月の尖閣海域における領海を侵犯した中国漁船を拿捕したにもかかわらず、中国政府の脅しに屈し船長を釈放したところに出ている。当時の官房長官が敗北を主導したのだった。孟子が言った「威武も屈するあたわず」の逆を、唯々諾々と演じた日本政府を担っていた政権の「選良」（？）たち。せっかく目前にある主導権を自ら捨てている。主導権の意味すらわかっていない。この醜態はなぜ生じたのか。

虚実の捉え方の違いである。中国側は武力を背景にして屈服を迫った。対する菅《かん》政権には、武力を背景にしての外交経験は皆無だった。いや、主権回復以降、そのような外交を日本の選良はしたことがない。菅のように首相になってから自衛隊の最高指揮官は首相にあることを知った、と広言している始末。そこで、東郷元帥のように、巨大戦艦という実を見ても、その裏付けは虚でしかないと見抜く眼力を、現在の日本の選良は一片も持ち合わせていないようである。生来の「体」を喪失している。この姿態から、東夷の気概はハナから失せているが観える。夷《えびす》とは弓を持つ人である。

元来、武夫《もののふ》は、後述のように（十一章、三節、一、を参照）、「実は何か」の見極めに主力を注いだ。戦いを前提にして虚実の整理を行っている。だから、「小虫の毒有る、天の性か」（第三十章）と、我が実としての毒の程度を自覚できる上での主導権の確保ができる。だが、シナ文明の兵法では、武夫が考える虚を実として展開する。AIIB構想もその類である。兵法での実際性の意味にかなりの隔たりがある。隔たりの実際を知る必要がある。

五、毛沢東・蒋介石、そして日本人

第二次大戦中で言うなら、蒋介石・毛沢東というべきであろう。しかし、日本敗戦後、それも四年後の中華人民共和国の成立、中華民国の台湾への逃亡と亡命政権の樹立という史実を背景にしての現在から見る限り、表題の記し方が妥当であろう。

二人のこの間の軌跡には、日本を挟むと、そして、孫子の戦略観に基づいて眺めると、共通するものがある。それは、二人がシナ文明に帰属するシナ人であるからだ。さらに、日本の活用の仕方でも共通するものがある。それを、大半の日本人は気づいていない。多大の授業料を支払い、人的な資源を含む多くの犠牲を払ったにも拘わらずだ。それはなぜか。孫子に集約され、現代化されると超限戦に再生されたシナ的な戦略・戦術観に、多くの日本人がいまだに思い至っていないからだ。

前述で明らかにしたように、延安にあたかも亡命政権を樹立した毛沢東は、自分の指揮下にある中共軍に対し、日本軍の捕虜に教育を施し、日本軍、つまりは日本軍国主義に歯向かうようにせよ、と命じた。その理論的な裏打ちは、『持久戦』である。最終的には勝利を収める、日本は敗北するのだから、その尖兵にさせるべく、日本人捕虜を大事にせよ、という戦略である。

言うことを聞かない分子は、日本敗戦後の満洲での「予防戦闘」を展開した通化事件のように、あぶり出して摘発し、虐殺している。犠牲者数については諸説あるが、最大4千名以上が犠牲になったと言われている。ここでも、どうやら通敵日本人、中共党に忠誠を誓った日本人が、反共分子のあぶり出しに使われているようだ。利害ではなく、信念あって中共党の尖兵になっている。別の表現を用いれば、大きな目的である日本革命のために同胞の虐殺に加担することに、心理的な負担を感じなくなっているようだ。

日本敗戦後、満洲を除く関内のシナ大陸には百万に及ぶ日本軍がいた。国共関係で日本軍は微妙な立場になった。派遣軍総司令官・陸軍大将・岡村寧次は、国民党政府軍に降伏、そのまま蒋介石の最高顧問に就任した。さらに蒋は、国民に向けて、『恨みに報いるのに徳を以てせよ』との布告を出したという。この布告に感激した日本人は多い。戦後、国民党統治下の台湾を訪問して、この布告への感謝を告げる有力者、無名を問わない日本人は少なくなかった。圧政下にある旧日本人の台湾人に心を寄せた日本人は少ない。

国共関係が微妙なとき、日本軍のほとんど無傷の軍事力は、蒋にとっては貴重な戦力になった。ここに、建前である前掲の蒋介石による布告にある裏面を見落とせない。

毛・蒋は、日本人を使う点では同質であった側面をリアル・ポリティクスからは見ないと、相手認識で大事なものに気づかないことになる。そうした側面では、例えば米中接近に怯えてか早急な国交関係を北京政権との間で急いだ田中角栄首相や大平正芳外相もあまり褒められたものではない。台湾にある中華民国との断交と一体になっていたから。田中と大平は、さしづめ「徳に報いるのに裏切りで以てした」から。

中共党に帰順して中共の展開する革命に忠誠を誓った日本人（七章二節四、で紹介した高尾栄司著を参照）、台湾の中華民国国軍の再建に協力した白団を構成した旧陸軍佐官クラスの職業軍人。国共側から見れば、いずれも使い勝手のいい存在であった、という側面を見落とせない。両者の日本人の精神構造は立場は真逆であっても、同質ではなかったか。

毛・蒋は、日本人の弱点をよく識っていたと見るべきであろう。

二節　日本文明の原形質を形造っていたもの

一、詭に真鋭を対峙させた思考の基底にあるもの

闘戦経は、詭道を詭譎として把握して、真鋭という概念を生み出して対比した。それだけでなく、孫子の発想を形造る基本概念の受容を断固として拒んだ背景にあるものを、前掲で縷々説明をした。その最終的な総括をしておきたい。

詭譎は、見方や考えようによっては技《わざ》そのものでもある。あれこれ場面を想定して、対処する技を提示した孫子をタネ本にして学習すると、技巧に沈溺《ちいでき》することは難しいことではない。

技巧は、その想定では際限もないさまざまな変容（バリュエーション）をもたらす。そこには多くの無限な「奇正」が出てくる。それを生みだす主体の修養と錬磨を大事にする姿勢が足りないと、どういうことになるのか。

詭道に基づく技は、人間の内面がもつ闇の部分を増幅させやすい心理をもたらすことになる。言い方によっては、汚濁にまみれてしまうことになりやすい。内面夜叉、修羅、外道の世界である。習い性になり、朱に交われ

ば赤くなるのが通例だ。稀に汚水を呑んでも毅然としている人格は在り得る。だが、誰にでもできるものではない。それは「剛」を生来持つ者で、例外だから。後世では有徳者といわれる西郷隆盛は、幕末の活躍では謀略の人でもあったと言われている。

生態的な存在である人は、最初から汚染された環境でもそれなりに適応して生きていける。世代をかけて徐々に耐性力を蓄えるから、永らえることができるのだ。

だから、闘戦経の作者は拒んだのである。最初にすべきは心の錬磨であると。反間を厭う心情でもある。人はその志の深さに応じて、際限もなく崇高な心境になる可能性が与えられている。清潔を尊ぶ直き心である。剛毅のように天性に負うものではなく、本人の意志に基づいて取り組めば、それなりに成果が与えられる。そこで、まず何を優先すべきか。それはこころだと。

詭道が生きる範囲は人間界の現象にある。だから老子の兵事に対する諦観が生まれる。兵事に起きる多くの修羅と悲惨な状態に対して、距離をおくところに精神の平衡を保とうとしているのが、前掲（五章、二節、三〜四、など）の「虚無」とした理解に露呈している。そこでの時間はこの世の範囲でしかない。

ここでの倫理の最上位は、兵の行動を必要としない、戦闘が起きないで、未然にして目的を達することになる。反間が推奨されるのも、場合によっては兵の出動をしなくてもいいからだ。だから孫子は敢えて、厚遇せよと明記したのである。裏切る行為は裏切られた側からすれば卑劣でも、戦闘が起きて生じる多くの犠牲からすれば、むしろ良いこととする見地は在り得る。

詭道に対峙した真鋭は、この世だけでは成立しない。この考え方は幽顕一体において初めて生きてくる。あるいは、在り得る概念である。ここでの時間の尺度はこの世を越えている。政治的には効率の高い反間への違和感の源泉でもある。ここには、生き方の価値観の違いが予感させられる。現象の総体が武として把握されることに違和感がない背景である。その武は「我武」になる。

「我武」と「兵は本、禍患を杜《ふさ》ぐにある」（第五十二章）は、対立しない。我武に徹するが故に、修辞としては逆説めくが、ふせげるのである。その精神の在り様は、真鋭に基づき、「人、神気を張れば則ち勝ち」（第四十七章）になる。だから、「天に代わりて不義を撃つ」と兵士は信じられたのだ。

二、幽顕一体の実感は、どんな詭道も乗り越えたはず

平時、有事の違いはない常在戦場の認識では日中に違いがなくても、日本ではそれが「我武」として自然の在り様だと思い定めている。それは、闘戦経・第二章にある『古事記』の国産み、大地のできる「鉾」を用いた由来の記述からすでに前述した（前掲、五章、三節、三、の（注64）を参照）。

このような幽顕一体の死生観とは、その者が生理的に死ねば終わりという考え方と次元を異にする。一個人の精神的な背景には、顕界から見れば幽界にいる死者がしっかりと支えているという予感は、日本人にとり本能化していた。

敵になった異文明からは、こうした心境を廃絶しない限り、日本人は常に危険な存在である。占領中の対日心理戦工作や、中共党による日本人戦犯に対する執拗な洗脳工作、最近では、満洲侵攻後にソ連軍の捕虜になった関東軍幹部への裁判の形式をとったハバロフスクでの軍事裁判を再評価する動きの主題は、日本人が元来育んできた死生観の粉砕と原罪意識の扶植を目標にしたものだ。この裁判の日本語の分厚い記録、確か4巻だったか、ソ連崩壊後に沿海州を訪問した際、大学図書館で見た記憶がある。

前掲の米国務長官バーンズが断言したように、目標は精神の「武装解除」（注95）なのだ。

（注95）The New York Times：1945.9.2
BYRNES FORESEES A PEACEFUL JAPAN; Says People Are Expected to Force Development--World Amity Vital, Hull Warns

WASHINGTON, Sept. 1--Secretary of State James F. Byrnes declared tonight that with Japan's surrender we have entered the second phase of our war "what might be called the spiritual disarmament of that nation, to make them want peace instead of wanting war."

バーンズ国務長官は、今夜、日本が降伏したことで、我が国は、日本が戦争を望むのではなく平和を望むような国になる、精神的な武装解除と評されるような第二段階に入った、と言明した。

前掲（三章、四節、三、の（注47）を参照）で紹介したドナルド・キーンによる、ガダルカナル島で戦死したのか餓死したのかは不明の無名戦士の日記に記されている心象への評価は、彼だけのものではなく、米軍幹部の対日本人観で共有するものであったと思われる。

この世の現在に生がある、というだけではなく、多くの先達の英霊が背後にあって現在にあるのが自分の生だ、という慎みの在り様を消滅させる工夫は、戦後に始まったのではなく、欧化思想にある世俗化にすでに含まれていた。ロシア革命後の唯物論の浸透も、世俗化を背景にしてありえた。その表皮をさらに内面化しようとしたのがこの７６年と考えたらわかりやすい。前段の開化近代は知らずうちに過剰な向上心によりひたむきに、後段の昭和の敗戦からは、占領者とその追従者により意図されて。

闘戦経は、原日本人の実感していた死生観を武という文字から文章化しようと試みた。その具体例は、孫子が評価した反間という存在よりも、故郷に骨を残さない無名に終わる謀士（ぼうし）を明記して称揚しているところにある（前掲、四章、二節、一、を参照）。

死間を覚悟した謀士は、自分の生き方が詭譎そのものであることを「骨と化して識る」（第三章）ところから、はじめて目的を達せられる姿勢ができる。だが、その内面に生きるものは、詭譎の心理とは全くかけ離れた「潔さの気象」で形造られていた。そこに剛毅の在り様がある。

そうした心境だったから、どんな詭道も乗り越えられたはずだった。だが、近代史では昭和史で見てきたように、中枢は詭譎にやられてしまった。そうした弛緩は何に由って生じたのか。その一端は、前述した通りである（三章、三節、六章、四〜五節、など）。

三、その気象と姿勢は潔《いさぎよ》さ

闘戦経の示唆に従うと、その死生において著しく潔癖になる。あまりに多くの先達により築かれた素晴らしい先行事例が多すぎるのだ。その潔癖感は仕草や振る舞いの美意識と裏表の関係にある。個人の出処進退での、とくに淡泊な引き際の美学に出てくる。ともすると早すぎる場合がある。だが、詭譎による謀の世界では、潔さはむしろ犯罪である。権力の争奪をめぐる政治においての潔さは、実際上では合わないから。

日本文明では、倫理は美意識と融合しているのが見える。それは自然でもある、と感じていた。闘戦経は数か所で、この世と自然現象に本来は無駄なものは何もないと、触れているのは略述した（五章三節）。こうした認識にも裏打ちされている倫理が美と相即関係にあるとき、武力の行使は残虐になりえない。

武力と暴力は一見すると同じものと受け止められやすいが、皮一枚で異なる。武力の行使にあたり幽顕一体感を背後に置いているから、残虐さを拒む心理が、列島の生活の中で生理化していたと見ていい。老子の「殺人を楽しむ」（三十一章）暴力観（五章、二節、四を参照）とは異質な心象世界が、幽顕一体の死生観に裏付けられた倫理として育まれてきたのである。

手段としての詭譎は常態ではない、と考えられた。にもかかわらず、戦いにおいて謀士は不可欠であろう。それを選択するのは余儀なくされる緊急避難の措置であろう。已むを得ざる手段である、という認識がある。つまり、文化としてシナ社会のように習いになっていない。シナの兵法にとって反間奨励などのように、詭譎は常態なのである。英露ないし英ソや米中と比べて、近現代日本でのインテリジェンスの不得手の背景である。

謀士になる生き方を受け入れた者は、自分の生が死間になる場合もあることを覚悟してのもの。自分の生に恬淡としていないと受け入れることは難しい。その気象が潔いことである。この種の潔い生き方の背景にあるのは、信じられる義を継承している先に往った者たちとの黙契《もっけい》があり、幽顕一体感がある、と観るのは容易だ。裏切りを習い性にするという実際の醜悪な生き方と、死生における潔さの内面との乖離というギリギリの極北の生活は、その一点でやっとの思いで繋いでいる。

黙契に基づく孤忠を懼れない生き方の背景に何が秘められていたかの一端は、これで明らかになったであろう。黙契と孤忠のあるところ、初めて生者間にも信頼が成立し得るのだ。その気概は、信に基づいている感激を源泉にして、脈々と日本列島に生を享けた人々の心の奥底に共有されて、生き続けてきたのである（注96）。今は、表面上では消えているように見えても。

（注96）「谷中鶯（うぐいす）　初音の血に染む紅梅花　堂々男子は死んでもよい」。明治31（1898）年3月、酒に酔った岡倉天心が、即興で歌い始めた。日本美術界の先覚者だった天心は、東京美術学校の開校にかかわり、27歳の若さで校長となる。

酒に酔ったとはいえ、即興の歌詞、これは天心の本音である。そこには「天」「地」のある日本（土着）と日本「人」の直覚から発した感激あって、思わず流出した詩（うた）である。それは「死んでもよい」という発声に出ている。天心は生来の剛を内面に持していたことがわかる。明治の精神というものの雄大さを改めて感じ入る。この気象と気概そして感激の源泉は何か。日本史の軌跡に連なる死生観が迸（ほとばし）っている。

三節　原形質が直面している現在

一、責を自らに課すか、他に転嫁して正当化するか

兵法という領域での、両者の発想法の違いは、最近でも決して死んでいない。常在戦場として中国側は日本への懼れから生じる対日攻勢で、倦まず弛まず継続している。気づいていないのは、闘戦経の作者やその基調を共有してきた日本人の感性を閉じて習い性になっている、最近はやたらと多い変な日本人たちである。アノミー(anomie. S・デ グレージア)の深化により根なし草になりかかっているから。そこで、攻撃されていることに気づく感性は枯渇しかかっている。

日本は昭和20(1945)年に敗戦を迎えた。負けたのは日本が悪かったからだ、と戦勝国は言いつのった。現在の北京にある中国政府は、日本が降伏した今は台湾に亡命している国民党政権のそれを継承したと、自称している。

悪かった日本の「戦争犯罪」の代名詞の一つが南京大虐殺。巨大な記念館まで作っている。これは具象化された詭譎の典型であり、「虚実」(孫子。六)を活かした謀攻の具体例だ。2010年1月の日中歴史共同研究に盛り込んだ「南京大虐殺30万人」説より、日本側は少し下げて、上限を20万人とした。国際政治学者らしい北岡某のこの曲学を見よ。いたるところに使命感をもって反間に勤しむ南原繁の後継者が棲んでいる。日本側で参加した歴史家たちは後世に醜態を晒した。彼らは、意図しなくても自分から反間の役割を果したから。彼らは認知戦での走狗である。あるいはハイブリッド戦争の一翼を担わされている自覚はない。

中国側は、それでいて日中友好をいう。日本庶民も中国人と同様に、日本軍国主義の犠牲者だったのだと。この欺瞞に満ちた偽情報を通して分断を図る心理戦略としての認知操作にこそ、奇正が生きている。この執拗さの

背景には何があるのか。全て、闘戦経が孫子を総括して指摘した「懼れ」なのである。そして、日本は「懼れ」の対象なのだ。

よしんば彼らの主張に一部の史実があるにせよ、小異を捨て大同に就く、は無い。あるのは、周恩来が日本との国交関係を作る際に言ったように、小異を残し大道に就く、なのである。これは戦略的な妥協であって、小異が次に問題の火種になる。仕掛けによっては、「勢」の種になる、あるいは種にできるのだ。毛沢東『矛盾論』は、その体系化でもある。「まぼろしの南京大虐殺」は、史実になる必要性がある。日本軍国主義に勝利した彼らの存在根拠だから。そこで、史実であり続けなくてはならない。

30万人大虐殺の背後には、日中戦争5千万人犠牲説が控えている。日本側が20万人を上限として認めたのは、相手の作った虚の舞台にムザムザと登場して補強したことを意味する。心理戦での虚が「実」に転移、あるいは変異したのである。認知戦の詐術である。

相手に、日本は認めているではないかと言える根拠を提供したのだ。中国側の示す日中友好に諾々と従うこのような知的程度の低い歴史家？が権威をもって存在しているところに、現在の日本人の精神的な境位が示されている。しかも日本外交の有力手段であるＪＩＣＡの総裁なのである、ここにも日本国ではなく日本が属地でしかない側面が明らかであろう。二流以下の曲学阿世そのものだ。

問題は、阿世の横行できる構図を、中国側が提供しているところである。これで彼らは大手を振って、日本だけが悪いと転嫁できるようになった。自省して責を自らに課して負う気質の残滓が、およそ反極にあるシナ人の処世気質によって巧みに利用されてしまっている。詭譎による心理戦に属する歴史認識の認知操作を浴びせられて、手も無く自縄自縛に陥っている。では、なぜこの種の蟻地獄に容易に嵌る事態になったのか。

二、幽顕意識の衰退が乗じられるスキを作る

欧化にあった世俗化としてのモダニズムがいかに高等教育に浸透したかは、先に触れた。多くの生半可な欧化知識人は、近代日本になってから、初めて日本人は自我に目覚めた風の見解を自明とする軽薄さであった。そうした日本文明に対する誤った軽率な認識が、占領下で一層に助長されたのは、すでに略述したところである（三章、三節や後述の九章、一節。十一章、一節など）。

世俗化の最も致命的な点はどこにあるのだろう。日本人が古来培ってきた幽顕一体の意識を負のものとする認知操作が、１９４５年の敗戦この方、占領軍とその意を受けた者たちによって、これでもかこれでもかとばかり、執拗に展開されたところだ。現行の「憲法」に記された（第二十条）いわゆる政教分離はその端的な武器として用いられた。自国では新大統領が就任宣誓式においてバイブルに手をおくのに、だ。このGHQによる二重基準を見よ。

公的な施設、それは学校の武道場などに神棚があるのはおかしいとした見方が、主権回復後に多くの裁判により違憲とされる醜態に典型が観られる。偏向判決を下す判事にはキリスト教徒が多い。裁判を日本人改宗の戦場にしている。それこそが民主化の務めと錯覚しているのだ。

日本人の自然観に根ざした生きとし生けるもの全てに感謝の意を捧げる行為すら、政教分離上ではおかしいとする。一部の仏教系の新興宗教団体が、こうした面ではキリスト教系の団体や共産党と共闘関係に立つ有様である。本来の日本文明の在り方への敵対者がはびこっている。「和《やわらぐ》の精神」を学ぶよりも、不和こそが進歩を選択した者たちの横行である。日本文明に分断を持ち込んでいるのだ。

その結果、初等教育から極端な政教分離解釈に基づく教育がされて、すでに半世紀余が経った。それは意識の表層から幽顕の世界認識を除去するのに多大の貢献をした。給食代を支払っているのだから、給食の時間に食事を始めるにあたって「いただきます」と唱和するのはおかしい、と堂々とPTAで論じる保護者が出て来ている。

宮中祭祀での新嘗祭の慎む思いなど、どこかに吹き飛んだ母親がしたり顔で横行している。いかにこの種の弊風が浸透しているかを示している。このへ理屈こそ世俗化の最たるものだ。情けないことに、同じ弊風の環境下で育った教員は、この理屈にならない理屈に勝てないでいる。

自分に関わる問題が生じた場合に、これまで素朴な日本人の有していた律儀な有責心理は、まず「すいません」という。だが、日本を一歩出ると、それは自分が悪かったと認めたと、相手に乗じる機会を提供することになる。だから、シナ人も欧米人も、トラブルが発生した時に、決して謝らない。謝ったら自分に一切の責任が被ってくる彼らの社会の習性である。だから、彼らの文法は、まず主語が来る。

日本人の保持していた美徳は弱点になっている。そこに、世俗化の侵蝕で幽顕意識の衰退が起きて進行するとどうなるのか。日本人の存在感覚に着実な劣化をもたらすことになる。といって、シナ風あるいは欧化風のように、主語にあぐらをかいて座りこめるか。それはまだ生理的な抵抗感があるのが市井の生活である。ということは、まだ処世倫理の残滓があるのだろう。だが外政面では、こうした心理的な混迷を逆手に取られて、乗じられる状況が生じている。幽顕意識がしっかりしていれば毅然とできるのだが。

三、幽顕一体だから残虐になりきれない

反面教師の最近の一例として、歴史認識を挙げた。中共党中央宣伝部を本拠とする彼らの作り上げた偽情報に基づいた「史実」を全面的に受け入れて、詫びろ詫びろと屈服を迫っている。矜持をもたらしてきた幽顕意識を、世俗化によって内面的にも社会的にも衰退させてしまっている現在の日本人は、この種の恫喝に著しく弱くなっている。創作写真を見せられて卑屈になる。相手は微笑を浮かべつつ、言葉では、いや日本人民も私たちと同様に日本軍国主義の被害者なのですよ、と囁く。あるいは江沢民は宮中の晩さん会で宣（のたま）う、胡錦涛のように早稲田大学で演説する。習近平のように対日戦勝利の示威で講話する。その寛大な措置に感謝しろと強要し

ているのだ。多くの軽い日本人は平身低頭するか、させられる。

だが、すこし丁寧に彼らの言う「史実」内容を吟味したらいい。そこには詭譎《きけつ》に基づくあらゆる偽情報の集積がある。日本人は残虐だという。多くの残虐な戦争犯罪を繰り返したと。個々の事例ではそういう事例もあったであろう。

シナ文明に見られる組織的で残虐な非戦闘員に向けての犯罪を繰り返す特徴は、すでに見た老子の所懐に出ている。盧溝橋事件の前に起きた日本人には想像を絶する女子供をも含めて残虐に殺戮した通州事件（1937年7月）や戦後の旧満州での通化事件のように。この種の史実は豊富で多くの先行がある。そうした史実知識を背景にして、日支事変における彼らの主張する日本兵による残虐な戦争犯罪というフレームアップは、自己投影によるいかにも胡散臭い主張になる。

信長の事例、例えば比叡山の焼き打ちなどは、残虐を目的にしたのではなく、新旧の文化の選択をめぐる戦いであった。抹殺する以外に、僧による政の支配に対して、政教分離の態勢を作り上げることはできなかった。例外である。史実では、そうした出来事は無かった、という説もある。

だが、中国史の場合、老子が慨嘆したように、戦闘時に「殺人を楽しむ」（三十一章）風があった。そうした当事者の心理を追い求めていくと、日本人が古来有していた幽顕一体の意識に乏しい側面に気づくだろう。信の解釈での日本とシナ文明の違いでも触れたように、シナ文明はすぐれて現世的である。現在の権力なり武力の効果なりを内外に徹底して知らしめないと、以後のガバナンスは確立しない、と計算している。すると、後世から残虐と思われる実際の集団行為も、それはその効果を計算していることになる。現在、チベットやウイグル、内モンゴル自治区における統治手段の根底にある冷徹な心理でもある。

日本文明の場合、信長の焼き打ちですら、そこまでやらなくてもいいのではないかと、現在も批判する者がいるくらいだ。その後世にもたらした客観的なプラスの評価はさておいて、だ。ここには、日中双方の死生観の内容の違いが覗える。幽顕意識の違いや有無に見られる「文明の断層線」は越え難い。それは、次項で概観する近代史における日中関係認識に出ている。

その背景には、今生で全てを決めないと後が無いと確信している現世的なシナ文明と、幽顕双方の世界の往き帰りがあると素直に感じてきた日本文明の死生観の違いが表出している。重層的な時間の展開を生の在り様とするから、惻隠の情を大事にする姿勢が培われ、一方では池に落ちた犬は叩く処世がある。だから、通州事件や通化事件に見られるようなシナ兵の緻密で残虐な集団行為は、日本ではあり得ない。フレーム・アップの「南京大虐殺」事件の執拗な強調は、彼ら自身の反右派闘争や党内の整風、文革などでの虐殺行為の自己投影から来る創作である。そして、妄想は妄信に進化するのが処世なのである。

四節　日中は同文同種という錯誤

一、他に転嫁できるから、マナーとしての慎みはあり得ない

偽と誤をない交ぜにした臆説を史実と強弁するこういう政治文化は、反間が貴重な存在として尊重されるのと無縁ではない。現在の日本には、多くの反間が公然と非公然とに関わりなく棲息している。いわゆる日中友好人士。残されている小異を徐々に勢いにして、次に戦略的に「大異」にさせる貴重な戦力なのである。

こういう動きの心理上の背景には、日本人特有の過去を水に流すという寛容さは無い。水に流せるのは直き心の産物である。直き心があるから、前述した我が身に責を求める「慎み」(前掲の一節、一、)と相俟って、小異は自らの意志で水に流し捨てることができる。より良い未来を作るために、だ。

この意志こそ、行為に関わる物ごとの責を自らに課す潔さに由来している。自決・自裁は、その究極の姿であ

る。終戦の詔勅が出されて、記録に残るだけで千人近くが自裁している。夫妻の場合もある。

有責を一切認めず全て相手が悪いという転嫁の在り様からは、被害者意識はあっても、我武の世界観に基づいた当事者として時に加害者意識を持つ者だけが保有する責任感は無い。有責は常に相手である。だから慎みも生まれようがないことになる。

平成22年9月中旬に起きた尖閣海域での中国漁船の領海侵犯についての中国外務省報道官の言い分は、その典型であった。同様のことを温家宝首相までNYに滞在する間に強調する始末。日本が全て悪いと。

有責は常に相手に在ると言い続ける態度からは、日本人の心根で最も気高いとされる「惻隠の情」は決して生じない。池に落ちた犬は叩け、の習いだから、怨みに報いるに怨みを持ってせよ！　だから、シナ史上多く見られるジェノサイド（大量虐殺）は自明になる。これでは、両文明に架ける橋は見当たらない。

有責の覚悟があるから他者への寛容も生まれる。中国人側にこうした寛容さがないのは、「懼れ」の心理、そしてそれに根ざした情勢判断と無縁ではない。相手が存在する以上は、いつまた復活して仇なす存在になるかわからないと想像（妄想）している。だから、首相が変わるたびに北京に来て、仇なす存在にはなりませんと陳謝し続けねばならない。陳謝する限り、華夷秩序での日中友好なのだ。一方だけが優位に立って、他方は下位にある関係図式では、互恵「互尊」はあり得ない。双方が相手に慎みで臨むこともあり得ない。朱舜水は、亡命者という立場もあって、一応の慎みがあったやに見受けられるが、日本人と接することにより生じた例外だろう。

二、懼れるから相手に怨みを持ち続ける

陳謝は「懼れ」を多少は減じるだけだ。彼らの懸念が消滅するわけでは決してない。小異として残り続ける。だから、日本人が存在する限り、批判ないし非難は止めないだろう。それは、問題がどこまで行っても現世での現象になっているからである。

第二次大戦前に親日政権を南京に樹立し、米国を背景にした重慶の蒋介石・国民党政権、ソ連が胴元であった延安に閉塞していた毛沢東率いる共産党政権と鼎立した汪兆銘とその一統は、いまだに漢奸として責められている。米国やソ連の影響下にあった国共両政権は漢奸ではないのか。

南京大虐殺記念館と、孫文の墓の下にある膝を屈した汪兆銘の像は、存在する限り対日牽制の象徴である。中国の人々は汪の屈像に唾を吐きかける仕掛けになっている。

この事例から推察しても、日中間にある為にする臆説である同文同種は、成立しないことがわかるはずだ。孫文が用いた同文同種という表現には詭譎としての敵を分断する統一戦線（統戦）工作という戦略意図の原型が背景にあることに、そろそろ気づく必要がある。

この構図が観えてこない限り、歴史の共同研究も両論併記が続く。これだけの違いがあれば、共生意識から生まれるはずの友好はあり得ない。友好は、どこまで行っても中国側の用意した土俵の上でのものでしかないからだ。土俵で一緒になると、いずれは消耗されて殲滅されることになる。つねに現在は、七章で扱った持久戦の世界である。現在の香港の国際公約であったはずの一国二制の名存実亡への侵食も、この文脈から観た方がわかりやすい。明日は、台湾、そしてモンゴルである。名存実亡になるのは近未来と、北京は思っている。

闘戦経の作者は孫子という漢文の文献から、その違いを漢文で表して後世の日本人に遺してくれた。「漢文、詭譎あり」と。感謝することしきりである。そして同時に憂慮することも。憂慮の実体は、すでに略述したところから推察可能と思う。問題は気づかない今の日本にある。闘戦経の示唆する境地は、日本人の気高さを示している。経ではなく道かもしれない。だが、事と次第によっては、それは弱点にもなる面も浮上させている。そうした意味で、孫子にある様々な指摘は貴重な反面教師にもなっている。

三、「敵を知り己を知りて」の総括の無い近代日中関係史論

近代の日中関係史は、日本が開国した明治維新後から始まった。それ以前は長崎の出島を介しての政経分離の貿易における必要最小限度の関わりでしかなかった。

西欧衝撃以後の関係の始まりの前知識は、1840年の第一次アヘン戦争であった。東アジア世界では超大国であった大清が、遠路はるばる船で来航してきた毛唐である英国に負けたという衝撃である。高杉晋作は幕末に密航した上海の道路で、当時のシナ人車夫が英国人にいいようにやられている様に驚くと共に、周囲のシナ人がそれを傍観している様にも衝撃を受けている。

次いで、朝鮮半島を介在しての外交的な紛糾に発した日清戦争であった。日本の安全保障では古代から常に頭痛のタネであった朝鮮という回廊地域での紛糾を抜きにしては、シナ文明という存在は無かった。生身のシナに直面した最初は、庶民水準でも知識階層でも、外征によっていた。ここで初めて、これまでの文物や儒学に基づく従来の空想的な印象とは全く異なる、生身のシナ社会に触れる。そして、晋作と同じく、驚く。

以後、日本の大陸政策は政治経済の利権をめぐり欧米列強と覇を競うことになる。そのあげくに深入りして惨憺たる結果を招いた。多くの人命と財富が投入されて、人命も失い、そこで築いた諸々の一切を失う羽目になった。自業自得とはいえ、深入りした半面には、シナ文明特有の偽と詭の側面に留意しなかった浅学も作用している。闘戦経の思索を継承しなかったのだろう。そこで、当方の至らない側面から生じる錯誤になった。また、善意では、真と信がそのまま相手に伝わるだろうという、素朴ではあるが勝手な予定調和心理が先行した反動現象もある。

政治技術としての偽と詭に負けて日本亡国を招いた近代史への軌跡について、1945年における敗戦後に、国家中枢に居た選良による自己総括としての真摯な取り組みが、チーム編成でされた様子はない（後掲、十章、三〜四節を参照）。

四、信と義の国柄が偽と詭に併呑されつつある怪／日中は同文同種化に？

鄧小平の改革・開放政策後の日本の政官経の動きを見ていると、21世紀に入ってからの低廉な人件費を活かした経済成長の果実に幻惑されてか、気分で併呑されつつあるかに見える。敗戦衝撃によって、それ以前の過剰な自信への反省？　か気後れかが生じて、半世紀余を経た。あげくに、最も不得手な偽と詭の文明の影響下に置かれ始めたのか。

この現象は、日本人の自己認識にかなりの問題が発症しているからであろう。自分の帰属する文明への軽視は、脚下照顧への関心の希薄を意味している。そこで、自文明の在り方である真と信の国柄への関心も消えている。すると、偽と詭の滔々とした大勢に見よう見真似で適応することになるのか。中には習い性にしようとしているのか。そこには、日本文明の一体性に根ざした存在感覚に歪みが生じている様子が覗える。それは、日本人が漢人の生活意識に適応して同文同種化しつつある反映でもある？

この過程は錯誤の過程を意味している。錯誤は、さらに自家中毒をもたらしてもいる。体内に異物を無理に混入しているからだ。武漢肺炎のウイルスに汚染されたようなものだ。慣れて、その異物への違和感が希薄になった際が怖い。我に返り目覚める回路こそが闘戦経の理義なのである。その白眉が、近代史とくに昭和史の反省を背景にしての、十三章で明らかにする将帥論である。

前段として、六章と七章では、昭和時代における日中双方の戦争学の一端を二つの側面から明らかにした。その一つは、この70年間で全く顧みられなくなった「統帥」の問題である。二つは、昭和における日本陸軍の将帥が学んだ基本文献と、現在の中国をもたらした毛沢東の戦略学であった『持久戦論』の比較である。この比較を通して、日本帝国の敗戦理由の一端も明らかになった。さらにいまだに敗戦後遺症に悩まざるを得ない理由も、

である。

敵を知り己を知る総括をしてこなかった70有余年の無為のツケが溜まり過ぎて自家中毒を起こしている。それを見もしないで、むしろ孫文からいかにも親切気に用いられ始めた中国のいう同文同種に適応しようとする世智は、「用を得て体を得る者は変ず」（第十四章）だ。だが、それは一種の自己解体であり融解現象であろう。この振る舞いは、いかにも胡散臭く、怪しいとしか言いようがない。正気《しょうき》を失いつつある化体現象である。

正気《せいき》を取り戻すしか道はない。取り戻さないと、現在、日々浴びつつある超限戦に基づく心理戦の世迷言に立ち向かえないだろう。立ち向かう境地は、我が死すべき地と生くべき地（第十二章）の見極めにある。

Ⅳ部　「再びの敗戦」を迎える背景

九章　「属地」日本の選良たち

一節　闘戦経の示唆を無視した果ての弛緩

一、「古より皆死あり」を忘れ、「生を求むること厚き」三四半世紀

占領中では、先に戦死した者は騙されたのだ、との恨み節が出てきた。黙契の背景にある幽顕一体の死生観など、怨念を含んで捨てられた。「古より皆死あり」（論語の一節。全文は前掲「問題の提起」四、の（注7）を参照）という自然の摂理に基づいた覚悟は放棄された。当時では、たかだか人生五、六十年での、生き得、死に損である。

ここから、内面でも外面でも慎みのない所作が横行するようになった。この短視的な人生観に由る振る舞いが後継世代に継承されて、そのなれの果てが現在である。首相が近隣からの故ある批判に対峙し得ずに、戦死者を祀る神社を否定したり軽視したり。菅《すが》首相は靖国神社に、自民党総裁の名前で玉ぐし料を奉納するまで堕ちた。「かくまでに醜き国となりたれば、捧げし人のただ惜しまる」と遺族から詠われるまでになった。悲痛の極みとしか言いようがない。

これらが、日本人から「英気」（第二十八章）の希薄になった背景事情と思う。

政治が提供し有権者が既得のように受容したのは、老子のいう「民の死を軽んずるは、上の生を求むること厚き故なり」（七十五章）そのままであった。上である選良がそれを言いつのるのは、敗戦直後の貧困下で当然となる、と思っている。戦争中に多くの死が日常化していたことへの反動であるから。

老子のいう「軽んずる」は、生を謳歌して死の意味を丁重に扱わなくなることを意味している。すると際限もない弛緩が始まる。内面は外面の振る舞いに表れてくる。廉恥の希薄もそれからだ。靖国神社を政争の具にして恥じないほど堕ちた。

政治の主題は、ただただ個々の生活の安定を謳う。この主題は、敗戦直後の占領中の貧困はともかく、現在も同様である。政官財の選良はもっぱら欲望をそそり（「生之厚」）、それに応えるだけがまるで「生き甲斐」のようになっている。下々である市井も「主権在民」の幻想の下で共有した。その在民も、今を生きている者だけ。幽界の住人は選挙権を持たない。いずれ、今生にある者も幽界に去るのも、知ってか知らずか。

こうした直接的な欲望充足優先の風潮にあって、最高学府とみなされている東京大学を中退してITバブルで長者になったホリエモンともてはやされている者は、著書で「カネで買えないものは無い」と記すまでになった。

オカネの多寡だけが個々人の優劣の全てを決める世相は健康でない。大金ではない小金（こがね）が貯まるのに応じて固守しようとする。小金の蓄えに応じて、心貧しく品性が卑しくなっていることに気づいていない。財貨を固守する心理は、他者との絆を切り離す作用があるからだ。冥土に金銭や財貨は運べないにもかかわらず。

二、そして、「何を守るか」は、「生活第一」になった

占領中からこの方、すでに76年を経た。敗戦直前に敵国である連合国側の出してきた条件はポツダム宣言。それに応えた日本側の提起した条件は「国体の護持」。双方には意図したのか誤読があった。日本側の提示した国体の護持とは、守るものとはこれ、という最低条件。記録に残っているのは、米国をはじめ仲介国も知っている。今は、それを見ないふりをしているだけだ。

占領中は主権の無いためもあって、受諾したポツダム宣言が唯一の占領条件のようになってしまった。解釈権を有するのはＧＨＱ（占領軍）の言い分だけが不文律になった。その間の説明は省く。占領軍側は、彼らの敵で

あった日本軍国主義の廃絶と「民主主義」の浸透を主題にした。その前に、まだ主権があった敗戦直前の日本が国家として提起した「国体の護持」は、双方でまるで共同謀議したかのように印象が薄れていった。別の言い方をすれば、去勢（the spiritual disarmament）を意図する「民主化」政策によって「国体の護持」の空洞化を招いた、という言い方も許されるだろう。

一九五二年春に主権は回復する。だが、米日どちら側の思惑が強かったかは不明だが、戦力放棄を謳っている「憲法」を存続させた。そのために、軍事的な空白が起きるのを懼れた米国側と日本側は、占領軍の名称を変えて、そのまま継続して日本列島と関係諸島に残るように、日米同盟の法的な表現としての日米安保条約を締結した。自衛隊は戦力ではない。

そのあまりの不平等条約ぶりに、占領下の東京裁判ではA級戦犯にもなった岸信介は、首相になってから条約の改訂に乗り出した。だが、不徳か不手際か、国民的な反対運動が起きて、占領体制からの脱皮は遠のいた。それは改訂安保条約の締結と引き替えに引責辞任した岸に代わり首相になった池田勇人首相が、首相就任演説で、所得倍増政策を打ち出し、成功を収めたからである。先年、政権を獲った民主党が掲げた「生活第一」の原形というか走りである。今日の新首相・岸田は池田の倍増政策の再生を言う。

ここには「生を求むること厚き」結果より、「物壮なればすなわち老ゆ」（老子、五十五章）環境が作られた。「物壮なれば」は、老子の原意では武強く盛んなる、を暗示している。物がさかん（壮）になれば、精神の劣化や弛緩すなわち老いをもたらすことになるからだ。現代日本では、武を捨てた代わりの、生活第一が「売り」物となっている。だから、親が死んでも葬式を出さず、生きていることにして年金を詐取して、我が身の生活の足しにするほどまでになった。ここには、己の生のみを最優先して、我が身を生み育ててくれた両親への畏敬は無い。

所得倍増成功の生活環境は、米軍による日本列島守備を前提にしていた。それは、現在も同様である。「古より皆死あり」は、米軍にまかせて成立している。基地経費の負担を「おもいやり予算」と名付けるほどの倒錯ぶりというか本末転倒ぶりである。この属地における「公的」（？）領域には、闘戦経の示唆の生きる余地は無い。国家が国家の体をなしていない。国として何を守るのかと聞かれたら、今そこに生きている市民個々の生活だけとなった。米軍の補助要員である自衛隊員も税金を払って雇っているのだから、市民の生活つまり生命財産を守るためにいのちを差し出せというのか。言われて、「はい、そうですか」と自衛隊員はいのちを差し出すと、市井の人々は本気で思うか。自分ができないことを、月給を支払っているのだからやるだろう、と思うとしたらおめでたい。これは、同盟関係にあるのだから、日本侵略が起きれば条約に基づき米兵は生命を投げ出すと思うのと同じである。

三、死後生が感知できない現世だけの貧しさ

「厚い生」の成果である死後に遺された財産は、相続の多寡により相続者たちの人生を内面で必ずしも豊かにするとも見えない。相続者は益々僅かな財産に固執し、卑しくなりやすい。今在る形あるものに拘り過ぎている。それしか確実なものは無い、と思っているのだ。いや、敗戦以来この方、思い込まされてきた、という見方も成り立つだろう。

欲望の充足が叶わなくなると、国民はどうしていいかわからなくなる。生理的な生しか目に入っていないからだ。ここには義を介在した「黙契」（前掲の三章、一節を参照）という境地の生きる余地はほとんどないに等しい。そこに至る回路が閉ざされているからである。

心の持ち方に由るものの、死後生も在ると信じられるから、現世の生も心的に豊かになり得る。慎みも生じる。だから、死者との黙契が大事になる。もちろん、拒んでもいい。それは自由。だが、そうした生の在り様は、我が生への謹慎（慎独）をもたらし、同時に生者同士の絆を誘発することにもなる。

その回路が断たれていれば、生者間の関わりも希薄になる。現世にある根拠も薄弱になる。貯金通帳にある残

高や年金の額、私有地、マンションなどのモノに拘り、結局は縋っている。それは、日々の時間を生理的に費消するだけの、諾々とした滅びの道程を歩むことなのがわからない。

物的な生活に視野が限定していると、そこそこの収入で表層心理は充足しているような錯覚が与えられる。だが、心の奥底にある飢餓が内実で満たされない。気になるのは他者との比較による格差である。自分より貧なる存在を見つけて安心しているが、それは本物の内心の充足ではない。生の根拠が物質的なものに集約される評価の流れに乗せられている。東日本大震災によって、被災地の住民だけでなく日本人全体に、何者にも代えがたいはずだった生活がいかに脆弱なものの上に成り立っていたかを知らしめた。

孟子がいうように、「恒産無くば恒心無し」、が市井であろう。だが、同時に黄金色に目が眩んで、複数の価値観のあることが見えなくなっている。複数ある生き方の実感は、「古より皆死あり」を「厚い生」と同格で考える心理の余地あって出てくる。一休禅師の狂歌「門松は冥土の旅の一里塚　めでたくもあり　めでたくもなし」は、その境地からでないと詠まれない。生の無制限な豊饒が可能だとの、臆面もない錯覚が蔓延し続けることになる。

生活の持続のために、誰にも与えられる「死あり」を覚悟する場合がある。有無を言わせずそうさせるのが統帥である。その分野を削除して早や三四半世紀を経た（前掲の六章、一節を参照）。日常生活の豊かさを得た代償は、ふと自分の生の背景に思いを致すと、底知れぬ不安である。その不安を実証したのが最近では、最初は天災で後に人災になった東日本大震災であった。そして、最近流行の武漢肺炎（コロナ）である。

四、生は死と表裏関係にあるのを亡失していた

死の受け止め方において、死後生を意識しなくなって久しいところが覗える。公的にも私的にも、その対応に、どこまで死後生を背景で意識しているだろうか。現世での個々の生の在り様への自覚は、現実の物質面の豊かさに比例しているのだろうか。そうとも言えないのは、公務死の扱いに見ることができる。

だが、死に損という市井の風潮を見ると、こうした心理状況が継続し得るのは、「厚い生」に裏付けられているからだ。この属地日本に充足している選良を含めた人々には、戦いに臨む心境など全く不要とする日々である。だから、福島原発損壊という想定外の事件が起きると、なすところを知らないことになる。その背景に、70有余年にわたり生は死と表裏の関係にあるのを亡失してきたからだ。

笹森は、第三十章の、小の虫が大なるものを倒せるという定理の釈義で、軍備を欠くといえども、一億国民がしっかりしていれば大敵も退散すると記した。(笹森本１０４〜１０５頁)。軍の保有を認めていない法制の現実を見ての切実な修辞であったと思われる。修辞は美しいが現実的な提言ではない。裏返しの一億玉砕を想起するからだ。

「死あり」を踏まえるとは何かを問う必要がまず求められるであろう。でないと、憲法第9条があるから戦争に巻き込まれなかったという、倒錯した戦後史の評価になってしまうから。9条は、「厚い生」意識だけを培養し無制限に増長させた。笹森の釈義とは反極にある。だが、弛緩《しかん》した状態では、こうした逆転した評価が生まれるのは当然の帰結である。

不本意であっても、統帥の命じるところ非命に斃《たお》れざるを得なかった兵士たち。その諸霊が祀られているのは靖国神社。その御社は幽顕共生を実感させる有力な霊廟なのだ。靖国神社を貶めることは、日本の戦いに殉じた兵士、その中には今の日本人でない者たちもいるのだが、彼ら死者と現在の生者が行き交える回路を遮断する働きである。ひいては死者を再度殺すだけでなく、我が身をも殺《そ》ぐ行為になるのだ。

この数十年、外国からの悪意ある容喙によっていつも問題になる靖国神社の有り様は、死後生を感知できない現在の日本人の心の貧しさを象徴していると言えよう。主権回復後の国賓で靖国神社を表敬した者は一人もいない。政権党もそれを不思議としない。外務省も国際慣例を無視して知らん顔である。こうした作為ある無為を放置したままにする戦後保守という代物のうさん臭さがある。今の日本は国家と称してはいても、その内実は属地でしかない所以である。

二節　占領下で育成がさらに強化された二流選良

一、二流以下の選良に占拠された半世紀余

占領下に置かれるとは何か。占領する側と占領される側の立場の違いを明らかに自覚しておく必要がある。その部分をあいまいにするから、占領下での日本の非軍国主義化の別名である「民主化」は、日米双方の共同作業であった、などというまやかし論がいまだに横行することになる。

占領とは主権の無い状態をいう。ポツダム宣言への日本政府の問い合わせに対してバーンズ米国務長官の回答（１９４５年８月10日）には、日本政府の国家統治の権限は、連合軍に「隷属する」（subject to）とある。活殺権は日本側には無い。にもかかわらず、外務省はこの部分を「制限の下に置かれる」と姑息な意訳をした。それが定訳になっている。だから、半世紀を経た近年になっても、米国でピューリッツア賞をとった前掲のＪ・ダワー著『敗北を抱きしめて』（１９９９年）のように、日米共同作業の占領政策という偽情報に基づく史観を振りまくトンデモ本が出てきて、権威化されている。

訳本が民主化の先頭に立った岩波書店から出ているところが、正直と言えば正直である。日本の書評でも好意的なものが多いところに、占領後遺症がいまだに根強いのがわかる。後遺症に便々と浸っておられる面々は、剛は言うに及ばず自尊心が元来無いし、僅かでも実感する余地が体内に希薄なのである。依存して永らえるのは楽だから。そこに責任もあり得ないし。

統治する側である占領軍は、「隷属した」日本政府を通しての間接統治をとった。それが占領という事実が何

かを多くの日本人にあいまいにした面もある。間接であろうと直接であろうと、日本側には最終決定権はない。従って当事者たり得ない。文字通り、subject to なのだ。

そこで、ここでの問題は、支配者である占領軍に歯向う可能性のある者は、決して採用されないということである。だから、軍国主義者の名のもとに30万人近い者たちが教職を含む公職から追放された。自発的に教職を離れた者も多かったという。そのうえで、最終的に支配権を保持している側の言うことを聞く者を徴用することになる。dependent な者たちだ。つまり、占領軍に協力する日本人にとって、忠誠の対象が日本には無い。だから主権が無いというのだ。いくら優秀でも、日本側からも占領側から見ても、二流以下でしかない選良なのである。当事者意識ははなからない。あると思っているのは、タクトを握る者の巧妙さがあった、としておこう。

二、剛を志した軍官僚が消えて、ペット文官が台頭

剛を生来もたないか持ちたいと願う学校秀才が日本を破局に追い込んだが、皮肉なことに、敗戦と占領によって、再び大半の者が占領下でも大手を振る機会が与えられたことになる。戦前戦時と占領下の戦後で、二つの期間での主流の思考形態には共有するものが多かった。

なぜそうなったのかという問題意識を見落としてはならないだろう。それは、自前による敗戦に至った自己総括作業の取り組みが、いまだにされていない現実に端的に出ている。公教育のうち高等教育が欧化流の近代化を最優先したのは已むを得ない。だが、自前の知の蓄積を軽視して、外来のノウハウに拝跪してしまった弊害が、益々強化されてしまったのである。

だから、現在に至るも、勝者から与えられた敗戦総括を継承することに不思議とも思っていない。七年の占領期間内ではあったが、選良の衣は変わっても、実体はさほど変わらなかった、という見地も軽視しない方がいい。

占領側の選良は、間接統治で委託する日本人選良は使い勝手の良いものしか用いない。当たり前である。剛あ

る一流の日本人は、笹森のような例外を除き支配に唯唯諾諾と従うはずもなかった。また、見識の深さが違い過ぎた。一流の日本人は昭和の戦前戦時でも、君側の奸の跋扈によって意を得なかったのである。

支配者の道具になることを肯じない者と、支配者に即応してわが世の春を得た者は、決して交じりあうことはない。例え「淡交」？であっても、だ。その間に断層線がある。二流は自分が二流であることを知っている。それは一流が一流であることを知っているように。そして、二、三流は一流を忌避し連携して排除するのが習いである。占領下とは、日本人は決して当事者にはなれないということである。だから、日米間の共同作業など有り得るはずもない。かくこの半世紀余を通観すると、日本列島が「属地」に化していることが察知できるし、やがてその全体像を認識するに至るであろう。

三、問題は被害者意識への違和感の無さ

剛とは当事者意識の別の表現ともいえる。物事への取り組みで、当事者意識があるから事態に加害者意識で臨める。それは事態に主導権を握っていることでもある。従って、あらゆる出来事に自分の責任を自覚できる。当事者とは有責を背後に置いている。簡単に言えば、いつでも腹を切ることができる。だから、剛なのだ。「我、事に臨んで後悔せず」。

戦後に、失敗の研究なり総括なりの作業が選良間で希薄であったのはなぜか。事態に臨んで精神的な境地で主導権を保有していなかったからだろう。だから、敗戦後にも自主的に取り組むまでに至らなかった。むしろ、GHQによって行われ、旧軍人が仕事を要請というか指示されたのか、参画している（注97）。

（注97）『大東亜戦争全史』全3巻を執筆した陸軍大佐服部卓四郎の敗戦後の軌跡を見よ。連隊長として赴任していたシナ大陸よりGHQ（占領軍総司令部）の命令で帰国。第一復員局（陸軍）史実調査部新設に伴い部長、やがてGHQ歴史課員を兼任。主権回復後の昭和27（1952）年8月まで兼任している。つまり、丸抱えである。主権回復後に、服部が私

人ではなく公人として何をしたか、である。その内容によって、当事者意識がどこまであったかが観えて来る。最近では、再軍備に反対するクーデタ計画を建てていた、との臆説もあるのだが？　さて。占領中のアリバイ作りを策した？

事態に主導権をもっていることが敗れないための不可避の条件ではあるものの、負ける場合もある。だが、当事者意識があれば、負けても、その敗因を他者に押しつけたり、被害者意識で責任転嫁したりはしない。敗因を自力で明らかにすることを惜しまないだろう。それは次の世代による戦いの仕方での糧になるから。だが、主権回復後に系統立った作業はされないまま半世紀以上も経っている。せめて資料集作りをすべきだった。

そうした惰性から見ると、どの分野でも被害者意識の強い者が指導的な立場にある場合が多い。それこそ、占領後遺症の最たるものなのである。二流選良が拡大再生産されてきている。そして、ついに被害者意識だけの者が宰相の地位になるまでに至った。我が身は何者かの自覚すらない。「金は金たるを知る。土は土たるを知る」（第四章）の真逆である。当事者意識など最初から無い。

三節　二流選良は、半世紀経つと二流以下が主流に

一、天災と人災の分別もできない

多数講和で主権が回復したことになっている。だが、主権とは何かがさっぱりわからない国政選良がいたるところに徒党を組んで、国政？　を壟断している。

そのあげくが１９９５年８月の村山談話だ。日本は戦争で世界に迷惑をかけたと陳謝するのである。それが

2010年8月になって、今度は日韓併合100年の菅《かん》談話で再生されている。一見すると謙虚であるように見える。だが、自国の歴史なり軌跡なりに当事者意識が無く接するところから出てくる態度である。しかも、歴史に被害者意識で臨むところから出てくる見地でもある。責任を負った加害者意識での陳謝と被害者意識でのそれは、仮に陳謝しようとしたら、表現も内容も違ってくる。

もし当事者意識があれば、靖国神社に参拝するだろう。それこそ剛ある選良の取る自然の振る舞いなのである。こうした謙虚な振る舞いをもたらす在り方は、属地であることを当然としている村山や菅には思いもかけない。これは当事者意識を欠いて、もっぱら被害者意識で事態に臨んでいるからだ。だから、責任の回避は習いになっている。そのくせ権力欲はある。この屈折した選良意識が棲息し跋扈しえたのは、占領という事態への受け止め方に、前述のような問題があったからである。属地に棲んで育ったために、勝者や強者への卑屈さだけが習いになっている。勝敗は過程でしかないにも関わらず。

二、被害者意識は弱さに裏打ちされた懼れだけを増殖する

厄介なのは、こういう手合いは、剛ある者を拒む点では、類は友を呼ぶで、衆を頼んで野合するところだ。文民統制という名のもとに与野党一致して、田母神空幕長を追い出したときに、その病理が露呈していた。肝心の防衛省の中枢（内局の文官）も、彼を守る工夫をするより、便乗して制服叩きをする始末である。

田母神追放に血道をあげた議員たちは、一様に彼が日本軍国主義の再来であるかの言動をなした。彼ら自身が物事に被害者意識で臨んでいることすら気付いていないのである。当事者意識に立っての田母神空将に共鳴する境地は全く無い。従って、田母神が伝えようとした近代日本の軌跡にあった信も義も、彼らは感知できる心情を有していない。こういう手合いが大勢を握っているのが、現在の日本の状況である。だから、属国ではない属地だ、というのだ。

この風潮の厄介なところは、自分の立ち位置の認識根拠が被害者意識であるために、事態に主導権を握る意志が生じないところだ。すべて相手待ちの状態になる。風が起きたり、物事の現象が発生したりしてから対処しようとする。状況への後追いである。その後追いも当事者意識あっての事態への取り組みではないから、周囲をキョロキョロしたあげくのおずおずとした対応になる。

その対応が後に失敗になっても責任意識は無い。それは事態に自分から望んで参加したのではなく、待ちからの追従であるから、結果責任は感じないような心理回路になっている。悪くなったのは状況や相手に原因があるのだ。こういう思考回路による無責任体質は、牢固として育成されている。本人ももちろん気づいていないノーテンキぶりだ。習い、性になっている。この手の発想の持ち主は、大戦中の「戦争指導」にも出ていたように見える。

自分の判断で自分の行為なり選択なりをしていれば、他に責任を転嫁することはできない。責任とは別名で加害者意識あって生じるから。二流以下の選良は何かを選択せざるをえない羽目に陥ると、自己保存を最優先するから、その選択がもたらす結果については、専ら「懼れ」を意識することになる。

その「懼れ」も結果責任を引き受ける覚悟に基づいての「懼れ」ではなく、弱さから来る「懼れ」だから厄介だ。当事者意識にある「懼れ」認識と、被害者意識による弱さからの「懼れ」認識は、根本的に次元を異にする。その選択の幅と内容が全く違うからだ。闘戦経の作者は、「懼れ」そのものを拒んでいた（第八章）。

ミッドウェー海戦敗戦後の山本五十六の動静は、「剛を志して兵を学んだ」（第四十章）者らしく、茫然自失、状況に受け身で接するようになり、ただ死を待ち続けた。「懼れ」に取り憑かれて腰が抜けてしまったのである。自分で作った状況に負けたところから見ると、元来の剛はそれほどなかったのであろう。

三、属地の管理には、本物の選良は不要だから？

これでは自分のいる環境において、その状況での主導権を我が身に掌握することは不得手になる。いや、ハナからそれを求めない者が、自分を被害者にする心境に安住しやすいのである。自分よりも相手が悪いと信じ込んでしのげていけるなら、事態に責任を感じないで済む。処世としてこれほど楽なことはない。最優先するのは自分の「生活」である。責任は上司が悪い、あるいは下僚が悪いと平気で転嫁する。その端的な事例が菅政権による福島原発を含めた東日本大震災での事後処理に露呈している。東京での会議は踊り、現地では被災民が追い詰められていた。

こうした醜状は、選良が世代交代するたびに益々卑小になっていった半世紀余の結果である。現在を見ればいい。下僚に「何でもかんでも自分に決めさせるな」と怒鳴った首相（菅《かん》）が出てくるまでに堕ちた。後継者育成と言いはする。言いはするものの、その実、自分の一身上の影響力を温存するには誰がいいのかという、私心からの後継者探しになる。そこを見抜いて横行する候補は、「匿情と「柔媚」の長けた者たちになる（注98）。

（注98）「匿情は慎密に似る。柔媚は恭順に似る」。『南洲　手抄言志録』三五の一節。前掲『西郷南洲遺訓』42頁。敗将には、「先づ脚下の蛇（へび）を断つ」（第三十七章）芸当はできない。蛇に囲まれていても、自分も同類だから問題はないことになる。ここでは、第三十三章の教え「口に在りては舌を動かすことなかれ」の活きる余地は無い。

ここからは、卑小な敗将の再生産が繰り返されるだけである。そういう仕組みを最も好ましく思う者たちと勢力は誰かを見極めねばならない。「属地」日本を造り、それで良しとしている側だ。一国だけではない。主題に応じて組合わせは変わるものの、複数の連合で臨んできている構図を見抜ける選良はいるか。二流以下の現行の選良たちには、そうした渦中に自分たちがいることに、トント気づいていない。いや、気付こうとしない。そこが、現在の日本国と国民にとっての悲劇なのだ。この前提認識に立って明日を考えよう。

学ぶ時期や世代は早ければ早いほどいい。壮年になってから学ぼうとしても遅い。遅いことの致命的なところは、方向を見出せ得ないからだ（第十章）。ここは、統帥の不在という現実から前述したように（六章、一節、一、二）実に怖い指摘だ。手遅れとまでは言わないが、現在の日本人選良に運営されている、国であるはずの日本社会の危うい帰趨に思いを致すからだ。

実質では属地でしかないことに気づかない。これは、自分の在る環境を、時間性あるいは歴史性を踏まえて、包括的、巨視的に把握できないことを示している。この事態は容易でない。東日本大震災への中央政府の取り組みの無政府ぶりにも、端的に出ていたと思う。胆力なく、知と勇も弱体化しているものの、ポピュリズムにだけは長けた「選良」？が横行している現実がある。

四、失われた誇りと名誉、そして気概

主権喪失という占領時代で、それ以前は敵側であるばかりか前線では死闘を繰り返してきた支配者側（GHQとそれに連なる者）から、与えられ受容した物の見方。その文脈で育成されたことに違和感の無い者たちに、「誇りと名誉、そして気概」があるのか。あるいは発揮されるだろうか。

あると思い、発揮できると錯覚している。その与えられた自信は、自分たちの足元を掘り崩す作業になっている。それを「誇りと名誉、そして気概」ある使命とでも思っているようだ。倒錯していることに気づいていない。前述した昭和21年2月の紀元節で、新日本元年を説教した東大総長南原繁は有力な一人だ、二流選良たる所以である。そして、パペット学者たる所以である。結果的に「戦後保守」の創設者になった吉田茂ですら、全面講和を主張する南原を曲学阿世と痛罵した。腹に据えかねたのだろう。

政治の世界が介入するのに最も謙虚であるはずの歴史認識に関する経緯を見ればいい。すでに幾度も本稿で触れてきたような一連の首相談話を見よ。この微妙な分野に入らないようにするのが、消極的とはいえ、一定の見

識と評価できなくもない。だが、村山、小泉、菅《かん》のような、上掲の三人は、二流以下の選良らしく、臆面も無くいそいそと談話作成と発表に違和感が無かったようだ。

ここに一貫して流れている文脈から、「誇りと名誉、そして気概」が出てくるだろうか。出てくると言えるノーテンキな者たちは、見当識は生来からない者たちだ。祖国への忠誠とは何かを真剣に考えたことがあるのだろうか（後掲、十三章、三節、五、を参照）。占領軍による国家の生存権に基づいての、「悪意」を当然に内包した見解に育成されたことへの反省は無い。ＧＨＱに配給されたその内容を後生大事に抱えていくことが、「誇りと名誉、そして気概」とでも思っているようだ。今回の自民党総裁選での小石河トリオはそれだ。

こうしたザマを複雑さもあって眺めているのはワシントン。トランプに代わり大統領になったバイデンは、オバマ大統領の副大統領時代、安倍首相の靖国神社参拝にソウルからの画策に応じてクレームをつけた前科がある。副代官のつもりだったのだろう。僭越至極である。得たりとばかり、機会さえあれば衝いてくるのが北京。自国の利害に関わる範囲で執拗な突っ込みをするのがソウルといったところか。

まるで船底にびっしりと棲み付いた貝殻が、病膏肓《やまいこうこう》に入るように脳内にまで入り込んで悪さをしている。今様に言えば、コロナ・ウイルスのようである。その指揮棒に踊っている二流以下の選良たち。失われた誇りと名誉、そして気概の本物が再興するのは、どのような見地からか。

社会的な地平では失われてしまった「我武」に基づく「剛」（第五章）とは何かの考究あってからだろう。その追求あっての歴史認識は、すぐに意図あって与えられた占領側の歴史認識に、違和感を覚える心境をもたらすはずだ。さらに、忠誠という言葉に関わる領域がかくも容易に表面から見失われてしまったのは、なぜか。それ以前の昭和史における高級軍人に象徴的に顕れている忠誠に関する好ましくない生態も見落とせない（前掲、六章、五節、「四、昭和の軍官僚にとっての忠誠とは？」を参照）。

だが、その程度で霧散する忠誠心しか日本人は有していなかったのか。久しく見失われたままになっている忠誠とは何かを問う、現在与えられている背景環境を虚心に考えたい。病膏肓に入っても、この気づきが再興への第一歩になる。

ここで敗戦直後には無かった敗者意識が、どのように醸成されて今日に至ったのか、を今一度振り返って再考してみる。

十章　敗者になる条件

一節　剛を志した昭和の将帥たち

一、「兵を学んで剛を志す者は敗将」となった昭和日本

日本近代でも大正から昭和にかけてからの軍幹部の養成には、陸軍大学校、海軍大学校（注99）などで、欧化による技や術の吸収を急ぐあまりの主知主義が蔓延したといえる。彼らは過酷な試験を経て選抜されて入校し、「兵を学んで剛を志」（第四十章）した。学校を運営した側も、教育訓練によって指揮統率のできる未来の将帥を育成が可能と信じたのであろうか。

（注99）中野本の「あとがき」によると、少将時代に海軍兵学校の校長にもなった及川古志郎大将は、その任期中に闘戦経を刊行している。及川は、後に海相、軍令部総長（昭和20年5月まで）にもなった。漢書に造詣の深かった及川は論理的な思考に不得手だったという批判もある。この批判は、結論を重視して、その結論に至る過程を軽視した、と言いたいようだ。彼の学んだ兵の内容が気になるところである。

また、ここでの問題は、及川が剛の持ち主であったかどうか、である。が、上掲の評からは彼がもっていた知の在り様は覗えるものの、剛の面の有無は覗うことができない。

古川博司は及川を激しく批判している。「昭和十八年、船舶の大被害で前線の将兵、国内の生産ともに息も絶え絶えであったにも拘わらず、〜（中略）魏源『聖武記』を悠然と読みふけっていた」という。同『東アジアの思想風景』56頁。岩波書店。1998年。

古田は、知見と現実認識が乖離している知の破綻を言いたかったのだろう。説得力がある。


日露戦争を辛勝に導いた統帥と国務を担った面々は、上掲の大学を出ていない（注100）。彼らと昭和のそれでは、40年に満たない期間があるだけだが、事態の取り組みの姿勢で隔世の感ありだ。同じ日本人とは思えない落差がある。それは、非常時に発揮される統帥の在り様と、それをも包括する国務である統治の分別ができなかった醜態に出ている。統帥認識の混迷は、日本国の文武官や政務の選良に、国家有事の最大のものである戦争での、存亡を賭した指揮統率とは何かの共通認識が、成立しなくなっていたのを示している。


（注100）ドイツ（プロシャ）参謀本部から招請し三年にわたり新設の陸軍大学校で6期生まで教育したメッケルによる講義内容に問題ありとしたのは、後年に陸大校長を二度にわたり就任した飯村穣である。参謀の役割での偏頗性の指摘である。さらに、師団を越えた方面軍での戦略を省略していたことによる無知については、別宮暖朗が自著『帝国陸軍の栄光と転落』で完膚無きまでに解剖している。同四十〜四十二頁。文春新書。2010年。

問題は、プロシャに専門家の派遣を要請した参謀本部に対し、一流はトルコに派遣し、日本には二流を派遣したらしい。新興ドイツの地政学的な認識からすれば、日本よりもトルコを重視したのは当然とも言える。

その一端を統帥側から明らかにしたのが、前掲（六章、四節、二）で紹介した「海軍反省会」の記録テープである。うすうすは予見していても、直接に当事者の声咳で示されると慄然とする。剛を志した統帥を担った面々は、後述のように（十一章。二節。二）、勇が智を凌駕し、智の働きを閉ざしたのであろうか。だが、智を軽視した勇とは一体何なのだろう。結局は暴走でしか無い。

反省会で各自が反省したような事態の生じたゆえんが何か、についての諸説はある。が、本格的な総括はまだされていない（後掲、十章、三〜四節を参照）。なんせ当事者がチームとして、その作業を放棄してしまったからだ。失敗の総括としての調査研究が、当事者の参加もあって公的にされてもいない。それは剛を志して学んだ者たちだったからか。当事者であるはずの者たちの意識内容が問題である。

反省会も各人がそれぞれの職階に在ったところでの意見を開陳しただけで、集団としてどのようにまとめるのかに至っていない。陸軍の場合は、そうした試みすらしていない。両者とも自分たちが従事した戦争への当事者意識があるとは思えない。当事者であることを放棄している。これでは敗将となるのは当然であろう。指揮下にあった兵の無残さに思いが至る。

「剛を志す者は敗将となる」（第四十章）の示唆するものは、現代でも生きているし、これからの日本の進路を考えても深い意味をもっている。そして、現行の教育制度の運営には、当然にこの示唆するものへの配慮は全く無い。

二、剛の不在は玉砕の強要に見られる

漫画家水木しげるは、ニューブリテン島での一兵士の体験をマンガ『総員玉砕せよ！聖ジョージ岬・哀歌』にして残している。その記述は自分の経験に基づくものだから、強い説得力をもっている。本人は、90パーセントは事実と。創作の部分は、主題を強調するのと、個人攻撃になる部分を押さえたのであろう。作者の含羞がほの

かに伝わってくる。だが、そこに出てくる統帥の末端がいかにマンガになっていたか。二等兵としての水木の生死は、その統帥の末端の指揮統率におもうさま翻弄されていた。幸いにして偶然に助けられて生き伸び得たが、腕一本を提供した。多くの戦友は死んだ。

戦闘を目的にしているのか、玉砕を目的にしているのか、目的の倒錯。だが、水木だけの経験ではない。同様の出来ごとが戦場各地に見られたのは、多くのノンフィクションにある。

その病理を独特の見地から解明したのは、山本七平の一連の作品である。その総括ともいえるのが、『わたしの中の日本軍』『一下級将校のみた帝国陸軍』の3部作である。『ある異常体験者の偏見』、『フィリピンでの軍属で派遣されて捕虜になり帰国した小松真一の記録にある「敗因21カ条」を追求した『日本はなぜ敗れるのか』(角川one)。また、事実の積み重ねから明らかにした大岡昇平の『レイテ戦記』(1971年。中央公論社)。山本や大岡の体験からくる論評に、位階の上下は別にして昭和の統帥にあった者からのまともに対峙した見解、つまり反論は、いまだに無いように思う。何も無いところを見ると、山本等から何を言われているのか、判然としていなかったのではないのか。こういうインテリジェンス欠乏の倒錯事態はなぜ起きたのか。なぜ、徒《いたず》らに自決と玉砕を強要する空気になってしまったのか。この問題に一つの答えを提供しているのが、山本七平の『空気の研究』であろう。

自決と玉砕を強要するタネになった『戦陣訓』だけを取り上げても、答えは見つからないと思う。先に簡単に解明したように、『綱領』から『参考』に至る過程で、統帥部がどのような思考形態を強化し変質していったのか、そこを背景にしつつ、足掛け十年後の『戦陣訓』の成立を考える必要があるのだろう。戦おう、不退転の決意で勝利を収めるまで頑張ろう、ではなく、潔く死のうという、一見は雄々しくは見えるものの、その実では、精神病理の対象になる患者らに統帥部が占拠されるように変質してしまったのはなぜか。南原繁の直系と評してもいい丸山真男を開祖とする後掲(巻末「拾遺(一)」)の神島二郎や片山杜秀『未完のファシズム』(2012年。

新潮選書）だけでは、知的作業がいかにも貧しい。

前向きではなく袋小路に進んでいった思考にある病理現象の由来は何か。それらは、いずれは、まともな日本人による「失敗の研究」で詳細は明らかにされていくであろう。簡単に要約すれば、統帥の本質である上意下達は、統帥を本来は支える国民社会において、民意としての下意が上達し、有効に反映し活きている度合い、つまりはそこにもたらされるダイナミズムに応じてしか作用しない、ということだろう。それを理解する方法として、一定の社会を生態学的に捉えて、開放系と閉鎖系の概念から明らかにすることも必要であろう。

三、統帥を担う者たちの戦争指導は、コピー作りに堕した

海軍でいうなら、名将と謳われた山本五十六は、開戦から半年後のミッドウェー海戦で敗戦して、それを海軍内だけに秘してしまう。この行為は職責上で卑怯卑劣そのものではないのか。勝利を収めたら報告し、敗戦なら隠ぺい。こうした将帥に率いられた軍が最期に敗れる羽目になる。

国葬を受けた将官山本ですら、この程度なのである。隠ぺいしたつもりでも、いつまでも事実を隠し続けることはできない。という想像力も薄いようだ。やがては国民間で「疑」を産み出す。まして、戦った敵は、日本海軍がこの作戦海域で完膚無きまでに負けたことを知っている。日本国内で隠ぺいしているのを、中国に在る日本軍の支配地でも知りえていたと思う。米国の国際放送を聞いていれば分かるから。

こうした将帥に率いられた軍ならば、負け戦になると部下の兵に自決と玉砕を強いる羽目になる。玉砕は、外面《そとづら》ではいかにも華々しい果敢な仕事をしているように見えるからだ。だが、実際は多くの人命を捨てて、敗北への一里塚をその折々に作るように励んでいたのである。二流以下の官僚にありがちなその場だけの体裁を整えるだけ。この倒錯ぶりには言葉が無い。そうした振る舞いが、先の福島原発損壊の後始末の際の原子力安全・保安院の仕事ぶりにも出ている。監督するはずの大臣は、全く存在感がない。

その結果、最高統帥部である大本営参謀らの仕事は、コピー作りとなる。その悪しき先行例が東條陸相時代に制定された『戦陣訓』である。また統帥部は、太平洋戦線で多くの敗色情報を入手していたにも関わらず、事実を事実として国民や法理上の統帥権者である大元帥陛下に報告しないで、虚偽の報告作りに血道を上げる結果になった。

昭和天皇は、上奏に赴いた大臣か将帥に、戦艦サラトガは二度撃沈されたね、と言ったそうである。「剛を志」した学校秀才らしいなれの果ての所作である。本来なら、こうしたやりとりの果ては腹切りものだ。このような仕事ぶりは、現在の官僚機構でも変わっていない。大問題が出来《しゅったい》すると、「想定外」という形容で事態に転嫁して誰一人責任を取らない。この所作には、大本営発表として作文した戦果を国民に提供してきた軍中枢にいた官僚たちの敗戦後を見れば、同じことがわかる。極めて稀な事例を除き、誰が自己総括しているか。彼らに訊ねると、指示に従っただけだと言うのだろう。これでは『イスラエルのアイヒマン』（H・アーレント）の弁明と同じことになる。

『戦陣訓』も勇敢な言葉の羅列だ。リリシズムに富んだ戦記作家伊藤桂一は、出征中に渡されて内容を読み、ずたずたに引き裂いて足で踏みにじったという。許せなかったのであろう。比較のしようがないが、毛沢東の定めた中共軍（紅軍）の軍規であった「三大規律八項注意」（注101）と比べるといい。両者の統帥部の目線がどこにあったかが鮮明になる。ここでも、すでに日本軍の統帥は負けていた。足を地につけて戦争指導をしていたのはどちら側だったのか。一見は強大だった日本は、毛沢東の見通し通り敗戦を迎えてしまった。

（注101）三大紀律。一切の行動は指揮に従う。大衆のものは針一本糸一筋とらない。一切の戦利品は公のものである。八項注意。話し方は穏やかに。売買は公正に。借りたものは返す。壊した物は弁償する。人に暴力を行使しない。農作物を荒らさない。婦人をからかわず乱暴しない。捕虜を虐待しない。一九二八年に毛沢東の制定と言われる。当初は六項注意だったが、数年後に八項になった。戦力で弱い立場だからこその知略である。

二節　闘戦経の精神を半解した危うさ

した。

一、特攻隊という統帥の外道にも継承されたか真鋭

フランスの知識人ベルナール　ミローは、戦後になって『神風』という著作で特攻隊兵士の「生き死に」を作戦としては無益としつつも、ヨーロッパでは千年前に消滅した誇り高い姿勢と行為であった、と高く評価し絶賛した。

千年前の西欧にはヒューマニズムの洗礼を受けてしまった近代ヨーロッパ人の忘れた、あるいは覗い知れない誇りの精神の源泉があったのだろう。軽率な南原繁は、前述のようにひたすら欧羅巴の近代以前は暗黒時代と思い込んでいた。不学から来る無知の所以である。

先述した海軍反省会の意見交換のテープでは、特攻兵器の開発は、生みの親といわれている大西滝治郎中将の考える前に、海軍軍令部で極秘に着手されていたという。海軍として組織的に特攻が作戦手段になっていたのである。明白に外道の行為であった。特攻は大西中将から始まったとは、敗戦後の海軍上層部による巧妙な印象操作だったようだ。軍令部は、有責から逃れた。こうした姑息さがやりきれない。

制度面では、おそらくその通りであろう。が、自発的に特攻に参加した者たちの心境では、その多くは真鋭に基づく行為になっていたように思う。大西が時世での弁か句か、「これでよし　百万年の仮寝かな」で、敢えて「百万年」という無限大に近い年数を提示したのは、彼の真意の示唆であろう。しかし、「人の死ぬや、その言やよし」、としていいのか（注102）。

特攻という現象でのこの二つは、分けて考える必要がある。海軍統帥部としての前者は、「勇」だけに重点を

かけたところからの、生命の軽視に依拠した手段を弄した愚者である。自発的な参加とするか軍命とするかはともかく、学徒出身の予備士官としての尉官、下士官兵の後者は、未「還」の英雄になる。現在でも軍神として讃えるのが礼儀だろう。ミローの評価した対象である。

参加して帰還しなかった兵士の辞世を全て読んだわけではないから散見だが、そこに幽顕一体が生きていたのが多い。必死の飛行に臨む死生の間に立つと、そう思わずにいられなかったかも知れない。ともあれ、感受性が豊かなために慧眼なミローは、そこに感じ入ったのであろうか＊＊。

個々の兵士による特攻という行為には真鋭が生きていても、職業軍人の構成する統帥部に集団力として活きていたか、が問題である。落差があった、と言わざるをえない。ここにも統帥中枢における「兵を学んだ」（第四十章）知の病理現象が覗える。全てを戦力に投入するために、国民は員数化されて割り切られている。それは前掲の反省会でも自己批判を意識しつつ指摘されている。

（注102）海兵出身の士官経験者である池田清『海軍と日本』（中公新書632）で、特攻を総括して、「もはや戦略でも戦術でもなかった。それは民族的叙事詩の対象にはなりえても、（中略）事実の厳粛な重さの前に沈黙するしかない」（180頁）と記している。大西の辞世への印象として説得力に富んでいる。痛烈な大西批判であり、容認した当時の海軍統帥部への非難でもある。そして、ミローの見方に対して是々非々といえるか。叙事詩として受け止めるためにミローに共感しつつも、距離を置いているから。

＊＊アッツ島での日本軍玉砕にAPの従軍記者として目撃したウイリアム・ウォルバンは、迫真の報道をしている。中柴前掲書77～80頁。日本軍最期の総攻撃に驚嘆畏怖したこの筆致の底流にある所懐は、ミローの所見と共有するところが多い。

二、真鋭を浪費したか、昭和の統帥

統帥の中枢に、「進止有って」（第十七章）の「止」の観点が生きていたら、特攻をダラダラと継続することはなかったであろう。作戦として当初は目覚ましい戦果を挙げたものの、やがて米軍は対策を講じ、「馬鹿爆弾」(baka bomb) と蔑称するようになる (前掲の対日戦勝利60周年記念演説でブッシュが冷淡に批評し野蛮視したのも、その文脈からのものである)。

だが、統帥部は、敗戦直前までこの作戦を継続した。あげくに末期には、表面上のことと思われるが、本土決戦で「一億特攻」「一億玉砕」を怒号するようになった。その手元にあったのは、前述 (七章、二節、四、を参照) の『戦陣訓』である。自分から袋小路に入る選択肢は、内向きだけの病理現象である。彼我を比べる初歩的な視座が統帥部に生きていたら、「百戦危うからず」であったろう。中枢を構成した統帥部の選良たちの、作戦に名を借りた人命軽視に走った安易さに慄然とさせられる。暴走としか言いようがない。員数としての兵は、単なる「雑草」(前掲の六章、六節、三、の (注80) を参照) にされている。

戦闘や統帥を「詭」認識にゆだねるのは問題ありとする見地は、自讃すれば「直き心」から触発されたもので美しい。美しい反面の危うさは孫子の現実重視に即してみればわかる。つまり、「詭」を知り真鋭を我が身に収めるのは、神気を深めたところに培われる、勁い心境と識見の深い者においてのみ可能なのである。

そうした精神を生来有する将帥からは、徒らな玉砕の選択はあり得ないはずだ。そこで働く識見とは、生来の「体を得て」いる剛ある者 (第四十章) にのみ十全に発揮されるかもしれない。大西は辛くもその一人になるのだろうか。危ういものを感じざるを得ない。切腹で責任をとったことにはならないと思う。

識見には、さまざまな事例を比較できる能力も含まれている。でないと、特攻作戦をダラダラ持続するような無様な行為をもたらすであろう。その果てに出てきたのが一億玉砕による本土決戦である。ダラダラと終戦まで続けた統帥中枢は、すでに統帥を担う資格は失せていた。

大西は、特攻を外道として、命令ではなく志願の形を取った。この作戦 (?) は、すでに軍の体をなしていないと大西は考えたからだ。彼は、特攻だけに戦闘の帰趨を委ねる愚さを職業軍人として知っていたのである。作戦とはいえない理外の理でしかないと（注103）。

（注103）この悲痛な決断の意味するものを、楠木一統への傾斜からか家村は、「将に胆有りて」（第二十章）の批評で、「圧倒的に優勢な大敵に遭って孤軍奮闘することになっても、壮烈な玉砕を遂げるまで、深く戦い続けるのである」（前掲書88頁）というのだが。どこまで第二次大戦での日本統帥の「失敗の研究」を重ねての修辞なのか、疑問の生じるのを抑えることができない。危ういものを感じざるを得ない。

それは終戦処理内閣の重責を担った鈴木貫太郎が、敗戦後に明確にその「外道」ぶりを否定しているところに留意するからだ。鈴木は、「戦術上の立場からいえば、玉砕主義は明らかに敗戦主義と認められた」と、明快そのものである。続けて、「特攻隊はまったく生還を期さない一種の自殺戦術である」と駄目押しをしている。その見地は、日露戦争時の経験であった旅順閉塞隊の脱出との比較から来ていた。前掲『鈴木貫太郎自伝』321頁。

三、信の過剰に見る危うさ

大西自身は外道という表現に出ているように、特攻作戦には懐疑的であった。最近読んだもので得心がいったのは、大野芳『死にざまに見る昭和史』（平凡社新書505）（注104）の実証に基づく見方である。その本意は、外道の作戦を執れば、天皇が陸海軍中枢に対して、統帥権者としての大元帥の立場から終戦への取り組みを命じるであろう、との予断に基づいて開始されたという。叡慮を期待したというのだ。

（注104）同書「第四話　大西瀧治郎――徹底抗戦の真意はどこに」（116～117頁）による。すると、大西の辞世の背後にある、辛い上にも辛い陰影を推察せざるを得ない。繰り返すように、彼が百万年という年数を挙げざるを得なかったところに、敗戦直後での孤忠の風姿を観る。だが、一方で甘えも指摘せざるを得ない。いやしくも将帥の一人であるから。一介の佐官や尉官ではないのである。腹を切る覚悟があったのだから、通常の指揮系統を越えた上達手段による直言の工夫は可能であったはずだ。

いたずらに大御心を待っていたのか。強いて言えば、光圀の伝えた「臣たらざるべからず」の行い、さらに前掲の三島由紀夫「『道義的革命』の論理」で提示した「待つ」行為に入ると言えなくもない、で済ませられるのか。

外史では、フィリピンでの最初の特攻を聞いた昭和天皇は、思わず「そこまでやらねばならないのか」と言われたという。近代的な意味では、すでに軍事学あるいは作戦の名の範囲を超えている行為であることを認知（宸念）していたことを示唆している。この発言にある言外の言を、木戸幸一内大臣など当時の「忠良なる側近」（？）は読みとれなかった。死者に鞭打つようだが、やはり大西には甘えがあったとみるべきだろう。期待する前に非公式ルートの活用など、できることはあったのではないか。

志願は、やがて実質は命令と変わりなくなる頽廃を招いた。上官は、諸官の後に続くと言って、それを守ったのは幾人いたのか。この発言は信の浪費とまでは言わないが、危うい。大西は自決して責任を執ったのか。「仮寝」と詠ったところを、どう読んだらいいのか。

この問題については、昭和天皇が敗戦直後に皇太子（現上皇）に送った書簡にあった苦渋の総括がある。軍人など神国意識など思い込みが多くて、科学的な思考が足りなかったと。終戦時の御製にある「国がらを　ただ守らんと　いばら道　すすみゆくとも　いくさとめけり」は、終戦の詔勅にある「五内為に劃く」心境を経て、初めて生まれる絶唱である。ここには、「軍は進止有り」（第十七章）の在り方がそのまま詠まれている。一億玉砕すれば、亡国の実現であるから。

こと此処に至って省察すれば、統帥中枢では、真鋭によって活かされるはずの智に基づいた技なり術なりが軽視されたようだ。それは半面で、過ぎていた部分があったからだろう。陛下が自覚されていたように、それは表層上の信の過剰でもあった。この種の信は誤る。なぜなら、信への依存、甘えを招くから。そこには、自責に基づいた思索上の深さは薄い、と言わざるを得ない。ここから、扉で紹介した、敗戦の理由としての、「第二、余りに精神に重きを置き過ぎて…」の述懐がある。現在はAIという技術に重きを置きすぎているかのように。

三節　求道への傾斜は、社会性を希薄にしやすい面もある

一、動機を優先すると、結果を問わなくなり易い

信の過剰とは過信にもなる。闘戦経第十一章には、自然にある機能に人智による過剰期待を戒めて、「過ぎたるは及ばざる」の指摘がある。自然の法則に即していれば、主観的主意的な心の働きともいえる信の過剰も過信もありえなくなるからだ。

闘戦経の批評する孫子は「懼れ」が基調とすると、懼れは過信の反対語ともいえる。武における懼れの有用性は、慎重の別義語として高い。懼れは備えや予防を不可避にするからだ。闘戦経も第五十二章で、「兵は本　禍患を杜《ふさ》ぐにあり」と明記している。

真鋭が戦力として発揮されるには、与えられている実態の認識では徹底したリアリズムの視点が求められている。闘戦経は、行動に必要な勇の発揮の前に、知ることを初めにせよ、と説いている（第四十五章）。知を用いない勇の危うさを指摘しているのである。

知の不徹底な勇の過剰は自己過信になる。近代史でこの危うさを実証してしまったのは対米戦争としての太平洋戦争におけるミッドウェー海戦の敗北である（注105）。

（注105）奇襲という戦法だから緒戦で戦果をあげた、日本海軍による真珠湾攻撃から始まった太平洋戦争。昭和16（1941）年12月8日。その約半年後の6月5日にミッドウェー海戦で日本海軍は壊滅的な打撃を受けた。その後は太平洋戦線はじり貧になる。

「過信から驕慢となり、敵を下算し軽侮した」。「僅か半歳余の間に、いかにその正反対の頂点にまで突っ走るようになったか」と慨歎するのは、元連合艦隊参謀の千早正隆である。彼は、さらにこの認識を進めて、この「日本海軍の精神構造の変化の流れの中に、作戦を計画し指導した当事者ばかりでなく、日本人としての精神的な弱点がちらつくように思われる」とまで指摘する。『ミッドウェーの決断』257頁。プレジデント社。1985年。

この展開パターンは、昭和史全体に言えるかもしれない。80年代後半のバブル経済と90年からの崩壊にも覗える。その後に30年を停滞で経た。自信過剰と失意悄然の繰り返しである。世俗化に安住して、幽界に棲む先人から見られているという、慎みの心情が希薄になっていたのであろう。公人による靖国神社参拝に異論が大きく生じる状況は、現行日本人の精神面での不均衡な危うさと隙の所在を見せている。だから、中共党はそこを執拗に衝く。

その果てに窮余で出てきた特攻は、一機一艦と言われた。一機の特攻が米国の艦船一つを葬れば勝てるというのだ。表面から見れば、第三十章のいう「小虫の毒ある」を実現し、「大敵を討つ」ように見える。これは景気づけで報道が言うのはともかく、戦略中枢が本気で思うはずもないし、考えてもいなかったであろう。だから、大西中将の辞世の句が出てくる。

この辞世の示唆するものは、寺本少将が第十四章の解釈で述べた、「意識の死を完全に整理せず、迷って出たから」、「クリストや大楠公はお粗末と謂はなければならない」(19頁)と断定した境地と通底しているようだ。いずれも真鋭に基づかないと出てこない読みだからだ。ただ、この真鋭の深浅の程度は別だが。なぜなら、百万年のふて寝でもあるまいから。

ここでの危うさは、第三者がこの「読み」に接する際に、覚悟を上位に置くことによって、行為にあたってともすると動機を優先する態度を招来しやすいところだ。すると事後の総括意識が希薄になりやすい傾向を帯びる。一歩誤ると、自分の軌跡（行蔵は我に存す）の正当化に逃げ込むことになる。必死のはずが縁あって生き永らえた場合に、やるだけのことをやったではないかと、自己総括して終わりとしてしまいやすいから。社会性ないし関係性から自己の位置なり有り様を観る必要の自覚が薄いところから生じる負の現象とは何か。総括の仕方で視野に一定の限界が生じることで、次への展開を導出する機会を内包しにくい。本物の総括とは、関係性と無縁ではない。が、だからこそ、次代に役立つ貴重な糧をもたらすのである。

二、敗因を解明する意欲は、廉恥と関わる

知の働きは信仰とは違う。自然の摂理への信頼は、どこまでいっても人間界に属する兵事という戦闘の具体と直接はしない。だが、摂理への心理上の傾斜があればあるだけ、事後については淡々と身を処するのが習いのようになった面もある。敗者になればなおさらのこと。やるだけのことはやったのだと。

勝海舟が明治になって新政府に海軍卿など出仕したのを、福澤諭吉は『痩せ我慢の説』で批判した。それに対して、勝は、「行蔵は我に存す、毀誉は他人の主張」と、突き放した。賢明で鋭敏な諭吉は、それ以上を追わなかった。言われて、勝の弁解など不要にした気魄ある言い分がわかりすぎるほどわかったのだろう。

以下の言い方は後知恵からのものであろうか。それは、敗戦から7年弱の占領を経て、主権回復後で言論の自由が許されるようになってからの、陸海軍中枢による歴史の検証に耐えうる、批判的な総括が無いこと。それを勝の言い分を当て嵌めて処理するわけにはいかない。

失意悄然の根拠を解剖するまで至らない。これでは千早参謀（前項一、の注105を参照）のいう「日本人としての精神的な弱点」という批評が妥当である証明になる。なぜ敗戦を迎えることになったかの敗因を解明する検証報告がほとんど無い。「行蔵は我に存す」の自覚はあったろうが、現実は、敗将、兵を語らず、となった。無責任の極みと後世から批判されても仕方ないだろう。彼らには、茫然自失して「降」り萎えてしまったからか。再挑戦するための気概はほとんど無かったのか。

もし気概あれば、自分たちの軌跡に対する批判的な自己総括とその内容の公表が、後世の世代のために不可避だから。海軍でいうなら、たとえば真珠湾攻撃以後の太平洋での戦闘の目途は、また特攻作戦をどう総括し評価するのか。陸軍でいうなら、シナ大陸への過剰介入はなぜ起きてしまったか、など。

「失敗の研究」は敗戦国となった日本国と日本人の本物の再起のための糧になるからだ。結局は、これも彼らに公人としての廉恥が喪失していた証左であろう。恥を忍んで果たさねばならない責務をどこまで感じていたのやら。廉恥の意味するものの理解で自分に甘かったようだ（注107）。ここには、「用を得て体を得る」（第四十章）をそのまま現出したように見える。前掲の海軍反省会は公表を止《と》めている。現在は出版されているが、全てを公表しているのだろうか。それに、公表を最初から拒んだ反省会に出席した面々の多くは、すでに死んでいる。

（注107）沖縄県出身の元参院議員稲嶺一郎は、大東亜戦争開戦時は、バンコックにいて、満鉄東亜経済調査局支局長の立場にあった。陸軍高級参謀の案内で、ビルマ戦線で日本軍の捕虜になった英兵の収容所を視察したことがあった。大佐だったという。近くの英兵に靴を脱いで殴る真似をして、怯える英兵を嘲ったという。稲嶺は、その高級将校の振る舞いに見られる程度の低さに愕然として、これは負けるかもしれないと思ったと、議員を辞めた後に事務所で直接聞いた話しである。

三、求道に傾斜する反面の働き

敗者の沈黙を「心先《ま》づ衰《おとろ》う」（第十四章）たところからのものとだけで決めるのは、軽率な速断になりやすく、誤解を招きやすい。別の観点からの理解も必要であろう。自然の摂理への信頼と、人間界では黙契など幽顕一体にある時間意識にのめり込んだ場合の錯誤を考えたい。

摂理への信頼も黙契の覚悟も、求道を前提にする。前述のように（八章、一節、二）、主導権の把握の仕方における日中文明の比較で、戦いに臨んで敵味方の客観情勢を知ることに力点をおく孫子に象徴されるシナ兵法と、自己の向上に力点を置く闘戦経。その違いはどこから来るのか。後者は、求道性に優位を置いているようだ。物理力や技としての兵や武ではなく、武「道」なのだ。ここでいう「道」は、詭道の道と同質ではない。

自己を高めることを最優先する、そこに日常の時間を費やすのに集中すると、同時代の社会性ないし関係性への軽視に傾斜する懼れ無しとしない。自分の置かれている客観的な環境把握や立ち位置の理解よりも、自己の鍛錬に集中すると、指揮統率をする側にある者としては、そこにスキが生まれないか。

周囲の環境への留意とは、自己の視圏に社会性を取り込むことを意味する。それは他者への関わり、関係性が発生することだ。その先には「来し方」という歴史が用意されているはずである。そこに進む前に、出処や進退にも関わってくる政治が生まれる。戦いの理由である目的達成のために、周囲を制御しなくてはならないからだ。それは、時に心ならずも日常として妥協を選択する場合が多くなる。関心が、自分よりも、自分と他者との関わりに赴くからだ。そこで詭道を必要とする状況になる。

求道において不可避的に求められる黙契という心理作用は、生死を含めた個人に属する時系列への積極的な没入である。詭道は人的な環境という今在る社会や関係への関わりである。自分への関心としての求道性が強ければ強いだけ、自分の行為が敵味方双方にどのような影響をもたらしたのかへの関心は、相対的に薄れる恐れがあるのではないか。

これは行為結果への責任回避を指摘しているのではない。結果責任を社会的な広がりの中で考えるよりも、個人の枠内に収斂しやすい側面を指摘しているのである。多くの将官が沈黙を守ったのは、沈黙することが廉恥を知ることであり、さらに責任を果たすことだ、とする理解があったように思えてならない。これは、錯誤である。

求道のもつ個人性、つまり非社会性ないし関係性の軽視の側面が拡大して、結局は職責の回避になることに気付かなかったのではないか。もし、その非社会性を指摘したら、わかっていないと憤慨したのではないかと思われる。天知る、地知る、吾知ると。従って、毀誉は他人の批評でしかないと。これは、他人の運命を巻き込む職責での関係性の軽視をもたらしている。

四節　敗因を追及しない始まり

一、総括意欲の減退は、後世に有責の自覚なし

敗因を解明する反省や自己総括は、後世への情報提供である。それに取り組まないのは自信過剰なのか。それとも、総括をしてもあまり意味はないと考えたのか。自然界の摂理と人間界の出来事に原理的に相関性があると信じてはいても、出来事そのものは人間界の現象である。領域の違うところに、別の領域の判断基準を持ち込むと、失敗の研究が不要になってしまう。

「兵を語らず」は、この観点から見ると、兵とは兵事の兵であるから、事後の沈黙は金にならない。さらに、兵を語らなくても将を語ってもらわなければ、兵の立場は無くなる。死者への喪礼《そうれい》としての責を果たすとは、なぜ此の世の人間界における敗戦を迎えたのかの、経緯を明らかにすることであろう。ここでの天命を持ち出しての達観なり諦観なりは、「困《くる》しんで降《くだ》る」（第二十八章）ところからの、退嬰による逃避になる、と思われても仕方ない。

公人としての敗者の責任があいまいになりやすいスキは、自分の当事者としての立場を、現実の場に限定する覚悟の不徹底から来るのであろう。勝は、公人としての自分の軌跡である「行蔵」を、我に存すと明言しながら、実に多くの記録を残している。全集を見ればいい。『陸軍歴史』『海軍歴史』など。彼の本音は負けていないのである。負けてやったのである。

公人の責任とは「秘すれば花」ではない。ここでの秘は隠蔽であり、敗戦という事実に「屈せられ」（第二十八章）ての敵前逃亡である。「心先づ衰《ま》う」（第十四章）状態に陥っていると見られても仕方ない。主導権を

我が身に握っていない。これでは、また敗れることになる（注107）。

（注107）笹森本では、内政と外征に関する第二十四章の解釈で、第二次世界大戦中の日本では、国務と統帥の在り様に問題があった、と読み取れる運びになっている。

最終章の第五十三章の解説では、敗因を「軍部独裁の力を揮うに至って、『我武』本来の真髄を誤り、拭うべからざる大汚点を国史に印した」（157頁）と、明快である。この手厳しさは、五節一、の＊で取り上げる寺本と違い、戦争経営の当事者ではなかったところから来るのか。筆者も笹森の見方に共感を示すのは、統帥権や統帥についての拡大解釈による錯誤を知るがためであった（前掲、六章、三〜四節を参照）。

それとも、笹森の場合、敗戦直後の占領中に、短期間とはいえ旧敵国への交渉のうちで最重要な復員庁の二代総裁、賠償庁の初代長官という両側を知る要職の過程で、日本の戦争を遂行した中枢と関係機関を運営した者たちの不甲斐なさを、表裏ともに知りつくしてしまった上での所懐かもしれない。

二、隠蔽の欲求／『日露戦史編纂綱領綴』添付「注意」の四項目

『独白録』で大人物にされた、日露戦争中は満洲軍総司令官であった大山巌は、日露戦争後に戦史をまとめるにあたって、『日露戦史編纂綱領』を定めた。そこでは、「陸戦の経過を記述し、用兵の研究に資し、戦争を後世に伝える」（注108）ことを目的としたものの、本書の扉で紹介したように、属僚の第四部長によって以下の「注意」がつけられた。

①軍隊又は個人の失策に類するものは明記すべからず。
②戦闘に不利を来たしたる内容は潤色するか真相を暴露すべからず
③戦闘能力の損耗もしくは弾薬の欠乏の如きは、決して明白ならしむべからず

④司令部幕僚の執務に関する真相は記述すべからず。

「しかも、旅順の戦いに至っては『細部を記すべからず』という制約まで課していた」という。仏を作ろうとしたものの、魂を排除したのである。

これでは、成功体験の語り継ぎだけに重点をかけていたのではないか、と推察されても仕方ない。公的にも内的にも、不都合なものは省略するかぼかして記し、赫赫たる戦果のみが詳細に後世に遺されたわけである。

（注108）勝股秀通「現代に生きる日露戦争」より孫引き。読売新聞2005（平成17）年3月26日。15面。原文はカタカナ。原資料は防衛省防衛研究所にあるという。

長浜浩明『文系ウソ社会の研究』にもこの「注意」は孫引きされているが、第4部長によるとの但し書きは無いので、大山元帥が指示したようにも読めるのは困る。この著者の意図や問題意識を評価するが故に惜しい。37〜38頁。展転社。平成20年。

ここで用いた俗称『日露戦史』は、正式名は『明治卅七八年日露戦史』（偕行社刊。本編十巻、付図十巻）である。「公刊日露戦史」ともいわれる。日露戦後十年経って1912年に一冊目から5年ほどかけて刊行された。

一方で、陸軍大学校教官をしていた谷寿夫大佐による「戦争指導史と称せられるべきもの」（元日本陸軍中佐・陸大側卒の稲葉正夫の言）が、1925年に新設された専攻科に属する10名の佐官学生に向けて講述された。機密性の故に門外不出されていたが、昭和41（1966）年に、『機密日露戦史』（原書房）として刊行された。その内容は、前掲の参謀本部第4部長の下命した拘束を裏切るものである。ここに、多少の救いがあると観るべきであろう。

上掲の四項目の内容は、いずれも隠蔽を目的とするところだ。現代から見ると、この姑息さには愕然とさせられる。軍におけるだけとはいいがたい官の隠蔽体質は、年季の入っていることが明らかである。尤も、古今東西を問わず権力とは、不可避的に隠蔽の生理を醸成する性質をもっている。ベトナム戦でのペンタゴン・ペーパーもそれ。だから、特定秘密法の制定には、情報公開の制度的な保障と下意上達の気風が必要なのである。四項目には、「失敗の研究」を必要とする事態への謙虚さは微塵も感じられない。大山の意図は、引用文面から見る限りは妥当である。だが、現場での注意事項には、後世からの批判を懼れる一方の態度しか覗えない。あるいは、論語にある「民は之に依らしむべし」（泰伯第八　196）の我田引水に基づいていたのであろうか。だが、日本文明を生成化育する次代の選良を育成するためには不可欠なはずの、「失敗の研究」が持つ意味を、この部長はどこまで自覚していたのか。

残念ながら、この四条件からは、そうした智の閃きを覗うことができない。もし、そこに思い至る境地が多少ともあれば、「依らしむ」と「知らしむ」範囲への顧慮がありえたであろう。

秘匿と公開の力学的な関係がもつ意味に思い至るのが本物の選良である。

こうした隠蔽体質からすれば、昭和の軍部が陸海軍を問わず、緒戦での一方的な勝ち戦の場合はともかく、敗戦が重なると戦果報告で事実から遊離した作文に精を出したのは自然だろう（前掲、一節、三、を参照）。そして、敗戦という逃れられない現実に直面すると、例えば主権回復後という一定の時間を経ても、敗戦に至る軌跡は見てみないフリをするのか。これは、隠蔽を持続しているだけなのである。

三、敗戦の起因／自立した疑心の欠如

『独白録』での敗戦の原因四項目と参謀本部第4部長の「注意」四項目を対比すると、公的な立場にいた近代日本の選良たちの、責任意識の偏頗性とともに、知的な想像力の不充分さが、いやでも浮上してくる。

近代日本の将帥の保有していた職業倫理の限界と同時に知能水準の程度を指摘せざるを得ない。だが、ここで先人の心境を慮って考えると、中枢を構成する彼らは本気で真相を糊塗し、いわば創作の戦史を編纂することが、

後世にとって意味があると思っていたのだろうか。栄光ある戦史とともに、後世にはとうてい伝えたくない醜態の現実があったからだろうか。それとも、ロシア軍との戦闘を通して、気後れしてしまったのか。なんとも判断しかねる。

どうあれ、現在から見ると、大山の意向は骨抜きにされて、しかも堂々と受け入れられた。彼も含めて、参謀本部という中枢集団の了解というか合意を得たからである。このあたりの共同正犯というか共同謀議といえる集団の軌跡とその精神分析は、さらに執拗な追求と解明が必要に思う。昭和の敗戦の起因は、前掲の編纂「注意」四項目にすでに集約されて作られているからだ。

このところが、これからの日本を考えるに際して問題なのである。福島原発事故への現場以外での取り組みにも、悪しき振る舞いは公然と垣間見えるからだ。関係機関と関係者は隠蔽の上にあぐらをかいている。

日露戦争後の陸海軍中枢の後継世代は、その性素直で、「疑えばすなわち天地は皆疑わしい」（第二十二章）という見地を我が身に保有していなかったようだ。もし保有していれば、創られた戦史の背後へ疑惑の目を向けたであろう。

陸軍の中枢が「注意」四項目で創られた戦史を教材にして育っていた者たちによって編成されていたとすると、統帥の中枢は『参考』で理論武装し、兵士には『戦陣訓』を与えて、敗戦にまっしぐらになったことは容易に推定できる。昭和天皇がいくらリーダーシップを発揮しようにも、とてもではないが無理である。肺腑を抉るような「敗戦の原因」を述べる結果しかもたらさなかったのは、明治後半からの軌跡があるとはいえ已むを得ないものだった、と言わざるをえない。

しかし、そのように見ると、大東亜戦争での日本軍及び軍属、一般人の死者３１０万の霊は浮かばれない。日本に味方した諸国民の死者もいるのを見落とせない。

五節　統帥の奥義

一、敗因を科学する原則

「天知る、地知る、吾知る」、では、現世での出来事である敗北を科学的に解明する余地は少なくなる。ここで言う科学的とは、事態を対象として解明する姿勢を指している。従って、渦中にいた自分の存在も限りなく対象化するように努める姿勢である。ありていには感情移入を極力抑えた自己総括である。敗北の所以を明らかにすることを拒むとは、失敗を後世の共有財産にすることの放棄である。こうした社会の後世は、また失敗を繰り返す可能性が出てくることになる。福島原発損壊の後処理での失敗に、すでに露呈している。

中野本の講義者である寺本少将は、日本史や近代の日露戦争の事例を多く取り上げているものの、昭和の戦争には積極的に触れない。寺本は、講義で記録に遺さないように求めたおりもあったかもしれない。だが、寺本は、前掲の第4部長による「注意四項目」を知っていたのだろうか。知らなかっただろう。知っていても問題視しなかったとしたら、その知力は第4部長と同程度になる。

第十五章の解釈の中で、陸軍と海軍の関係について海主陸従か陸主海従か、はっきりしなかったのが敗因ではないか、とも読み取れる内容になっている。

明快に提示したのは、第四十三章の解説である。日支事変の泥沼化は、「毒尾ソ連を討ち得なかったのに因る」と観ている（同64頁）。この見方は、半分は当たっているのか。ともあれ、史実として、日本はソ連という「禍患を杜ぐ」（第五十二章）ことが出来なかった。それのみか、中立条約を結んでおり、日本の敗戦が濃くなってから、講和の交渉依頼までしている。あげくに、終戦直前には攻撃されている。この経緯を見ると、日本の中枢は自ら毒を呑んで結局は自家中毒を起こしたと思われても仕方がない。

これは、認識の足りなさから来る愚かな選択だったのか、それとも制御できるという過剰な自信だったのか、あるいはスターリンが覇権を握ってからの急成長するソ連の軍事力への懼れだったのかの、寺本の解明はない。ただ「毒尾」の所在を指摘するだけだ。毒の内容分析こそが、総括なのである。毒はソ連だけの占用物ではないから。

内生的な毒は六章で前述した。統帥権国家を目指した陸軍閥であり、それに追従する結果になった海軍ではないか。寺本評の食い足りない面である。ここには、敗北した事実の背景にある敗因を内生・外生の両面から過不足なく見る視座をどうすれば確保できるか、の問題が提起されている。それが関係性への顧慮なのである。それには、万古不易の原理原則を知るしかない。

「斗（北斗七星）の背に向い、磁（石）の子（北）を指すは天道か」（第五十一章）。磁石は北を指すのは天道に従っているからだ。天道に照らして事態の解明をしないで、磁石を隠して創作の記録をいくら書き連ねても、後世に益するものはない。主観的な記録によって判断を狂わされることによって、むしろ害毒を流すことになる。その指摘は、大岡昇平の『レイテ戦記』三巻（中公文庫）に赤裸々にされている。戦後における関係高級将校の「創作戦記」を、米軍の戦闘記録なども照覧して暴いているからだ。創作という在り様には、戦記では定石の、敵の目で味方を観る自覚が欠落しているのがわかる。

二、統帥の奥義が不在だった大本営？

終戦を聖断に仰ぐ醜態を演じた統帥部と国務の制度的な要因は、瀬島が明記したように（前掲六章五節二を参照）、「問題は明治憲法による統帥権の独立に発しています」。国務が法制上では統帥権を制御できない仕組みにあった。だが、この解釈や説明だけで済むのか。

それは、明治時代の日本国の存亡に関わる日露戦争の戦争指導において、国務は統帥部と密接なやりとりで展開しているからである。満洲での日露両軍の戦闘過程は、国務とくに外債による戦費調達の活動や講和外交に反映していた。最終的には、僥倖《ぎょうこう》としかいいようのない日本海海戦での連合艦隊によるバルチック艦隊の撃滅は、すぐに講和外交に連動しえたのである。そこには最高統帥権者である明治天皇の下に、政戦一体があって国難を切り抜けた。

この貴重な前例が昭和のシナ事変を含む戦争指導に活かされていたかといえば、扉に紹介した『昭和天皇独白録』にも明らかである。瀬島参謀による問題の所在の解明や、『海軍反省会』での佐官クラスの中堅幹部による論述と、昭和天皇の苦いあまりに苦い独白には、ズレがない。

統帥部の独走を許した昭和時代の弱点や有責の所在は、様々な角度から解明はされている。だが、全くといっていいほど触れられていない問題がある。統帥に国務との役割分担があれば、最終決定は多分、国務がすべきであろう。しかし、そこに行く前に、統帥部で終わらない国家としての戦争指導には、戦争を止めるのもある。終戦である。その終戦には敗戦もある。

では、昭和の統帥部は、必勝の信念で指導に取り組んでいても、1パーセントでも敗戦の可能性についてのシナリオを想定していたのか。玉砕が始まり特攻が作戦として行われるようになったのは、その延長線上に敗戦は想定されてもおかしくはない。と、今になって考える。それは後知恵だと済ませられるか。戦争指導には、敗戦という終戦も想定内、と考えるのが自然である。この自然が、大本営には機関として無かったようだ。

「軍なるものは、進止有って奇正無し」(第十七章)。この章は、本稿では度々取り上げている。「止」とは停戦や終戦を含むのは自然であろう。上述の1パーセントは、「疑えば則ち天地は皆疑わし」(第二十二章の冒頭節)に入る。想定外のことは想定内にする必要があることの示唆であるから。必勝と確信していても、その確信を疑え、とこの章は明言している。そうした覚悟あって、「捨つべきは倍捨つべし」(第二十七章の一節)の心境が出てくる。終戦を決意し聖断を下した最高統帥権者・昭和天皇の心境はそれでなかったか。

だが、最高統帥権者の意を体して戦争指導をする統帥部を構成する将官らは、機関として1パーセントの可能性を準備した気配はない。ここには、奥義である敗戦としての終戦に取り組むのは、視野に入ってなかったようだ。『統帥綱領・統帥参考』にもその記述はない。それだけの余裕はなかった。だが、口伝でも1パーセントの可能性は無かったのか。無かった模様である。こうした心理慣性は、前項で触れた「敗因を科学する」習性の足りなさからくるように思う。「天道」（第五十一章）を知る切迫意識の有無に関わっているのか。

十一章　敗者意識が醸成された経緯

今のまま日本社会が推移していくのは、敗北にならないとしても、自分の立脚している基盤を掘り崩していくことに通じている、と筆者は考える。その見地は前掲の「はじめに」ある日本属地論である。日本は第二次世界大戦において、国家間で敗戦を認めさせられた。それは1945年9月2日の降伏調印と主権を喪失した占領という事実に明らかである。なぜ敗北したのか。敗れるしかなかったのか。

日本がこれからもサバイバルを求める際に、老子（六十九章）に即して言うなら（注109）、そして孫子（「三、謀攻」にある「百戦百勝は善に非ず」）に即して言うなら、勝つ必要はない。負けなければいい。敗れなければいい。「危うからず」が持続できればいい。

そのための知的な、さらに制度も含めた、環境作り、それには国際環境も入る、を決して疎かにしてはならない。でないと、負け癖がつきかねない。現在の日本は、その様相を呈し始めている。それに国政選良も市井も気づいている気配はない。尖閣諸島海域への自国領と公言する中国の「公艦」による侵入頻度への日本政府の無為に出ている。敗れないための国際環境作りをしていないのだ。

だからこそ、闘戦経の示唆するところから、敗北しないための環境作りを考えてみたい。76年前の日本降伏調印は、当時の国際法による国家間の一つの区切りであった。だが、その事実が文明としての根本的な敗北を意味するものではなかったはずである。それは、闘戦経を通しての本稿における追求で、その一端が明らかになっている、と思う。

（注109）前掲、三章、四節、一、に全文を分けて引用している。

一節　敗北とは何か

一、敗北への一里塚とは何か

現代の日本人が敗戦後の占領下にあってのＧＨＱの政策意図を知らず、知ったとしても深く読めないのは、敗北への一里塚にあると言える。

米国側が日本文明の本質をほとんどわかっていなかったことは、忠臣蔵の上演禁止からもわかる。その程度の見識で、日本の公教育、それを基礎づけている現行憲法の制定を含めて、いじりまくったのだった。この作業過程で、いじられ壊されることが進歩とした欧化の高等教育を素直に受けた倒錯心理の持ち主たちが、文明開化の延長線上に進歩的な知性を僭称し権勢をふるった。彼らは、壊そうとした対象を、欧羅巴史を最上位に置く歴史区分から、中世の暗黒日本を構成する条件と認識していたのだ。前掲の南原繁による１９４６年の東京大学で開催された紀元節式典での講演内容を見よ！

占領政策に協力した多くの欧化知識人が各界に巣食い、いまだに政官経学界や媒体、教育界に影響力をもっている。日本学術会議もそれだ。その基調は簡単である。日本国だけでなく日本文明も敗北したのだと内外に言い続けて、自分たちをも含めて催眠させようとしている。GHQにより始まった対日認知戦争は継続している。彼らはそれだけでなく、骨身に沁みこませようと努力している。それがミッションにすらなっている。その象徴が現行の「憲法」である。

なぜ執拗に日本文明の根幹の粉砕に努力するのか。彼らは、攻撃非難する日本文明が継承してきた日本人の感性を、負のものとして断罪する。戦争中の戦場における一部の犯罪と特攻までも一緒にしている。表現は下品だが、味噌も○○も一緒にした結果、意欲的で繊細な日本文明の評価は、未開蒙昧な狂信（ファナティシズム）と思い込んでいるのだ。「我が国本来のものは、すべて捨てられようとした」（笹森本。157頁）。明治における文明開化の日本でも同様の現象があった。

しかし、戦争中の出来事を未開とする見方は全くの見当はずれで、本質と違う。戦争犯罪はいずれの文明や諸国でも戦闘中に起きる現象である。それは日本敗戦後の朝鮮戦争の双方で起きた。ベトナム内戦での米軍や韓国軍とベトコン、アフガン侵攻後のソ連軍、現在のチェチェン、そしてイラク占領下での米軍。アフガンでの米兵士によるレジスタンスを展開する地場の兵士への人間狩りなど。

敗戦後の日本では、日本文明を批判する占領側により示された基準が、正しいと思い込んでいる。この基準は、勝利者側により意図あって提供されたものであった。

剛毅の気象をいかに廃絶するかが占領政策の公然とした目標であったのは、日本が降伏調印をした直後の、先に紹介した米国務長官バーンズのコメントに明らかだ。他の表現で言えば、幽顕一体の感性にくさびを打ち込んで分離させてしまうのが、心理戦の武器になった基本的人権であった。その集約が現行憲法第一条にある主権在民に基づく象徴天皇制である。

分離・分断させることに成功すれば、我武の感性が薄弱になり、去勢された「平和」愛好の新日本人が出来上がる。他国からの批判には唯唯諾諾として、弓を抱いた「東夷」ではない。そうした意味では、天皇の人間宣言といまだに喧伝されている昭和21（1946）年元旦の詔が、「新日本建設の詔」と命名されていたのは、複眼で見ると興味深い。降伏調印後、4か月経ってのものだった。立場によって意味合いが全く逆になるから。

日本文明にある日本人が、自分の一体性とは何かを実感するキッカケは、闘戦経のいうところの敗北とは何かを知ることに気づき、取り組む意志を覚醒するところからであろう。でないと、現在は本物の敗北への一里塚であり、明日はさらなる一里塚を営々と築くことになるだろう。

二、敗北していなかった日本人への勝者の「懼れ」

占領後に、幽顕一体の感性の分断を図る対日心理戦を必要としたのは、国際法上で日本は降伏しても、大部分の日本人の信念は敗北していなかったのを知っていたからだ。最高統帥権者の天皇が降服せよと命じたから、軍人は従ったのである。剛毅の意味するものを感性として育んで分有してきていたのが有史以前からの意志強固な日本人であった。

日本人が降伏を受け入れた理由の第一は、終戦の詔勅が出て拝受（承詔必謹）したからである。アジア、太平洋の広範囲な前線にいた数百万将兵に乱れはなかった。大本営からの降服命令を持参した軍使に従った。厚木航空隊や近衛師団などの一部で服さない例外はあったが、全体から見ればきわめて軽微であった。

補給の不充分な日本軍将兵も銃後の国民も、例え空腹でも、「戦いて屈せられ」、「降《くだ》」った」（第二十八章）とは思っていなかった。軍も銃後も「英気」（同上）を共有しており、意識としては敗残兵化していなかった。前述したルバング島での小野田少尉やサイパン島の大場隊の事例もそれである。

統帥部も銃後の国民も、本土決戦、一億玉砕を不可避と予測していた。それを抵抗なく受け止めてもいた。敗戦を受け入れたのは、戦力で米軍が強かったことを国民が認識したのが第一ではない。この事実が連合国とくに米国のエリートに与えた衝撃は深かった。

そうした日本人の心性が、彼らの「懼れ」を生じさせて、専ら日本軍の戦争犯罪に焦点を当てた極東軍事裁判の審理と判決などを含めた、対日心理戦工作になって出てくる。天皇を被告にしなかった。この点では検察、判事の主流と、さらには被告側の利は共有した。天皇を裁判の審議に召喚しない検事の誘導がなぜか読めない、内大臣木戸のような頭が悪いのか自己愛の強い者もいたが。一方で、占領軍の付与した憲法前文では、懺悔を表明させる形をとって原罪化しようとした。根底から日本文明の信の解体を図ったのである。それも新たに創作した象徴天皇制を通して。そのための「天皇の人間宣言」であった。

英気が喪失して降ったのであれば、GHQがあのように執拗に試みたような教育制度のラディカルな変革を含めた占領政策は必要としなかったであろう。日本人の心底にある烈々たる剛ある戦闘精神をいかに粉砕するかを最優先しなくてはならなかった。それは、劣悪な兵站と作戦での太平洋戦線における日本軍兵士の敢闘という事実があったからだ。シナ大陸でも各部隊には敗北の実感は無かった（前掲の七章、四節、六、を参照）。

戦争を経営する権力中枢の自失した無能さへの評価は別にして、占領者の中枢GHQは、兵士の熾烈な戦いを鮮烈に意識するのを余儀なくされていた。従って、神州不滅と信じるこの心根を叩き潰さねばならない。神州不滅に至る精神の回路は幽顕一体が平常の心の在り様だからだ。この心の習いの性根を断ち切らなくてはならない。GHQによる民主化を名分にした日本改造の眼目は、それに集中された。教育勅語に代わっての教育基本法の制定の内在論理は、この観点から見るとわかりやすい。

三、日本文明を敗者にする認知操作

米軍統帥部は、戦時では兵士に向けて、日本軍兵士を動物視しての殺戮を命じた。敵兵が人間で無いのなら捕虜にしない非道も許されるからだ。豪州における１９３０年代の原住民アボリジニを面白半分に撃っていた時代の再来である。降伏しない日本兵の姿勢にまともに対峙すると、米兵の虚弱さが自覚されてしまう。それは心理的に打撃を受けて後遺症になる。そこで動物視することによって心理的に優位に立とうとした（注110）。太平洋戦線での米兵への認知操作（perception management）である。それに全く触れずに、対日戦を正義だと今でも強調しているのが、前掲（四章、一節、四、を参照）の映画『パシフィック』である。彼らの自己催眠は実に執拗で、その思惟形態では中共党の偽情報「南京大虐殺」と近似するものがある。官民を問わないこの種の米中による繰り返しの認知操作は、それだけ史実への自信が無いからである。

（注110）ピューリッツァ賞受賞の歴史家ジョン ダワー著。齊藤元一訳『人種偏見』ＴＢＳブリタニカ。１９８７年。このダワーが、今度は『敗北を抱きしめて』となるから解せない。または、大西洋を初めて飛行機で渡ったリンドバーグ大佐による『戦時日記』。訳書、新潮社。

平間洋一『戦艦大和』講談社選書メチエ２６９．洋上に漂流する生存者は米軍機の執拗な機銃掃射にあったという。一匹のサルを殺すことは、文明にとっての野蛮を減らすことだ。

米軍統帥部による兵士に対するこうした動物視の認知操作は、朝鮮戦争でも、さらにベトナム「内戦」（？）でも用いられた。そこから米軍兵士によるソンミなど多くの戦争犯罪が生まれている。前述のように、最近ではアフガンで同様の事件が起きている。ワシントン・ポスト紙。２０１０年9月19日付。

アフガンとイラク戦争での米軍戦死者は、総計で一万足らず。しかし、帰国後の復員兵の自殺者は三万人を越えているらしい。すると、両戦場でのイラク人やアフガン人の一般人を含めた死者数を推計すると慄然とする。

日本人は「屈せられ」「降る者」にしなくてはならない。「英気」の消えた存在にしない限り、敗北させたことにならないと言うのが、前掲のバーンズの発言である。かれは正直に述べた。居留地に閉塞されたインディアンは、白人にとっては危険な存在ではない。日本人も同様にしなくてはならない。それを、前掲のようにバーンズは、占領は次の戦争と評したのである。ＧＨＱの管理する日本列島はいわばインディアンの居留地なのだ。

前述したルーズベルトの日本人断種案の文脈と軌を同じくしている（前掲、三章、三節、二、を参照）。A級戦犯を裁き7名を絞首刑にした極東国際軍事裁判は、そのための日本文明原罪視を日本人に植え付けるための心理装置の一つであった。軍人は立場上から復讐の対象にされても仕方ないが、文官・広田弘毅は生贄だった。

同様のことを現在も進行させているのが、実質は戒厳令下で建国70周年の記念式典を北京の天安門広場で軍事パレードに主眼を置いて行った中国政府による、対チベットとウイグル政策であり内蒙古政策である。同化の美名の下、中華に「屈せられ」る存在にするために主力を注いでいるのは、よく知られているところだ。

新疆ウイグル自治区のムスリムがラマダンの断食中に無理に食事を摂らされる非道ぶりと軌を同じくするのが、占領初期に神社への参拝にＧＨＱの干渉である。神社の神前で奉告する祝詞の内容まで容喙している。日本軍は、捕虜収容所にいたクリスチャンの収容された者たちに聖書の内容まで容喙しなかった。

四、過去との訣別とは、祖宗としての信と義の廃絶へ

１９４５年9月2日に、戦いはまだ終わっていない、第一ステージが終わっただけだ、次に精神の武装解除という第二の段階に入るとバーンズに宣言されたのをスッカリ忘れたのが、現代の日本人であろう。毎年8月になると繰り返される靖国神社への国政エリートの参拝を問題視するのは、それである。首相が参拝しようとしても、官僚の秘書官が反対するという。ＧＨＱ作の現行憲法の法理で調教された官僚たち。

媒体や反対派が問題視すればするだけ、第二ステージでの前述の幽顕分断を強化する心理装置の陥穽にはまることになっている。はまって、すでに76年を経ている。平成22（２０１０）年8月15日には、ついに一人の閣僚も靖国神社に参拝しないようになった。この事実を民主化による進歩と見るか、敗者として「屈せられ」「降る者」になったと見るか。そのどちらを選択するかで、これからの日本人と日本文明の明日が決まる。名存実亡か名存実存か、である。

それとも、現代の日本人の大半は、この仕掛けに素朴に乗ってしまい、幽顕の連繋を忘れさせられたのか。忘れたとすると、敗北したわけでもないようだ。だが、忘れているのは英気が閉塞してしまっていることの証明であろう。英気の無いところ、歩む方向も見えなくなる（第五十一章）。

精神的な武装解除として、日本人を「屈せられ」「降る者」にさせる方策とは何か。それまで大事にしてきた権威ある精神的な象徴群を支える価値観を逆転させればいい。その全ては無価値なものだけでなく、今回の敗北の原因であった、という心理的な内訌状態を社会に作り出せばいい。戦後ではない「戦後」に、精神的な内戦状態を作りだしたら大成功である。

過去の否定であり、過去からの訣別を自発的にさせればいい。敗北の原因は、これまでの日本人が当然として称揚してきた先人たちやその軌跡にこそ問題があった、と思いこませる。そのためには、現上皇の誕生日に東京裁判の被告A級戦犯7名の絞首刑を実施している（注111）。無視できない小道具である。

とくに教育面、それも初等教育に執拗に展開された。旧世代はすでに汚染されているので、幼児層からの調教をすればいい、と考えた。繰り返すように、その仕掛けが教育勅語の代わりの教育基本法なのである。その優等生が首相（鳩菅）になり、国歌斉唱を嫌い、靖国参拝はA級戦犯が合祀されているからと拒んでいる。一体、どの宰相のつもりなのだろう。

（注111）最近になってやっとそれを指摘した猪瀬直樹『ジミーの誕生日―アメリカが天皇明仁に刻んだ「死の暗号」』文藝春秋。平成21年。そうした米側の認知操作を逆手に取った受け止め方をすればいいのだが。

五、GHQによる認知操作に協力した人々の「善意」

文明としての日本破壊の先兵になったのが、GHQの公認した欧化知識人であった。尤も、当人たちの心理は旧態の日本を古着として捨てさせる進歩の尖兵になっていた。初期の象徴的な存在として、東京帝国大学総長の敬虔なクリスチャン南原繁を前掲で取り上げたのである（三章、三節、一、を参照）。

内村や新渡戸という明治以前の古来の日本文明が保持していた気風に「浸潤」されている強靭な知性と比べると（三章、三節、二、を参照）、欧化知識人といっても同質とは言えない。大正デモクラシーの洗礼を受けているクリスチャンの彼には、内村らと異なり日本文明に対する受け止め方にかなりの違いがある。

南原らにとっては、古来の信と義を保持することは、ヨーロッパ中世的な暗黒時代へ逆行を意味していた。日本古来の信も義も反動以外の何物でもなかった。こういう頑迷な因習思想から脱却することが知性である、と錯覚しているのは、自ら主催した昭和21年の紀元節での講演に出ている。こういう夾雑物からの脱却こそが彼らの考える開化なのである（注112）。これでは、開化とは「屈せられ」「降る」ことを意味しているわけだ。


（注112）昭和21年2月の紀元節で行った演説というか説教「新日本文化の創造」。『東京大学百年史　資料一』全文は1147～1152頁。昭和21年が新日本の元年説の箇所は1150頁を参照。


そこで本稿の意図からすると、GHQ＝南原路線が権威を持てば持つだけ、人々は過去から離れ浮遊するために、幽顕一体から無縁になる。それは帰属意識の無い弛緩というか無規範（アノミー）の深化を招くことになる（後掲の十二章、一節、三、をも参照）。結果、現世の人々の間でも絆が薄いものになった。誇ることのできる共有する記憶が、否定されて無いのだ。あるのは、占領下にのさばった底意のある民主化だけという意図した認知操作によって、伝来の「知」の源泉は埋め立てられて、その輪郭はズタズタにされている。

このような認知操作に乗ぜられた背景には、敗戦後に進駐してきた米軍の圧倒的な物量に幻惑されてかタジタジとした生き残りの選良と、虚脱の時期が過ぎてからの市井の心理的な弛緩も無視できない。とにかく「食うて足り」（第二十九章）は、夢のまた夢の日々であったからだ。

そうした日々を背景にして、GHQの占領政策に協力した善意の人々は多い。

この善意の背景には、GHQの高等戦略としての日本を2度と米国に歯向わせないという米国の国家利害を前提にした「悪意」ある占領政策の策定があったことに、そろそろ認識してもいい時期だ。日本が属地になっていることに気づかないほど成功しているから。

気づかないと米国の日米同盟論者も困るだろう。中国の台頭により太平洋での覇権が揺らぎ始めている背景があっても、両国間に大人の関係ができないからだ。気づかない日本は、時に米中が対日で心理的に連携できるスキを、米国にも与えているからだ（注113）。

占領に関するこの認識から、敗者の現実を相対化する見地も出てくる。この見地を容認できないことは、小見出しにある「善意」とはうぶな幼稚性に由来するか、それとも反間そのものであることかを明らかにしてくれるだろう。そして、ここでいう「善意」も、そして反間も、彼らの跳梁跋扈は、日本人の英気の閉塞に役だっているのは確かだ。

（注113）対ソ牽制で米中接近を70年代初頭に行ったニクソン米大統領。その裏方を演じたキッシンジャーと周恩来のやりとりに出ている。彼ら二人の対日歴史認識は共通していた。訳書『周恩来キッシンジャー機密会談録』三九頁。岩波書店。初回の会談で確認しあっているからいやになる。しかも、在日米軍は日本軍国主義台頭の瓶のふただと述べて、いや言いくるめて、周はそれに乗ったフリをしている。そして、この会談の対日論では、いまだに公開していない部分がある。双方が承知の上で「詭譎」を演じているのだ。

二節　英気の躍動する心技体と智の働き

一、心技体から闘戦経を再認識する

英気を復活するにはどうすればいいのか。父祖から継承されてきた魂の失地回復である。孫子との比較で闘戦経を考えると、その基調は心と体に力点が置かれている。「懼れ」に発するという孫子は、さまざまな戦闘形態を想定しての「技」に力点が置かれていた。

闘戦経は、心と体の鍛錬に徹していれば、技は自ら備わると考えていたのであろう。問題は、心と体は別だということだ。そこを強調して、「気にある者は容《かたち》を得て生じ」る、という捉え方をしている（第十四章）。気が無ければ、容《かたち》も得られないのである。さらに、気の発揮するところに心の躍動も起きる。

修行の深みによっては、心は幽界と意思疎通できるが、体はあくまで現し身であり、この世の制約から逃れられない。根底では一体であるが、技の領域がある自覚から、心と体は分けることが当然になる。技が求められるのは体があるからだ。分けて後に一になるとするのではなく、心と体を一体とするだけの思考に傾斜するのは、技への軽視になりやすい。

技は、変転する現象があるから必要になる。そこで、奇を不可避的に認識することになる。技は奇に即応しようとするところに成立する。敵に対処する戦略と戦術の領域である。そこで、奇は機を呼び込むことができる。転機にさせるか否かは、事態への主導権の有無に関わる。それは心の在り様にかかっている。

だから、寡兵でも衆に勝つことができる。それは力があるからではないか。それだけではない。闘戦経は「術は却って力に勝る」ことを認識しているのである（第四十九章）。力を単純に受け止めていない。術は技ではない。だから技だけで術は発揮できない（注113）。

（注113）笹森は、第四十九章の解説で、術は心技一体だから実現すると読んでいる。笹森本。148頁。この把握は、剣道の修養から来ているのか。

力に勝る術を活かすことのできるのは心技一体である。だが、この境地に至るのは、常人にできるものではないのも確かだ。だから、古来、練習（稽古）は不可能を可能にする操体の意味を、師弟相伝で伝えてきた。占領軍が武道を禁止させたのは、プラクティスの集中によって得られる境地を本能的に懼れたからだろう。その知る回路を閉ざせば日本人を屈服させるのは容易である、と判断したとしたら、その対日認識の水準は侮（あなど）れない。だが、基本的には、彼らから見ての狂信性の温床と見たのだろう。

武道を軍国主義の母体とした。この理解は浅薄ではあっても、戦術的には有効であった。敗戦後の日本人は楽さに浸る快感を知ったから。英気を発する一つの回路は閉ざされたのである。

心技一体を可能にする術を活かす識を得るには、前述のように認識をして骨と化す極北に至ることが求められている（第三章）。骨が識るようになるには体が知る、体認を経るしかない。それは稽古を重ねるしかない。それもこれも、事態に対して、我が身に常に主導権を保持しておくための修練なのである。

そういう認識方法もあることを識りえた上での事態認識に至らないと、占領軍の圧倒的な軍事力を背景にして持ち込まれた、「屈せられ」るための今も活きている統治の諸体系と諸装置が持つ影響力を相対化できない。相対化を経ないと、次いで相手に勝《まさ》る「術」の構成はできない。また、その破砕に向けた集中力も発揮されない。

二、智は閉ざされる場合もある

そのための識の営みが「智」となるのだろう。その智は人智を超えた智（鬼智）をも内発させ得る。だが、それは他力が与えてくれる人智を超えたものではなく、人智としての鬼智なのである（第三十一章）。比喩的に言えば、神仏を頼まず、我が身の中に神仏の智を見出して活用するわけだ。智、術、識の関係は、三位一体のようである。

すると、闘戦経の世界を浅く受け止めたり指摘の一面だけに傾斜したりすると、生兵法になる。「勇」に満ちた攻撃精神旺盛なのはいいが、攻撃一点張りでいたずらに犠牲を多くした戦法は、第二次大戦での日本軍の統帥部。兵站という後方を軽視した戦力配置に見る。これでは配置ともいえない。物的な背景条件の不十分さを認めたくないところに発する勇の過剰が、智を覆ってしまった現象がここにある。作戦を建て展開したものの、心技体の均衡を逸した劣化による頽廃を呈していた、と考えていいだろう。ここに、すでに智は閉ざされている。

兵站の希薄なところ、太平洋戦線の島嶼では餓死者が続出した。戦略（技）を軽視しただけでなく、兵員の人命を限りなく軽く扱った結果と後世から批判されても仕方ない。

統帥部は一般の兵の持していた信を消費いや浪費したのだ。派遣した統帥部に裏切られた兵士たちは、空腹にのたうち回った。ニューギニア戦線に送られた元東京電力社長の平岩外四は、150名いた所属隊で、殆どが餓えと熱病で死に、生き延びたのは7名だったという。統帥部はニューギニアに20万人を送り、最大18万人のほとんどは餓死であった。「体」を軽視し過ぎた。

前掲の闘戦経の指摘「食うて万事足り」（第二十九章）とは全く逆な作戦にもならない用兵を展開した結果である。この生き地獄の現出をもたらしたものは、統帥部を構成した幹部らの智の薄弱さから来る経営感覚の劣化であろう。食えないとどうなるかの「想像力の欠如」（注115）である。

（注115）もし統帥部に前述（七章、二節、四、）の毛沢東『持久戦論』にある日本軍捕虜の扱いと同じ水準の「智」恵があれば、兵站補給が無理と判断したときに、放置された日本軍の降服を、後日を期して命じたであろう。降伏した途端に、敵は捕虜を生かす努力が強いられる。このような決断こそ、政戦一体を踏まえねばならない高等統帥の本領である。

だが、昭和の将帥の思考形態には、その種の可能性の余地は全く無かった。『戦陣訓』という自滅策しか出てこなかったから。これは形骸化した、声高な裏付けのないスローガン「死して悠久の大義に生きる」でしかなかった。

敗戦後の講義記録である中野本によると、寺本少将は、第二十九章の釈義において、五味川純平『人間の条件』の一節を取り上げている。「敗残の飢えた兵の思い」を記している。42頁。間接的に、第二次大戦中の統帥部の在り様を批判しているようにも観える。

ニューギニア戦線と同様に補給を断たれたところでの戦闘を余儀なくされた大戦末期のレイテ戦では、投入された将兵9万数千、うち戦没者約9万。消耗率97パーセント。この数字の前に、第二次大戦での日本の戦記文学としては圧倒的な存在感をもつ前掲の大岡昇平『レイテ戦記』では、必要条件としての補給の無いところでの戦闘の強要について、「レイテ決戦に敗れた上は、大本営はフィリピン全域の現地司令官に降伏の自由を与えるべきであった、という平凡な結論に達する」（中公文庫。下巻。290頁）。この判断は常識に立っていて妥当である。しかも、戦後の日本再建のための人材をあたら死なせたのだ。こうした作戦にもならない兵事を展開した統帥部は、万死に値いする。

三、智を蘇生する回路

その死者たちは、今日に至るも靖国神社問題に見られるように、さらに空腹にさせられている。顕界からの畏敬のメッセージが送られていないからだ。空腹にさせている現在の国政エリートの振る舞いは、その思い至らない心理において、ニューギニアに放置された兵たちの記憶は全く無い。また、結局は放置した大本営の高級幕僚と、すこしも変わっていない。バーンズらの言い分を自説と思い込んで担いでいる者が、現在もエリート社会に雲集し占拠している。事態は心技体を考える以前である。

従って、ここには智に至る情報の脈絡がバラバラになっている様を見ることができる。ピカードのいう「連関性喪失の状態」である（同『われわれ自身のなかのヒトラー』訳書。みすず書房）。智が閉ざされて活きないところでは、識も術もない。だから、心技体も活きてこない。

見当識を失った国民が益々再生産される仕組みと装置が継続しているのだ。その毒性を発揮しているのが現憲法のもつ法理である。かくて、この装置は、国民にあった英気の源泉を傷つけるので、英気は乏しくなるばかりである。生命力は専ら欲望の増殖に向けられている。智は仮死する場合もあるということだ。だから、属地の住人で充足し恥じないことになる。

では、英気の躍動する心技体と智は、どうすれば再興させられるだろう。所与の自然を営為によって活かした環境としての自然にある、日本列島で生きる我が身を自覚するところから始まる。自覚とは我が身に秘められている幽顕一体の生命観、それは死生観でもあるが、そこに至る回路を識ることだ。それは、闘戦経・第二章の最後の文節の意味をどのように咀嚼するか、である（五章、三節、三、の（注64）を参照）。

四、闘戦経に基づけば敗北は出てこなくなるはず

我武の世界には森羅万象、万物流転はあっても、それは自然の摂理であるから、戦闘という人事の現象から生じる勝ち負けは一過性の一面の出来事でしかない。「天は剛毅をもって傾かず、地は剛毅をもって堕ちず。神は剛毅をもって滅びず」（第五章）という認識に立てば、敗北は一時の出来事でしかなくなる。

前掲の大西中将の辞世の心境もそれにからくも入るのであろうか（後掲の三節、二、三、を参照）。

精神なり心の在り方なりに力点を置く考え方は、日本人に馴染みやすいかもしれない。それを基調にしての幽顕一体の死生観を培っているのは、前述した（五章、三～四節）自然観である。それからは、人事でしかない「敗北」はあり得なくなる。楠木一統の身の処し方である。

最近では、こうした処し方を「敗北の美学」と称して肯定し、美化する向きもある。だが、これは傍観者の言い分である。楠木など先達の当事者にはいかにも無礼な話だ。こういう見方が大手を揮うのは、観照者の立場に在っただけの人生で、行為者に在った経験が無いからだ。従って、疑似的な追体験も出来ないし、そういう必要

性も感じない。劣化した知の一種の頽廃現象である。

当事者にとっては、敗北は一時の出来事でしか無い。一時の敗北は、次は敗れない覚悟への準備段階なのだ。その自信は信と義を背景に置くところに成り立つ。ここには生というものへの徹底した肯定がある。懐疑も悲観もない。因みにアウシュビッツやソ連のラーゲリで生き伸びた精神の持ち方は、明日への希望を失わなかったことだったという。管理する側の親衛隊やスターリンの収容所でのKGBの看守は、収容者に対して「おまえたちに希望はない」と常に豪語したという。相手の希望を撲滅したつもりであった彼らは、いずれも自分たちの所業の結果に押し潰されて消え、そして滅びた。

楠木一統に関わる感性を歌舞伎の「忠臣蔵」の基調に見たGHQは、占領中の初期に歌舞伎座の出し物にするのを禁止した。復讐心を煽っていると判断したのである。その見地から、占領者に敵意が向かわないようにと、占領中の日本人に心理戦争を仕掛けたのであった。この懼れは米側の選良には、いまだに継承されている。日本の核武装に異様に警戒心が強いのは、我が身を振り返り日本にリベンジの権利があると想定しているからだ。

彼らの誇示する知性が、日本文明の理解にいかに浅知恵であったか、また占領政策に協力した欧化日本知識人が浅薄であったかは、赤穂浪士の決起を「復讐」（リベンジ）という次元で考えたところに表れている。その行為をさせたものは、復讐ではなく、信と義の宣揚なのであった。幕府の処断を不義として、「生き死に」を度外視しての義の確立を、決起という行為で示したのであった。武家ではない町人により構成されていた市井に通じる表現では、意気地を通したのだ。

赤穂浪士は藩の再興は叶わなかったので、政治的には失敗した。だが、日本文明史が続く限り、この決起により永遠の勝利者になったのである。そうした意味では、GHQによる忠臣蔵の歌舞伎上演禁止は、一つの工作として評価すべきかもしれない。歌舞伎の出し物への干渉という事実によって、占領という力学の本質を示しているから。その命令の受容は、国家の敗北ではなく文明の敗北にもなりかねないとは何かを、同時代と後世の日本人に知らせるキッカケを遺してくれてもいる。この史実を糧とするかどうかは、受ける側の見識にも由る。見識の発揮も英気の有無如何になる。現在の日本人にはその意気地はあるのやら。

三節　闘戦経が活きていた昭和の終戦と占領直後

一、現実を複合的に認識して身を処する働き

孫子は兵事という人間界での現象で、詭という変の懼《おそ》れを知っているがために、詭道という概念で課題を扱ったのは前述した通りである。事態の想定は人智を越える場合もあり得るのを「道」という表現で示唆している。道にはヒューマン・ファクターで収まらない面も含めているはず、だから。

孫子が、真鋭や「造化と夢との合う」（第三十四章）などの闘戦経の言い分を知れば、思い上がりの妄想に近いと考えるだろう。孫子からすれば、「変の常たると知り」などは、当然である。シナ文明の古語に「変化は不変なり」という表現がある。だから、闘戦経の作者のいうのは、未開の夷《えびす》の観念遊戯と見るだろう。

だが孫子とは異質な立場を示す闘戦経は、象徴的な言い方で敢えてその違いを展開する。そこから、至らない読み手が一知半解する危うさも出てくる。一知半解が生じるのは、現実認識の独特の意味と構造を、距離を置いて把握しないからだろう。「万物の皆疑はしからず」（第二十二章）と明言した闘戦経の作者は、その前段では、「疑へば則ち天地は皆疑はし」と言う。つまり、疑う発心は否定していない。疑うという過程を経て思索を深める、その後に疑いを捨てよ、と読むのだろう。捨てる境地に至れるかどうかが問題だ。

「詭」に対峙するのに、「真鋭」を説く思考の構造はどうなっているのか？「詭」を一概に否定せずに、「真鋭」を説く複合性にこそ、日本文明がもつ独特の思考形態がある、と観ると分かりやすいと思う。それは、前述した

複合的な自然観（五章、三節、三、を参照）とも深層で関わっていると思う。

この発想の深さに思い至るときに、その理由に二つあることに気づくだろう。その一は、日本人の武に対するリアリズムに徹した上での、幽顕二元の一体という独特の有限意識と、自然との共生が信じられる永遠を踏まえた意識である。この意識は行を通して不断に鍛えられることが求められている（注116）。それを、先に「我武」という唯武観で触れた。

（注116）宮本武蔵の前掲書、空の巻の一節に、「心意二つの心をみがき、観見二つの眼をとぎ」という下りがある。心眼と肉眼の二つの認識を伝えている。「心と意」と「観と見」を一対にした認識の心得は、抽象的な思惟からは得られない。武蔵の剣を通しての体認というものであろう。

二、独特のリアリズムに徹して生じる美意識

その思考の深まりに応じて、それは真だけでなく美にも昇華している。その二である。それは、戦いにおいて、幽顕一体の実感がもたらす自他の生の在るこの世の有限性に対する慎みの姿勢である。この慎みの心境は、あらゆる動作と振る舞いに美をもたらす。有限を自覚するところに生じる慎みの心は、「潔さ」と表裏にあるからだ（前掲の八章、二節、三、を参照）。

宮本武蔵の言といわれる「神仏を尊び神仏を頼まず」、あるいは「天地の下、我より始まる」なども、潔さにある断の心境と無縁ではない。そうした死生観を儀式とし一つにまとめたものが、先に述べた一期一会の茶の湯であろうか。

己を律するところから伝わってくるその振る舞いから醸し出される風姿と風韻には、美がある。森羅万象を唯武と捉える「我武」であるために、戦いに臨む際の振る舞いにまで神経が行き届いていた。勇猛果敢という漢語の熟語と「果敢《はか》なさ」と読む和語の捉え方に出ている感性を熟考したい。

但し、この行き方は武における集団力に適応するのがなかなか難しい。統率者の資質に負うところも大きいが、部下の共感を得るのが難しいからだ。上杉謙信は「第一義」を掲げて、実現する目標に努めた。義を掲げて、それに徹すれば通じると信じたのであろう。通じるとは、現実を彼の信によって押し切ることができると考えたのか。謙信の二代目景勝は先代の遺鉢を継承しようとしたが、現実は思うようにはいかず、失意が多かった。部下は戦闘の代償としての実利としての報酬を求めたからである。

そうした事例から考えてみると、楠木一統の、例え一千足らずという寡兵であろうとも、湊川の戦場に赴いた在り様は、突き詰めて明らめた上に勝敗を度外視し、義を貫く場合もあるとする日本人の形《かた》となった。繰り返すが、楠木正成だけでなく楠木一統なのである。この在り様は死を賭した公的な振る舞いにおける美意識の形成に、大きな影響を与えたのは間違いない。赤穂浪士47人の場合も同様である。

三、日本文明としての終戦と占領への処し方

そうした在り方が、国家単位の集団として全き姿で開示されたのが、第二次大戦での日本の降伏であった。部下将兵のほぼ百パーセントが統帥権者の命に従った。終戦の詔勅を受け止めた国民の姿勢は、戦勝国をして懼れさせた（前掲、三章、三節、五、を参照）。ここには、信に基づいた集団力が見事に生きていた。そこには降伏という下命を心服させた統帥権者であった天皇の大きさがある。そこには、代々の皇統を支えた君臣一体の継承と蓄積による、「威は久しからず」（第五十章）の真逆の在り方が顕示されている。

だから占領下の教育改革では、天皇の無力化に焦点が置かれた。それを天皇自身によって押し進めるのを民主化と称した。前述したように、ＧＨＱによるその開始に位置づけられるのが、昭和21年元旦の「新日本建設の詔」であった。そこにあるＧＨＱの意図を忠実に伝えようとしたのが、前述の南原繁の同年紀元節でのキリスト者としての説教であった。

占領側によるこの言葉と修辞に込められた心理戦に対して、昭和天皇が、詔勅として示されたのは、前述のように「五箇条のご誓文」の再録であった。沈黙の行をもってしたのが、「神道指令」が占領の開始から4カ月に満たない12月15日に出された後の、公事としての天皇祭祀あるいは皇室祭祀であった。天皇の行としての祭祀の積み重ねは、そこに自ら「神気」（第四十七章）が張ることになる（注117）。だから、前述の終戦の詔勅への必謹が在り得た。君臣が相互に信を共有していたのである。この臣とは必ずしも高位顕官ではなく、無辜の民である。

（注117）ＧＨＱは、祭祀を天皇の私事として扱ったところに、双方の文明の落差が象徴的に提示されている。この落差は76年経っても断層として放置されている。祭祀私事を受け継いでいるのは、ＧＨＱが作った法制に違和感もなく育っている官僚たちと無知な国会議員である。だから、東京オリンピック２０２０の開会式で、令和天皇の御言葉に起立しない主催都市の東京都知事や首相菅の態度が出てくる。

昭和21（１９４６）年、占領下に置かれて5カ月目に入った歌会始めでの御製は、先に紹介したように、「降りつもる　み雪にたへて　いろかへぬ　松ぞををしき　人もかくあれ」。ここには市井に棲む一介の民草が読むと、和歌という雅《みやび》の表現の様式に則していながら、信に基づいた自衛としての「遅攻」を意図した「ををしき」戦闘宣言がある。ここには、剛の一つの形が示されている。前述の五か条のご誓文を前段にもってきた詔勅の背景にあるご宸念（お気持ち）が暗示されている。このメッセージを受け取った者はどれだけいたのであろうか。

四、白村江敗戦後の日本再建を想起した昭和天皇のお言葉

国体の護持を条件にしてのポツダム宣言の受諾を最終的に連合国側に伝えたのは１９４５年8月14日、国民にそれを公開したのが15日であった。後世、言われる「聖断」の評価はいくつかある。いずれもことの本質の一端を伝えている。しかし、本質の認識は不鮮明である。

それは昭和天皇の元首としての意思表示では終わらないから。聖断とそれを拝受した国務と統帥は、日本文明の存亡という事態にある自覚あって、それを賭しての君臣一体の働きであった。日本文明の骨格にある「剛毅」の威風堂々とした発揚でもあった。第五章の末尾に言うのは、「僊は剛毅をもって死せず」。僊という通常では仙人を意味する語を持ってきたのは、象徴的な言い回しであろう。国柄の永遠性を伝えている。

だから、日本政府はポツダム宣言の受諾に際して、「国体の変更をしない」条件を付して後世にもその意思を伝えたのである。通告を受けた連合国側は、「この期に及んでであったのか」、それに異議を唱えはしなかった。すでに宣言に盛られているとしたのは、バーンズ米国務長官である。バーンズの対応は、本人が意図する以上に日本側が受け止めたのは、昭和天皇の皇統への信頼に由っていたのであろう。それは御身（玉体）一身を賭した覚悟でもあった。

その1年後の8月14日に天皇は新旧の重臣を集めて、皇居で茶会を開いた。その次第は、『昭和天皇実録』（第十）に記されている。ここで天皇は冒頭で、西暦663年の半島の白村江における敗戦と、以後の日本の非常事態における国家再建の取り組みを先行条件にして、今次の敗戦後も取り組むべきと述べた。

当時の首相吉田茂は、陛下の御言葉がおわり、どのように思うかとの下問に対し、その通りと応えたという記録（『昭和天皇実録十』）もあるのだが。その後の経緯を鳥瞰すると、両者の理解には次元の違いを見出す。昭和天皇の問いかけに即答した吉田が君臣水魚の交わりだったのか、疑わしい。記述したように、7年後の1952年4月の講和発効の際、占領下の憲法を含む法体系をそのまま存続させたからである。

白村江敗戦後の取り組みで、現代に至るも国体を構成する基本として継承されている骨格は4つある。年代順に記すと、その1は、倭国から日本という国号の制定である。その2は、天皇号の制定である。その3は、式年遷宮の制定（685）である。第一回は690年に行われた。持統天皇が即位した年である。その4は、持統天皇の即位の礼の翌年に挙行された大嘗祭（691）である。

こうした営為の背景を踏まえて、昭和天皇は、占領下にある日本の危機を奇貨に転じようと、新旧の重臣に提示し合意形成を図った。その剛毅ある初心は君臣一体で継承されたのか。吉田の政治行動に見られるように疑わしい。戦後の76年史の読み方にかかっている。少なくとも昭和天皇以来皇統三代には継承されているようだ。

五、行の裏付けあって観える領域

昭和21年元旦から8月にかけて営為された3つのいずれにも共通しているものは、意識を鮮明にしておくために求められる行の側面である。行として意識されている仕草や振る舞いの自覚が失われたときに、それに関わる解釈は観念遊戯に堕してしまう。行は「至道」(第三十八章)を実感するために不可避的に求められている。それが習いとなっているのは、前述した(五章、三節、三、)第二の自然作りの過程からであろう。

神仏の宿る自然の摂理がもたらす時に起きる天変地異の運命を許容しつつ受け入れても、その中で最善を尽くすという意志の強調がある。自ずからなる剛毅の働きでもある。この二重性は、双方が過不足なく気持ちの中で連繫していれば問題はない。だが、一方に傾斜すると、いずれも諦観や独りよがりに堕す恐れが高い。それでは詭道を「詭譎」とせっかく言い切った姿勢が生きてこなくなる。

戦局で当事者が実際に置かれた場面の捉え方なり境地なりに、日中の違いがあるようだ。とくに日本のそれは独特である。

疑えば切りがない、疑わなければ全て疑わしくなくなる(第二十二章)と明記するなどは、道を極めるには、行である自然への直入をしてからはじめて可能になると、と信じていると思われる記述である。第二十二章の章句はその典型の一つであろう。ここには、在り方として「詭」の働く余地を希薄にしやすい懼れがある。それは文明の質の違いでもあった。と、過去形で記すのは、これからの日本文明の在り方を思い巡らすときに、問題があるから。

この境地はつい三四半世紀余前、昭和19（1944）年から20年の夏にかけて取られた「統率の外道」（大西中将の言）としての戦術ならない戦術、特攻隊にまで及んできている。戦闘としては集団の作戦であったが、兵個々人の死生観の在り方までが戦力として要求される作戦でもあった。そして、むしろ後者に目的があったやに伝えられている。参加者の軌跡の意味するものとその魂魄《こんぱく》を、後世に引き継がせようとしたからである。大西にとって、特攻への展開は、湊川への道往きであったのか。彼の辞世に出ている言挙げは、行の契機を失っているところで観察すると、居直りと思われかねない。

Ⅴ部　闘戦経の到達した極北

十二章　現代以降の戦いの糧になるか、闘戦経

一節　行為を含む表現としての言葉

一、漢語が言葉にまでなっていないと

闘戦経は日本文明の原形質を明らかにする、と冒頭部分の項で記した（「日本文明の原形質を明らかにする闘戦経」）。明らかにするとは、彼我の違いを通した自覚である。この事例では、原形質はどういう方法によって浮上したのか。それは、言葉を通して、である。その言葉も大陸から移入してきた漢字を用いての説明であった。移入された言語で説明していて、何が原形質といえるのか。何が自意識化か。

既往の関連部分で説明したように、確かに漢字を用いておりながら、漢字をもたらした文明では用いない言語表現を創り上げている。それを漢語に比して和語といったのである。和語の言葉を創成し用いることによって、出自とは別の意味を生みだした。「真鋭」などの新しい概念を創り上げることで新たな発想から内面の自覚をもたらし、独特な修辞を提示している。かくて、その営為は日本文明の原形質を明らかにする作業になったわけである。

ここには一見すると漢文でありながら、「和意」が表現されていることがわかる。漢文としての和文が展開できた説明能力と読解力の向上した背景には、奈良時代末期（9世紀末）における学僧による、カタカナとひらがなの創作という先行がある。

表意文字であった漢字から、カタカナもひらがなも日本人が創りだした独自の表音文字である。この違いがい

まだに大方にはわかっていない。この表意と表音文字を複合させた創作によって、日本人の言語表現力は飛躍的に高まった。漢字だけのシナ文明とは比較にならない深い意味を具象的にも伝え得るようになったのである。それは当然に思索力の強化になった。列島での日常生活に必要な言葉が、和語として言語にまでなったからだ。

言語での表現力とは修辞力を意味する。修辞は論理の別義でもある。和文は、漢文の世界の論理とは別の論理を立てることが可能になったわけだ。論理だけでなく、理義をも明らかにした。「倭教」（第八章）という表現は、その端的な謂いである。といって、十七条憲法の冒頭にある「和《やわらぐ》をもって貴《とうと》し」の修辞に出ているのは理義というより情義の側面が濃厚とも言えるか。最上位に置かれた「やわらぎ」（和）は和語そのものである。

だから、本稿の主題の根幹に関わったところの、孫子のいう詭道を詭譎と断言できる自意識を、言語として表現することが可能になったのである。それは言語だけで可能であったろうか。死生の在り方における身の処し方、戦闘での振る舞い、そこからの幽顕一体の実感等の行為による表現の記憶の継承が共有されて、言葉になっている。だからこそ、その修辞と論理は、それを読む者に納得された。それだけでなく、その修辞は継承されたのである。この修辞と論理は、孫子の世界認識には拒まれたのはすでに略述した。

二、翻訳語はまだ言葉になっていない

近現代の日本語は、西欧衝撃と密接に関係している。漢字文明と接した古代における咀嚼し我が物にしたという先行経験が、言語体系の全く異なるアルファベットを用いた言語を急速に日本語に翻訳することを可能にした。近代ではシナや満洲族、モンゴル、コリアなど漢字文明圏の識字人は、日本人の翻訳造語から近代欧羅巴（ヨーロッパ）文明の事物についての多大の修学を可能にした。しかし、他の非西欧世界では欧州の原語で修得するしかない。日本語で修得できる日本人は、地球社会では稀有である。

現在の日本文明は、西欧文明の諸言語を日本語化してまだ２００年経っていない。言葉は翻訳すればすぐに転

移できるものではない。古代日本でも数世紀はかかっている。だから、兵学である闘戦経でも5世紀かかっていると前述したのだ。当然、そこに異概念に基づき組み合わせた論理や修辞が付随している。その論理を相対化し我が実感にするのは簡単ではない。さらに、修辞を解して自家のものにするのは一朝一夕にできない。

現在、生硬でまだ和語になっていない言語表現が累積している。加えて、和語にする工夫もしないで、直接にカタカナ語にして提供する場合が多くなっている。しかも大半が流行として消費され、過ぎると捨てられる始末だ。そこで言語は表層に流れ肉体化する言葉にまで至っていない。振る舞いや動作が追いついていってないから。

技術語は修得できても、抽象語でしかない。日本人の存在感覚にどの程度に適応しているのか。ここには、事物認識において用いる言語表現がこなれ馴染んでいないことによって、個々の「内面で綻び」が生じ、時にある種の分裂すら生じている。つまり、見当識に問題が起きている。明治の小説家で英文学者の夏目漱石は、欧化の現象を「上滑りに滑っていく」と表現した（講演『現代日本の開化』1911年）。

そこが、近現代日本人の生活環境の把握で混迷の生じる背景でもある。最近ではグローバリゼーションの大波が被さっている。その事態に対峙できる初動は、結局は言葉であり、その言葉を用いた修辞である。その背景にある生活と実感である。言葉がしっくりこない、またアヤフヤであると、存在感覚にゆらぎが生じ、ひいては不安が生じる。

「内面で綻《ほころ》び」とは、頭中にある言葉になっていない抽象概念としての言語の意味内容の関連が、体系として整理されていないで、混在している現象である。しかも、その多くが翻訳語とすると、生活感覚とは無縁に存在していることになる。この綻びを放置しておくと、やがてはアノミー（無規範による弛緩）になっていくのだろう。思考のアノミーはやがて生活にも反映してくることになる。そのうちに、それにも気付かなくなり、病、膏肓に入るようになる。その現象は、一つの文明の滅びを意味していないか。世界史には、そうして滅びた多くの言語と文明がある。

古代に達成し得た主要な業績を継承して現在に至っている日本文明は、世界史でもあまり類例がない。その由来をしっかりと見極める必要がある。多くの先人らが果敢に自意識を訊ねて、自分の在り方を鮮明にしようと思索した「古典」の再生を心がける意志から、ともすると不鮮明になっている自分の帰属する文明の営為の一端が我が内側で明らかになるキッカケをもたらしてくれるだろう。

三、言葉の意味が伝わるのは、生活の裏付けあってこそ

「言葉（和語）と修辞」が我が身に説得力を持つには、それだけで可能だろうか、という疑問が出てくる。かなりの程度は可能だ、と言っていいだろう。だが、印刷術が発達して以来の、言語からだけの伝達の可能性への過剰な期待は慎んだ方がいいだろう。竹簡にせよ石や泥盤、また紙の上にせよ、そこに記された内容は言語である。言語だけが独立して、読み手に提示されている。

それは翻訳語にも言えることだ。技術用語はそれに照応するソフトを含めた機材がある。だが、人事百般に関わる思想性を帯びた、いわゆる人文科学、アーツ（Arts. 教養）に関わる分野の諸概念も、言語だけが提示されている。それらの膨大な文書群は生活にある言葉にはなっていない。多分、マンガを見るというか読むのは、そうした欲求不満を解消する代償作用ではないのか。

言葉はそれだけで済まない。前述した（三章、二節、一）ように、言葉が発せられる行為としての身体の振る舞いなり仕草なりが共有される生活がある。生き方死に方が裏付けられて、記憶に基づいた伝達可能となる分野が厳然とある。だから、古来、その文明の精華ともいえる信仰行為や行の側面が不可避の分野では、口伝が重んじられた。

口伝に意味があるのは、伝える者と伝えられる者との間にしかない伝え方があるからだ。修辞の本意はそれである。別の人格の場合には、その伝え方は通らないかもしれない。これは可能性というより現実でもある。「如

是我聞」という認識の初発をも意味する伝達の方法は、文書を越えた全く異質でしかも深甚な意思疎通なのである。空海が最澄に「筆受」での伝達の限界を通告したのも、それから来ている。

では、その人格が幽界に去ったさいは、伝えようと思っていた内容は消えてしまうのだろうか。ここに、この章の最大眼目がある。遺された言葉と修辞から推察するしかない。しかし、仮に言葉と修辞が豊富に遺されていても、だからといって伝わるものではない、とは先に述べた。相伝の在り様である。伝わる者には伝わるし、伝わらない者には伝わりはしない。この諦観は意味があるのは、後掲の十三章で扱う将帥（指導者）が必須で具有するはずの、剛の有無とも深く関わっている。

二節　武器としての「言葉（和語）と修辞」

一、「言葉と修辞」の内容が説得力を持つには

そこから振る舞いなり仕草なりの背景にあるはずの行の側面の重要性に気づかされる（前掲、三章、二節、一、と十一章、三節、四、を参照）。行は形と表裏の関係にある。形から入れ、という表現を武道でいう。茶道でも、一般に知られているものでは、芸能の世界でもよくいう。形の行を重ねることによって観えてくる世界があるからだ。ここでは断片的な暗示が、ある局面に至って、全体の在り様と多大の関連のあることに気づかされる場合が、ままある、らしい。

人は観念的な存在ではなく身体的な存在でしかないことはすでに指摘した（主に、十一章、二節を参照）。すると、闘戦経の記している「言葉（和語）と修辞」は、行為を通しての自覚や行を外してはわからないことになる。作者たちは言語の限界を十分に知っていた。

では、闘戦経に記されている木で鼻を括ったような、遺されている言葉と修辞は不親切だと思うか。思わせる書き置きをしたのは、後世から覗うと、この種のエリート主義の厄介な側面でもある、と凡人は思う。孫子と比較するとそのように思わされる（四章、三節を参照）。だが、行の世界から観ると、結局は親切な修辞であることになる。厄介と受け止めるのは、言語による意思疎通に留意し過ぎた近代的な主知主義の限界を示しているからだ。ここには、近代日本の高等教育の致命的な弱点がある（三章、三節、または前述の六章、二～三節、あるいは後掲の十三章、二節、二、を参照）。

ここで問わねばならない。現在進行中の私たちの統合性を失っているかに見える思考形態にある綻びは、どうすれば修復できるのだろうか。統合性を失っているとは、我が身の思考において主導権を握っていない、という意味である。他動的になっている傾向を「内面で綻び」があると言ったのだ。他動的な思考で自立できるか、さらに他者に説得力を持つだろうか。持ちえない。自分にすら説得力を持っていないから。思考以前の付和雷同の人々は、ここでは計算に入れていない。

二、言語から入るしかないのだが

「行」の領域（前掲、三章、二節、一、と、後掲、三節、四、を参照）が軽視されだしたのは、一世紀半前に始まった西欧文明の摂取を最優先した文明開化からである。まだ、信仰の領域である神道、禅宗、日蓮宗では、荒行などでは不可欠であった。芸事や茶道、華道、そして武道では残されていたのが、社会的公的な場でほぼ完膚無きまでに排除されたのは、１９４５年９月から１９５２年４月までの占領期間である。この期間を経て、世相では、芸能や茶道など作法を抜いては成立しない稽古ごとは別にして、社会的な場では、行という側面は軽視されるか無視されるようになった。現在では、武道の他は、一部の教派神道、既成仏教での荒行や禅の修行では、それなりに継承されてはいる。

公教育の世界では、学習とは教材に記されている内容を暗記することに目標が置かれている。それは紙に記された試験での成績に反映する制度になっている。それも記述方式からマークシート式になっている。受験者に力点を置くよりは、採点には楽な仕掛けである。

公認の教育機関で学習すれば学習するだけ、本稿で必要とされる修学の世界と無縁になるだけでなく、むしろ否定される作用が強くなることになる。現在の評価基準で高い地位にある者たちが影響力を行使している現状は、日本文明の輪郭が、アノミーの深化によって、やがては消滅していく過程にあるのを危惧する。頻発する「面従腹背」を広言した次官の前川某をはじめとして文科省官僚の醜聞は、知行の分裂の産物であり、人格の統合性は破綻している例証であろう。

マークシート式に露呈している低次の合理化は、行の世界からますます離れる仕組みで、むしろ離れたところに成立する世界が公認の評価基準になっている。現行教育の場とは、本稿で指摘して必要とされる理解と「識」の世界とは反極に位置づけられているのだ。

本稿冒頭の導入部分にある「こう考えれば日本は敗れない／日本文明の原形質を明らかにする闘戦経」で取り上げた、日本語と和文の運命についての問題意識と追求は、今日の思潮と風潮でどこまで存在理由を持つだろうか。社会的、集団的に日本文明の個性を経験として共有できる修学の過程は、教育基本法の世界では閉塞される仕組みを作り上げてきている。この負の仕組みを成立させている権威と強制力を伴っての言語表現の集大成が、現行の「憲法」前文と条文なのである。原文米語からの翻訳語そのものだ。そこには日本文明は生きていない。むしろ腐食させる力学作用をもっている。

三、日本文明に還る回路としての闘戦経

言語を用いての王道はある。

こういう事態だからこそ、現在の私たちが保有している機会と手段は、古典としての歴史文献にある言語しかない。言語と修辞の意味するものが何かを暗中模索するしか無いのである。言葉化するには行為という身体的な表現が裏付けに求められている。社会的に公認されていなくても個々人には、当人の意志によってこの領域を修得する機会は、豊富ではないものの模索すれば就業の場でも与えられてはいる。それは、当人の感受性と意志の有無に関わっているが。

闘戦経は言葉と修辞による武器であった。その発見された武器は、当然に日本文明の原形質から生じていた。そこには、幽顕一体あるいは共生という、生き方と死に方による振る舞いに裏打ちされた死生観がある。それを理解するには、当初はどのようにすればいいのか。歴史認識から学習して知識にして、思考による疑似体験をするしかない。そこで、本稿では「問題の提起」と二章を用意したのである。

その過程を踏まえて、これからの時代にサバイバルする思考回路をどのように築いていくか。その序奏として、また思索過程を手堅いものにする糧に、先行としての闘戦経の世界認識にある試行錯誤は役立つと思う。

先人は試行錯誤によって、和語を作りそれなりの意味ある和文の体系を、「倭教」として構築した。現代において、その構築は独りよがりであったのか、それとも縷々ここで説明してきたように、後世の現代にも益するところのある一定の内容を創りあげたのか。

やはり遺された言語（和語）と修辞に直入することによって「気づき」確かめるしかない。ここでの確かめるための模索は、日本文明における一体性の一端を理解するための自己発見の経緯でもある。言語を味わううちに馴染んで言葉になり、同時に意味をぼんやりと知り得る契機をもたらしてくれるかもしれない。

四、日本人は言霊をなぜ重視したのか

言葉に霊性が宿っているとの受け止め方や理解は、日本文明だけの特有なものではない。古代、あるいは古代以前、言葉で意味を通じることを経験した人類は、通じるところに霊性を感じ取った。従って、言霊は言葉を持つ集団が共有して感じ取るものでもあった。だが、この虚心な古代人の直感は、近代の世俗化社会が主流になるに従い、希薄になっていく。からくも、その残滓を保持しているのは信仰の世界と、信仰に関わっている古典演劇や歌謡など芸能の世界である。日本では、まだ武道の世界がある。

宗教は、一般的に教典を保有している。それは世界宗教であれ、そうでない信仰であれ。神の言葉であり、預言者の言葉であり、創始者の門弟による如是我聞である。教典として尊ばれるのは、そこに記されている言葉と修辞の総体が霊性を有していると信者は信じているからだ。

しかし、大半の現代人は言葉の持つ霊性の実感から程遠いところに棲んでいる。言葉に在る言霊とは無縁な生活をしている。言葉に在る機能的な側面だけを取り上げて、その意味空間に安住しているからだ。それを世俗化という。人は、言葉に霊性を感じ取れなくても生きていける。現に活きている。満足している。いや、満足していると思い込んでいる。

そこには、生活を維持するためだけの手段性だけが先行している。手段性とは、ありていに言えば、基本的には、腹が減ったとか、水を飲みたいとか、○○が足りない、○○ができる、とかに還元されてしまう程度の意味空間である。科学技術のどのように高度に専門化された分野であっても、それに還元できる。「用」（第四十章）の世界でのものなのだ。

だが、人の世では、表層的な意味空間では処理できない事態が起きる。個人の生活でも、最近では東日本大震災のような出来ごとである。ここで、日常の生活の根拠が、自分とは関係ない世界からの出来ごとで、簡単に粉砕されてしまう。目前に死が簡単に起きることによる急性アノミーである。

そうした事態を自分の存在との関わりでいかに納得させるか。合理化するか。稀有な体験を思索するところから、意味は言葉と表裏の関係にあるのは勿論のこと、霊性を帯びていると実感できる境地に辿りつくことのできる機会が与えられる。この機会を真摯に活かさないと、自分の生理的な存在が現世では不確かさにあるのを納得させることができない。人を含めた存在そのものが幽顕両界あってのものと実感するところから、言葉が聖性を帯びている、そこに霊が宿っているのを感じるのだ。それは、生とは何か、死とは何かを、出来事を受け止める言葉を通して垣間見せてくれるのだ。

本来、演劇や詩歌そして舞踊が神前で営まれたのは、言霊と不可分にあったことの証である。演じ詠う者と観て聴く者のいるその場に、有限と無限を結ぶ幽顕が示される。日本の演劇で、それを凝集させ、徹底して抽象化させてまとめたのは、能である。

世俗化とは、こういう世界を知覚できる精神領域を切り捨てるところに成立した。そこで言葉は手段と機能性の世界だけに閉塞されてしまった。その結果のもたらした弊害の最大のものは、人々は言葉無しには生活できないにも関わらず、言葉に根本的に信を置けなくなったところである。それは引いては、他人を信頼できなくなるところに帰結する。他人が信用できないとは、結局は自分にも信が置けないところから来る。人は容易に底なしの虚無の深みを覗き込む淵際に追い詰められている。生身の教祖を絶対視するオウム真理教などが跳梁できる背景である。高学歴者ほど胡散臭い教祖に巻かれた事実の物語るものは悲惨である。事件は13名の死刑で区切りをつけたかに見えるが、問題性は消えていない。いまだに信者が活動しているのは、戦後という時代の底の浅さを垣間見せている。

古典・闘戦経の章句には、幽顕一体の境地を前提にしないと意味の伝わらない領域が多い。それは言霊が行間に生きているからだ。その意味空間の深さを知ることは日本文明を支えている基盤の一端を知ることになる。

三節　経営学の視点で見る限界

一、兵法を経営学に捉える傾向の危うさ

兵法を広い意味で捉えると、現在でいうところの経営学に役立つものが多いだろう。ただし、それは解釈を水増ししての場合である。兵法を援用して、論理的に目的を達成する方法論としての経営学という考え方は在り得る。だが、兵法とは自己を保全しつつ敵を圧倒するための法である。その圧倒の内容と仕方に違いがあっても、である。

企業経営と兵法は、共有する部分があっても、決定的に違う面がある。

孫子も闘戦経も、戦いに臨んで、通常は敵をせん滅するための法を伝えている。目標達成といっても商品やサービスを売り込むのとわけが違う。だから、水増しすれば、と前述したのである。

敵をせん滅するとは、戦場にあっては殺人が行われることだ。だから、老子は戦争という現象には一歩距離を置いていることは前述した（五章、二節、四、五、を参照）。

孫子には戦争にならない前の戦いについての分野も包含している。それは、場合によっては、規模は別にしての予防戦争も含んでいる。戦闘に至らない分野とは心理戦、外交戦、経済戦、現在横行する新しい分野では、歴史戦である。闘戦経と比べると、前述のように政戦一体とも言えよう（前掲の、七章、一節を参照）。『超限戦』は、常在戦場である非対称戦が日常化しているところでの、現代風の言い方である（四章、二節、四、を参照）。乃至は、孫子の戦争観の現代版である。

孫子のこういう分野に注目して、闘戦経との比較を試み、後者は戦闘に傾斜しているとの批判を読んだことがある。昭和の海軍部を総評して、孫子よりも闘戦経に傾斜することによって日本は敗北した、というのである。

海軍大学校で闘戦経をテキストにしたのか、から来る批判である。表面的に見れば、妥当な見解のように思える。

こうした孫子に立脚した闘戦経批判は、曲者である。知らずうちに孫子の方が優れているかに思ってしまうから。思考上の落とし穴である。違いを自覚することは、相手や自分が全て優れていると思うことではない。そういう錯誤を懼れて、「闘戦経の精神を半解した危うさ」（前掲、十章、二節）を記したのである。

戦闘について言っているようなものも、手段と力学に還元すれば、心理戦や外交にも応用できる。それは読み手の知的な想像力の程度にかかっている。言語は、表層だけに囚われると、その示唆している深い面が見えなくなってしまう。だから、兵法を経営学の視点で捉えることは可能であっても、また活用できる分野があっても、その解釈には限界があるというのだ。ここでの先入観が、それぞれの章句の中に秘められている究極の意味ある内容の解釈に制約を課してしまうのを懼れる。それは、浅い解釈をする羽目になることを指している（注118）。


（注118）六章、二～三節で前述した『統帥綱領』と『統帥参考』は、旧陸軍将校の倶楽部で主権回復後は財団になった偕行社から復刻された。復刻理由を前書きに言う。「最近、我が国の企業経営者の間に、経営の参考として「孫子」や「作戦要務令」等の兵書の研究が盛んになり、（中略）。企業経営者及びそのスタッフの方々に、トップ、マネージメントのご参考に資するため、（後略）」。復刻意欲のある方々は自己批判という言葉とは無縁のようだ、とも受け取られる。自省よりも時世にすり寄ったのか、と見るのは悪意に過ぎるか。最も必要なのは、どこに間違いがあったのかの戦史を通しての批判的な解明と思うのだが、一切不問にしているところがいかにも危うい。

二、敵を殲滅し覇権を確立すると、共生の余地は無い

軍である以上、次第によっては敵を物理的に完全に抹殺する場合もある、それが戦いの当然の現象である。その領域での負けないための定理を扱う兵法である。平時の世界の仕事である企業経営に応用すること自体、本来は無理がある、と考えるのが自然だろう。だから、繰り返すが、水増しをすれば、と前述した。企業経営には殺

人は許されていない、はずだ。公害企業は、水俣病のように操業によって緩慢な殺人を促進してはいるが。

孫子の兵法だけでなく、『作戦要務令』、さらに『統帥綱領』、『統帥参考』までをも経営学にするというのは、軍が無い、従って統帥権も無い環境に置かれた日本社会での代償作用でもあろう。だが、代償はどこまで行っても代償でしか無い。あるべき分野が無いところでの代償は、本来の折角の意味を浅く解釈させてしまい、逆に害を流す側面もあることに留意する必要がある。

しかし、それでも経営学という分野から捉える試みをすると、どういう面に留意したらいいのかを考えてみよう。

記述する表現から見ると、孫子の対象範囲は広い。だが、老子の判断領域である名分には介入しない。戦略戦術の技術分野に限定しているからだ。それに比して闘戦経は、冒頭から「我武」をいう。あらゆる現象を武だと言い切っている。

この違いは、覇権についてどのような結果をもたらすのだろうか。孫子は覇権を維持し、さらに覇権を確立するにはどうすればいいのかの方法を詳述する。何ゆえの覇権かは問わない。兵法は老子の判断領域とは別の手段であるから。だから、その手段は覇権の力学に収斂される結果を招来することになる。

前述のように老子は、戦闘で得た覇権は、他の覇権によって滅ぶ、と明記した。覇権はひとたび確立されると自動的に拡大に進んでいく力学を知るがためである。その歯止めは利かなくなる。それは上り坂の場合は敵をせん滅する戦いに進むことを意味する。そこに、敵となった他者との共生はあり得なくなる。他者の存在を許せば、今度は何時、自分がやられるかわからない。

だから、老子は、兵事に距離を置いたあのような言い方をして、戦いという行為そのものに肯定的な評価を下すことを拒んだのである（前掲、五章、二節、四、五、を参照）。それは、戦争を選択肢か、相手から余儀なくされる現象と観ていたことを示している。つまりは、人事の範囲に止めることのできる現象としてきた。

三、覇権のもつ力学は虚無をもたらす

闘戦経のように我武という現象全てが武であるとするると、覇権の拡大を求めるよりは、逆に敗れない方策に焦点が絞られているようだ。絶対的な優位よりも相対的な優位でよしとする気配がある。武の不可避性が確定されているところでは、現象面での行為で抑制が作用するからだろう。慎みを重んじている。それは共生の摂理を許容できるかどうか、の違いから来ている。共生なら相対的優位が確立されていればよし、としやすい。武田信玄は、自戒として辛勝を重んじた（注119）。

（注119）武田信玄公訓言

凡そ、軍勝五分をもって上となし、七分を中とし、十分をもって下と為す。その故は、五分は励を生し、七分は怠を生し、十分は驕を生するが故、たとえ戦に十分の勝を得るとも驕を生すれば次には必ず敗るるものなり。すべて戦に限らず世の中のこと、其の心がけ肝要奈利。（山梨県塩山市「恵林寺」の石碑より抜き書き）

一方で、共生は不安定要因でしかないという感覚だと、相対的な優位でよしとするのは危うい発想か、または建前でしかなくなる。後者の場合は、一時の過渡期の現象でしかない、と当事者は思っている。なんせ孫子は奇正を重んじているではないか（四章、一節、二、を参照）。

三国志演義での主題は、三国が覇権を求めて続く戦争状態である。互いが対立し、時に同盟する。その折々の力関係は、それぞれが抜きんでようとするから争いは止まない。一時の平穏常態の共生は共存であって、余儀なくされているに過ぎないからだ。

この相対的な均衡状態が合従連合によって変転を重ねるところに、古来、シナ人は興味津津であった。そこには結果的な相対的優位を求めて、戦闘と外交と心理戦の秘術が尽くされていたからだ。奇正そのものの世界であ

る。相対的な優位が確保されると、次は絶対的な優位を目指すことになる。そこに到達すると、その優位性を持続させるためにあらゆる手段が正当化される。秦の始皇帝がうるさい学者らに焚書坑儒で対処したのも、それである。

詭譎の秘術を尽くすことにより起きる変転から生じる事態。それに振り回される政治と外交に、覇権のもつ力学の宿命がある。そこには支配の永遠性を求めるためのあくなき権力への意志がある。政戦は一体になっているから奇正が重視されるのだ。それへの傾斜が進めば進むだけ、いつ事態が逆転するかの懼れが増幅する。それは裏面で虚無が広がることになる。この無間地獄から脱出するには、別の世界認識に立つしかない。

ここに、孫子から見た経営学と次元を異にする、闘戦経の世界認識に基づく経営学は在り得る。

四、虚無を踏まえると、経営学は成立しないはず

我武が自然現象から得られた哲理とすると、当事者の根底では虚無ではなく淡泊な達観がある。それで充足するからだ。この両者の際立った違いは、現象を人間界の範囲だけで収めようとするかしないかから来ることは、すでに幾度も明らかにしたところである。「朝顔に　つるべ取られて　もらい水」。

だが、経営学は人間界の出来事である。であるかぎり、孫子の示唆は経営学に転用できる分野は多い。それに比して、闘戦経の世界が自然の摂理を背景に置くと、従来の経営学では収まらない領域が確かにあることになる。それは、支配欲に基づいた覇権を越えた世界をも凝視しているからだ。自然観と幽顕一体の世界である。

こうした複眼による経営学も、これからは在り得るだろう。それは技《わざ》や術の範囲を越えたところにある、生き方という価値観の領域に入ることになるだろう。そこに至れば、短期で眺めても、この半世紀余に日本での社会的・公的な場では絶えてなかった境地に立つことになる。

また、空間としてのマーケットの有限性に誰もが気付いている時代に入っているからだ。その半面でマーケッ

トとしての時間については、無制限の幻想が蔓延した。それに便乗したところに金融情報商品が創作された。そして失敗した。なぜ失敗したのか。時間の先取り意識に顧客を活かす共生の発想はなく、相変わらず収奪を織り込み済みで展開したからではなかったか。これは、リーマン・ショックの生じた背景を意味している。

闘戦経の発想がどのように活かされるのか。操作できる対象でのあらゆる現象は有限である、という前提で共生するという時間感覚に根ざした経営学が求められていると思う。これは、「人智を越えた世界が存在し、その内容は永遠に不可知であり続けるものが残る」とすることの確認を前提にしている。すると利追求の「もっと、もっと」だけの欲ではなく、慎むという心情に思い至る。知足という表現でもいい。本稿では、この問題はここまでに止めておきたい。

四節　グローバリゼーションの荒波を乗り切るために

一、8月15日・終戦記念日は、「恩寵」か「悲劇」の始まりか

昭和20（西暦1945年）8月15日は、令和3年現在において76年前の日付である。この日付をどのように理解するか。一見すると過ぎ去った歴史のように見えるが、意外に現在に影響していることに多くの日本人は気付いていない。帰するところ、第二次世界大戦での日本の評価に関わってくる。そこで、日本が戦闘を止めた8月15日は、その後の日本人にとって恩寵であったのか、それとも悲劇の始まりであったのか、が問題になる。

一般的には恩寵であったのではないか、と思われている現実がある。これを問題意識にして、論語と老子の指摘から明らかにしたのが、『古より皆死あり』を忘れ、『生を求むること厚き』三四半世紀」（前掲の九章、一節、一、）であった。恩寵と思っていると、そこに思わぬ錯誤が生じていると指摘した。

そして、この小見出しにある二つのどちらかを、「あれかこれか」で決めるのは無理があるようだ。前提の立て方によって変わってくる。ありていにいえば、この半世紀余は恩寵でもあり、悲劇でもあった、と観ると分かりやすい。

個々の「生活第一」（九章、一節、二、を参照）から考えると、恩寵になるのだろう。これからの時代を考えるときに、これまでと同様な物質面での豊穣な生活の存続は無理がある。いままで恩寵の背景に隠されていた負の側面が、着実に見えてくるはずだ。これからの時代を危なげなくサバイバルするにはどうするかを考えると、どうやら8月15日は悲劇の始まりになるのではないか、と考えたのが本稿の提起である。

二、恩寵であり、悲劇の始まりであった

日本国で負の側面が台頭する原因は、すでに幾度も記したように牙を抜かれてしまっているからだ。占領中に、日本神話にある「鉾」（第二章）の消去を課せられたから。その法制上の表現は現行憲法の前文と第9条に出ている。その代わりの生活第一となった。だから鉾の扱い方が記述されている兵法書も、経営学の範囲で読まれることになる。それ以上に出ると危険視され拒まれる。

「古より皆死あり」（論語　一節。全文は、前掲「問題の提起」四、の＊にあり）ではなく、老子の「厚き生」（七十五章）からしか現象を見ないから。その結果、自由、自立の精神は弛緩し、一見は豊富な消費物資に依存する「老ゆ」（五十五章）社会が出現した（九章、一節、二、を参照）。

やはり、あれもこれも、は通らない。これを選び優先する代わりに、軽視され破棄されたものがあった。近代日本を特徴づけた牙を捨てた代わりに得たものは、かならずしも悪いものではない。「食うて万事足り」になったから。

だが、「足り」る条件を今後も確保し持続するためには、それなりの自前の牙や甲《かぶと》を備えていくことが求めら

れているはずである。では、ソフト面を含めてどのような武器をどのように我がものにして、使用していくかである。周囲と同様なものを最低限は確保するだけではなく、洗練された牙と甲をどう自家薬籠中のものにするか、あるいは日本文明の英知に沈潜して見出す努力をしていくか、だ。例えば、巻末にある「特論」で紹介する発想のような。

牙とは、そして甲《かぶと》とは何か、どう磨くかは本文の主題にした闘戦経を読めばいい。読んで自前で考えるしかない。ここでいう武器は、防衛予算を増やすというようなものではないことを蛇足しておきたい。

すると、恩寵をミニマムで確保しつつ、悲劇の始まりだった76年を上手に過去のものにするキッカケを得ることができるだろう。意識しようとしない「古より皆死あり」に根ざしている、魂の失地回復が可能になる道筋が明らかになってくるだろう。そこで、曇らされている仕掛けも仕組みも観えてくると思う。

恩寵に付随しているのが米国発信のグローバリゼーションである。「同盟」関係により三四半世紀余の「アメリカの世紀」を全身で浴びて、史上稀に見る豊さを味わった日本社会。このような豊饒の世は、すべて初体験であったと言っていい。

恩寵に付随する現在進行中の地球化としての世俗化には、ほぼ無原則に適応するしかないとの思い込みが、最近までの日本であった。こうした思い込みは、剛に関わるものを閉塞させて英気が廃れていたから、とだけ言えない。地球化への適応によって、日々の生活で得られるものが多かったからだ。

そのあまりの深化に違和感が生じたのは、２００８年9月に発生したリーマンショックに始まる経済危機が米国発であったところからである。しかし、実際はすでに骨がらみになっている。経済だけで済まない。生活様式の大半が米国のそれと無縁ではない。違いはサービスというソフト面だけではないか。それも消費生活では米国でのマニュアルが移入されている。寿司（すし）や「おしぼり」の輸出もあったが。

三、恩寵の代償としての「兵」の不在

その豊かさも、東日本大震災の発生によって、被災地ではうたかたの夢になってしまった。豊かさを保証していたエネルギー源の有力な原発損壊によって、一層深化したのである。しかも、その生活第一の環境も自前の安全保障によって成立しているのなら、それも一つの選択肢として在り得る。だが、この豊かさの安全は、列島各地や沖縄にある米軍基地によって成立しているところが問題なのだ。

いわば奇形の社会である。だから、日本の今の在り様を属地と表したのである。その社会を存続させている国政選良は、骨がらみになっている現実が、疑似的な自然状態になっていることに気付かないほどである。実態は属地だと感じ取る判断力さえも鈍磨しているから。いや鈍磨していないと、「国」政に関わる選良にもなれない。立法府と行政は「愚者の楽園」？（七章　五節　一、を参照）。

すると、自分の立ち位置（位相）がどこにあるかも観えていないことになる。観えなければ、どうするかも他者からのマニュアルがないと判断できなくなっている。8月一杯で米軍が撤退するとの表明から8月下旬に首都カブールの国際空港で生じた混乱、邦人及び協力者の撤退のための自衛隊機の派遣が、結果的に無為に終わったのも戦後にできた様子見の慣習を無視できない。

あらゆる側面で主導権が自分にない。それに気づいていないほど、俗な言い方をすると骨抜きになっている。だから一国の首相やその政権が、原発被災という国家有事という事態になっても、有事がわからない。不備であっても既存の法制を活かすという理解さえできないほど堕ちている。

最近のエスカレートしている尖閣海域への中国公船の侵入し放題により、このままではダメだという認識が、2021年4月の日米首脳会談と共同声明で確認された台湾有事であった。まだまだ不十分である。すると、中国による圧力は貴重なシグナルの提供であり、感謝すべきかもしれない。中国の挑発行為は、去勢されたかに見える日本人に「化」の作用をもたらしているかもしれない。「化して龍となり、雲雨を致さんか」（第五十章「威

勇知」の冒頭)。

1945年の秋から始まる戦後の恩寵には、潜んでいた毒があった。そのガスを現在まで浴び続けてきた。この態度は、提供されるものをそのまま受け止めたのを意味している。恩寵が無償であるはずがない。恩寵の代償は、象徴的に一例を挙げれば基地の提供であった。

基地の存在は、占領中は日本を監視下におく物理的な手段であった。ニクソン米大統領の代理人であったキッシンジャー博士は1971年のパキスタン経由の極秘の訪中の際に、北京で周恩来に述べたのは、公開された会見録に出ている。主権回復といっても、基地がそのまま存続するとは、結局は自前の「兵」の保有はさせないことを意味する。国民の多くは、それでよしとした。まだ、よしとしている。建前は「平和」憲法の精神?

それでもいいではないかとした政治表現が55年体制であった。1991年のソ連の崩壊から現在に至るも同様だった。兵法書など全く必要としない社会が継続したのである。自衛隊が在るではないかと言っても、それは軍(兵)ではない。強いて言わなくても、米軍の補助を担う存在でしかないのは明白である。なんせ主権を守るための交戦権がないのだから。

だから、前節で触れたように、孫子の兵法も経営学の範囲で扱われることに不思議としない心理状況が作られたのである。それを旧陸軍の俊英が、付帯条件なしに容認しているやに。経営学だけでいいのか、への真剣な問いかけは皆無といっていい。それは思考に不均衡を知らずうちにもたらす。国事としての兵事が消えてしまったのである。だから、国政の場で有事感覚が衰弱して久しい。

四、テクノロジー化が不可避の現実に精神の主導権は?

日常生活も仕事の領域でもITはAI(人工知能)の活用に移行し、その力学は益々強まっている。デジタル庁の創設に至った。日本のような先進産業化社会では、すでにAIを抜きにして生産もできないようになっている。近未来に想定される戦闘の無人化は、アフガニスタンでの米軍によりすでに一部で現実になっていた。

米軍は無人機を用いて、8月26日のカブール空港での自爆攻撃に対処し、ＩＳのプランナーを殺害したと公表した。各種の無人軍用機の日常化による弊害の想定は、多岐多様なので、全体の印象がぼけてしまうほどである。こうした侵食は、別の表現をすれば、ドップリと依存を余儀なくされていく様を示してもいる。

そうした構造下の現実にあって、その趨勢に自立して対峙することができるのか。流されていくしかないのか。近代の文明開化を意味する欧化にあって、作家夏目漱石が慨歎したように、「涙を呑んで上滑りに滑つて行かなければならない」のか。

それとも、どのような変革の荒波が襲いかかってこようとも、ＡＩを手段化して自己の精神の主導権を保持するのは可能なのか。漱石の時代と同様に、取り組み如何によっては可能である、と筆者は考える。また、信じる。現在はむしろ他力に依存して、主導権の無いままに上滑りに滑ることに抵抗が無いばかりか、時に自虐的な快感すら覚えていないか。

ならば、いかにすれば主導権を握っていることが可能になるのか。それは、闘戦経にある信条で大きい要因になっている、自然から得られると信じられた諸点が、自分の在り様にとって不離不即であることの再認識である（前掲の五章三節〜四節を参照）。その上で、近未来ではＡＩの第二の自然化をも含めての自然と自分の存在との関わり、つまりは生き死にを、どう具体的に生活上で確保するかである。

それには、生活上の生き方や思考に、自然の要因を実感としていかに取り組めるか、にある。そのような環境条件の整備はどうすれば自己のものにできるのか、である。その仕方は、主導権を我が内に置くという誓約を我が身に課している個々人の工夫に由るだろう。主導権の内容は、自分の存在の有限性と無限の把握でもある。幽顕両界に我が身のある死生観に立脚することだ。世俗化という地球化に抗することのできる拠点は、そこにしかない。

次いで、自分の存在感覚のうちに、それらがどの程度占めているか、その割合を、思考でも実際の生活でも、たしかな手ごたえとして具有するようにできるかどうか、である。その手ごたえを日々実感できる度合いが多いところから、ＡＩの拡大と浸透に対して精神の主導権の確保が確かなものとなるであろう。遅きに遅きでもデジタル庁の創設に向けての取り組みは、事態の主導権を確保するための営為であり、好ましい兆候である。しかし、安全保障を最優先しないと，集積されたすべての情報はザルのように対岸に吸収されていく。そこに留意していた米国ですら、内実はザル状態であった模様である。

十二章　将帥（指導者）の生まれ方

一節　かくも素晴らしき選良有資格者論があるか？

孫子は冒頭に言う。「兵とは国の大事なり、死生の地、存亡の道」。兵の大事を担う者に人を得なければ、その国は滅びる。昭和日本は、兵を含めた国家運営をする者たちが、「死生の地、存亡の道」を弁えず、敗戦を余儀なくされた。敗戦国になったものの、亡国の一歩手前でからくも踏み止まることができた（注120）。なぜ燦たる歴史が惨たる現実を招来したのか、闘戦経の将帥に関する指摘から、以下明らかにしていこう。それは、教育とは何か、に関わっている。何かには、限界も含まれる。

（注120）踏み止まれたのは、以下の指針があったからだ。終戦の聖断もさることながら、敗者として占領下におかれた昭和21年元旦の詔勅の本意と歌会始での御製、及び終戦を聖断で決定してから一年後の宮中の茶会での白村江の敗戦の想起

を指している。十一章、三節、三、を参照。まことに昭和天皇は、ここで言うところの剛の持ち主であられた。台湾の元総統・李登輝も自著で、この御製は昭和天皇の英雄性をあらわにしていると評価している。英雄は英雄を知る。同『新渡戸稲造「武士道」の解題』（小学館）

一、指導者適性観に見る非情さ

闘戦経の主題は、闘いとは何かである。戦いにどう臨むかである。戦いの場とは、衆人の目に見えるか見えないかは別にして、犠牲者や戦死は常態化する領域である。優勝劣敗という摂理が如実に表れる。そして、失敗は自分の死だけでなく、多くの犠牲を招来する。

一つの命令の錯誤は、自分の死だけで補えないのだ。指揮官や指導者には、多くの他者の死を含めた運命を左右する覚悟が不断に求められている。

自分の責任の範囲で与えられた目標をいかに達成するか、いかに犠牲を少なくして切り抜けて、サバイバルするか、である。

古今東西、多くの指導者論がある。それぞれの定理は個々の文明を越えて普遍性をもっていると思われる。ヒューマン・ファクターであるから、文明と歴史の営為の違いはあっても、そこに余り差は無い。だが、闘戦経ほど簡潔にして深い叡智を秘めた書は少ないだろう。日本文明の有する思索力と判断力がいかに豊かな可能性を秘めているかは、その一節一節に明示されている。読者は、その奥深さに、己の感性と学識と闘争力の内容と次第に応じて気づくはずである。

闘戦経の本意とは何だったのか。指導者とはいかにあるべきか、そして何を知り備えていなければならないか、の提示に帰結すると思う。それは、同時に統帥を担う将帥とは、いかにあるのが自然なのか、を極端に短くして伝えようとしている。そして、現代の日本国家では、統帥という領域は法制上で消えている。いや、消されているのは前述した（前掲、六章、一節を参照）。

闘戦経の作者は、各章の指摘しているものが妥当に受け止められない者は、統率者としての資格に欠けると観ている。この判断の冷静さと的確さが闘戦経の基調である。が、その認識は冷静というより、非情といった方が妥当のようだ。しかし、戦争や戦闘は死生を賭すのが自明である以上は、非情なのは当然であろう。一瞬のスキが、局面の敗戦になり、ＴＰＯに由っては全局に作用するものだから。日本人はすでに先の大戦で、前掲の山本五十六や石原莞爾の振舞いから体験している。

二、天性としての剛ある統率者（将帥）観

闘戦経は兵法書である。兵法とは戦いの仕方である。戦いとは力の鬩《せめ》ぎ合いのために、表現は徹底して実用的で本質を衝くことになる。

戦いの現実に立ち向かうために、いくら兵法書を読んでいて有知識になっていても、敗れないとは限らない。実用知識とは、それを活用する者が持つ或る前提があって活きる。

その前提を闘戦経の作者はいう。「剛を先にして兵を学ぶ者は勝主となり、兵を学んで剛を志す者は敗将となる」（第四十章）と（注121）。闘戦という現実の冷酷な実際を切り抜ける統率者像を示している。ここでいう「剛」は、第五章でいうところの天地神仙を貫く「剛毅」であろうか。

（注121）天性の将帥が保有するはずの「剛」の内容には、様々なものを挙げることができるのであろう。フランス語で表するところの、"coup d' Oeil"（「目の一撃」とでも訳せるのか）も、それになるのであろうか。ナポレオンは、その目を所有する者は、戦場に臨んで、一瞥しただけで勝機を掴めると言った。フランスの騎士団での言い伝えでは、こうした目

は「神から与えられる才能で、修得できるものではない」。松村劭『名将たちの戦争学』184頁。文春新書。

第四十章は、冒頭で「体を得て用を得る者は成り」と、剛は体に相当するようになっている。剛は体そのものを示唆している。先天である。「用を得て体を得る者」とは、剛を志す者を意味している。この章で記されている「得て」と、「先にして」を、どう読めばいいのか。

剛も天性で、統率者にとっては必須の条件になるのだ。剛は学ぼうとして得られるものではないとも。我武の先天的な働きである。この一節の示しているものは、人材の育成に限界のあることの明示である。また、命《めい》の命たるゆえんを言っているのだろう。先天性（先天の気。後述の二節、二、を参照）としての剛のないところ、いくら学んでも、将帥としては欠陥品と明言しているのだ。「敗将となる」と。

駄目押しで、さらに重ねて、亀は一万年をかけて学んでも空を飛ぶことはできない。だが、別の生き物で生来の可能性を内包していると、「一朝にして能く化す」（第四十一章）ことができる場合もある。つまり、空を飛ぶようになる。亀には、一切の可能性は無い。意志だけではどうにもならない場合もあると、突き放している。ウサギとカメの競争の比喩は無い。努力では解決できない領域がある、との示唆である。前掲の注121で紹介したナポレオンの所懐も、その指摘であろう。

これでは救いがない。と言いながら、潜龍が天に昇るのは龍の意志ではなく、天命としての勢いに乗ることである。だが、鯉は自らによる努力によって、滝を上ることはできる場合もある（第四十二章）。

この三つの章は、剛ある統率者の態様とはどういうものかを、三つの観点から言い表そうと試みている。消極的に考えると、努力は天性の無いところでは意味が無いようにも読める。だが、その器量に応じて努力は無駄ではないとも指摘している。さりながら、人智を越えた働きがあるとも。大化けがあり得るのは、幼少期の泣き虫だった坂本龍馬の剣道への精進を通しての変化にもある。西郷隆盛は、島津斉彬に接する僥倖を得ることによって、次元の違う世界に飛び上がった。

読者の意志によって受け止め方は違ってくるのは已むを得ない。だが、文脈上からは、自分の器量を見極めれば、それなりに努力は無駄になるわけではないと示唆している。身のほどを弁えればいいわけだ。言葉にすれば、その通りだが、ここは微妙なところで、自己評価とは難しいものだ。凡俗は、我が身を潜龍とはいえ龍とするのは面映ゆい。

三、鼓頭に仁義ない戦闘を切り抜けるのは、剛と胆ある将

ひとたび戦端が開かれると、「仁義なく」さらに「刃先に常理なし」（第三十九章）とは、そのままである。敗れないことを最優先する以上は、概念としての仁義に拘束されたら戦いに敗れかねない。その都度の局面で最優先するのは何かを忘れるな、と強調しているわけだ。そうした意味で、毛沢東も天安門に集結していた学生らに発砲を命じた鄧小平も、常に「仁義なく、刃先に常理なし」の定理を身に備えていた。そして、生き延び、勝利を得た。彼らの限界というか問題は、そうした定理を人民に対して常時接していたところだ。

「刃先に常理なし」とは、教本にあるような定石は無いことを指摘している。戦闘状況での可変性には限りがない。時間と場所が違っても、共通する条件では共通する状況が出来る場合もある。だが、教本にあるのは過去の事例であって、目前にある状況ではない。教本に囚われると、新しい状況での要因把握で、見落としが起きる懼れがある。それが失敗に通じるかもしれない。「兵を学んで」兵を知らない仕儀になる。

第二次大戦における太平洋戦線で、日本陸軍の作戦は同じパターンを取っていたという。最初は効果ありで米軍は驚いていても、すぐに対策を講じられた。にもかかわらず、同じパターンを繰り返して攻撃してきた、と米軍側の指摘がある。

これは、指揮官が学校での教科書通りでやっていたことを示している。統帥の中枢も前線の指揮官も、学校秀

才であったのだろう。繰り返すように、剛ある者ではなく、「剛を志し、兵を学」んだ者たちで占められていたようだ。

上層部がそうした者たちによって占められると、そのミニアチアが再生されることになる。だから、最期は玉砕と自決になってしまった。いや、剛を志した者たちが、自分たちの斯くありたい思いという幻想を制度化した結果の、指揮下の兵や民間人など非戦闘員への強要であろう。統帥部の中枢にあった者たちに剛が生来なものであれば、『軍人勅諭』で十分として、『戦陣訓』は生まれなかった。

剛ある者は、胆力もあると考えていい。「将に胆ありて」（第二十章）という表現は、将に胆力の無い者もいることを想定している。第二次大戦の敗北を後世から観ると、将帥の多くは剛を志したひたむきさはあったろうが、なるがゆえに胆力に問題があったのだろう。剛あっての胆力と、剛が生来でないところでの胆力には、かなりの違いがあったようだ。生来の本物の剛と胆力あれば、他日を期して、戦力としての兵を、補給が無くなって餓死に追いやったり、玉砕や万歳攻撃などで浪費する選択をするはずもない。

四、主導権を握っているから、劣機、劣勢をものともしない

剛と胆力を備えていないと、戦略戦術や作戦立案、さらに実際の戦闘において仁義をさて置く見切りは難しい。また、常理なしという事態に真正面から立ち向かえないのを、闘戦経の作者は知っていた。人は大体において弱い。弱いと何かに頼ろうとする。それが仁義であり常理なのである。それで自己正当化しても、平時ではない有事である戦闘の場での実際では、逃げでしかない。作者は、生来の剛の重要性を体認していたのである。

日本軍での正当な将校教育を受けた指揮官の弱点を見抜いた米軍の将兵は、「刃先に常理なし」を知っていたのか。ただ、「鼓頭に仁義なく」を踏まえていたのは確かなようだ。それは、昭和の正規軍を含む官の教本にある規範重視の在り様に比して、彼ら流に言えばプラグマティズム、実際主義であった。だから、太平洋海域での

日本軍の兵站を支える船団を、潜水艦を用いて撃沈する方策をとった。日本海軍がそれへの対抗措置に本格的に取り組んだ様子はない。3年で保有船隻を十分の一にしてしまうようでは、戦域の確保がロジスティックスと不離のものとの判断が活きていたようには見えない。

次いで、その見切りは、勝利者としての、占領初期の日本改造戦略に出ている。どうすれば二度と米国に歯向えないようにできるか、と。その後遺症から日本はいまだに脱却できないでいる。軍と行政を構成していた昭和の選良を占めた学校秀才の弱点を、よ〜く識っていたようだ。

剛も胆も無いか不足を常態化した国政選良？　が、GHQによる日本改造戦略下で育成されて久しい。その真相を知るには、占領下における統治とは何かの本質を知らないところでは難しい。実相が観えないとは、剛が必要とされるはずの立場に居る者たちの、個々の内面でも、また社会的な評価でも、それが希薄か無いに等しい証左である。だから、主権回復後に政府として「敗因の調査研究」に取り組まなかったのである。

毛沢東が『持久戦』論を延安で訴えた時、彼の率いる党と軍は劣勢そのものであった。中共党の求める革命の条件は、客観的に見れば劣機であった。だが、彼はそうした劣悪な環境と状況に怯まず、自信満々に見えるように党幹部に語りかけた。こう考え、こう戦えば、勝てると。その戦いは党軍によるものではない。米国やソ連など他国の戦力をあてにして、当然としているところに留意すべきだ。

劣機、劣勢、劣悪な条件しか無くて、なぜあの自信が出て来るのか。ここに剛を志す必要のなかった将帥の生来の在り方がある。どのような劣悪な環境にあろうと、我が身に主導権を確保しているからだ。それは事態に常に当事者意識を保有して臨んでいること、別の言い方をすれば、自分を取り巻く状況や環境認識が劣悪であっても、事態と我が身において主導権を握っていることを意味している。

五、明治初頭と昭和の将帥の違いを想う

主導権を握っているから最終的に勝利を収め得るのか。それは将帥にとって不可避の条件ではあるものの、相手がいる以上は勝利を収めるとは限らない。しかし、めげずに、劣悪な条件でも、不退転の決意を生来保有している者が、剛ある将帥と称せるのだろう。そこで、有事にあって自然体で事態に御することができる。決して敗れていないし、敗れないのである。

「明治戊辰の役鳥羽の戦。官軍の一隊少勢なりしかば、急を相国寺中の陣営に報じ、援兵を乞ふ。翁（西郷のこと、引用者）手を挙げて、『残れる人数幾許なりや』と問ふ。答へて曰ふ、『小隊あり』と。翁笑うて曰ふ、『皆死せ、然して後援兵を送らん』」（注122）。

西郷の剛将である側面が端的に出ている。そして、その激しさに粛然とさせられる。その下知を伝令より聞いて、生き残りの一隊は猛然と死力を尽くし攻撃したのではないか。統帥の妙というべきかは知らず。

（注122）前掲『西郷南洲遺訓』に紹介されている挿話。99頁。

こうした人材を仕組みとして確保できなかったところに、昭和の悲劇があったようである。「兵を学んで剛を志す」（第四十章）者を将官にした昭和の戦争は、敗将を輩出した結果になった。この仕組は現在も営々と継続しているという観点を見落としてはならない。それには、第四十章の示唆する非情な定理をいかに我が事にして、社会的に共有されているか、である。果たして、そうした気配があるか。ありはしない。

前掲の寺本武治、大橋武夫、そして窪田哲夫（前掲書231～235頁）の解説は、残念ながら不徹底と思う。それらに比して、笹森の釈義は、昭和20年の敗戦の受け止め方においての、背景としての日本近代への根本的な批判から、多少は趣きが違うように思われる節もある。最新の家村（前掲書149～150頁）は笹森の祖述である。と記せば本人は不本意であろう。

一般的に、敗将には、当事者として、つまりは我が事としての昭和の戦争の敗因総括が、まことに不徹底なのであった。将帥論の見地からは、見事に貧困である。それは、繰り返すように（十章、三〜四節の関係項を参照）、「敗軍の将、兵を語らず」だから。それは同時に、「敗軍の将、我が身を語らず」でもある。日本文明に帰属して、多くの兵を死に追いやった統帥を握る将官とはいかにあるべきかを、我が身に問う忠誠心も欠乏していたからであろう。その由来の背景をさらに探っていくことが求められている。

二節　剛の有無に関わりない学び方

一、知と勇相俟ってだが

そこで最も重視するのは、あらゆる物事の骨格作りである。老子の提言を翻案して、「その骨を実にす」るように、である（第六章）。統帥なり指揮統率をする側なりが課題の輪郭をはっきり掴んでいれば、部下も疑念をもたないで信頼する（第三十二章）（注123）。相互信頼に基づいた統帥が活き得る環境である。骨格作りが明瞭でないところ、「守って堅からず」（第二十八章）。になる。堅くないとは破れることを意味する。終戦の見取り図が当事者間に共有されていなかった（前掲、六章、四節、四、を参照）ところは、骨が無かったことを示している（第六章）。そこで、最後は当事者責任を棚上げにして、前例のない「聖断」を仰ぐ事態に追い詰められた。

（注123）孫子、「十一、九地」にある将軍論と比較すると、孫子は部下にみだりに信を置くなと記述している。両者の考え方の違いは断層線に近い。「君、君たり、臣、臣たり」の世界と、「君は君たらずと雖も　臣、臣たらざるべからず」の違いである。信の意味するものが決定的に違っていることがわかるだろう。前掲、二章、三節、三、「臣、臣たらざるべからず」、を参照。

日本の軍隊は、下士官兵が優秀だったという、日本軍と戦った経験の有する米ソ（現ロシア）の軍関係者、ノモンハンで戦ったジェーコフ元帥の回顧録等の発言を軽視してはならない。彼らは戦場での現場経験から、日本軍の作戦及び指揮の程度を見切っていたのである。

将帥は、言動や振る舞いに留意することが求められている。無用に口を動かしてはならない。振る舞いにも表面に拘泥してはならない。いずれも外面に関心を寄せすぎると、そこに内面にスキが生じて、近づく「災心（害心）ある者」に乗ぜられるからだ（第三十三章）。開戦への拍車を作るのに貢献した首相・近衛文麿が、尾崎秀実を近づけて側近にしてしまったのは、この章の意味するものを知らなかったのであろう。

害する気持ちのある者を近づけない人格作りは、知勇に過不足のない均衡を我が身に備えるしかない。個人の内側に向う知の働きと外に発揮される勇の働きは、相俟って「陰陽の自然」なのである。そのような自然が道の究極にある（「至道」）ものなのである（第三十八章）。

なぜ相俟たねばならないのか。勇だけの勇、知だけの知では落とし穴があるからだ。それを、「勇は缺け易く、知は実無し」という（第五十章）。この辛辣な見通しには、人の振る舞いを冷酷なほど見切っているのがわかる。

知の働きと勇の働きは、双方相俟ちとはいいながら、その展開は、最初は知が働いて後に勇の働きになる。将帥は勇の求められる行為に先だって、彼我の戦力対比や情勢分析に知が求められるからだ。前後がそうだからといって、その優先順位に軽重の意味があるわけでもない（第四十五章）。この心と体の動きも、生来の剛あって活きるのであろう。

二、知と勇を共に活かす気育

こうした自然体の発露はその折々に必要に応じて生じるから、次の展開になってから前に戻ろうとしても叶わず、その機、その機を活かすしかない。同時に両方を得ようとしても叶わない。一方が可能の場合は、他方はできなくなるものでもあるのだ(第四十六章)。そうした働きを体だけでなく骨に至るまで沁み込ませて識ることが、あるべき学び方である。

そうさせる糧は英気としての気力である。そこを永田秀次郎は、教育論として「気育」の必要を説いたのである（前掲「問題の提起」三、）。

気育が求められるのを闘戦経はどのように説いたか。亀は万年かけて学んでも「鴻」になれない。龍は風雲によって天の高さに騰がることができる（昇龍）（第四十一章）。鯉は己の気力で努めれば、何時の日か龍門（難水路）を登ることができる（第四十二章）。

龍と鯉の違いの生じる所以は、気に先天と後天のあるのを暗示している。龍は、自力ではない後天の気としての風雲という環境によっては、時が来れば昇龍にもなれる。それも、または先天に由来すると言えるのであろう。鯉には、決してこの種の環境は与えられない。だが、自らの啓発によって後天の気を強化し養うことで、「滝上（のぼ）り」という可能性を実現し得る場合もある。「気なる者は容《かたち》を得て生じ」るから（第十四章）。闘戦経は、この両者の事例を示すことで、気育の必要な所以を教示しても、そこに限界のあることを示唆してもいる。

俗語での謂《いい》では、先天の気あるは、「腐っても鯛」であり、後天の気あるは、「氏より育ち」である。

剛は、先天の気の極致ないし結晶そのものである。だから、後天の気をいくら養っても、剛を会得することはできない。努力は、鯉の滝上りを実現させても、天に飛翔はできないのである。

ここには、努力とは次元を異にする先天という天命ないし運命の関わる領域の厳然とあることが暗示されている。まことに、「剛を志す者は敗将となる」のも、命なるものなのであろう。

だが、知力も勇気も体力も、その強化を触発させるキッカケは、やはり気育である。なぜなら、「人、神気を張れば則ち勝ち」を得ることも出来るから（第四十七章）。そこでは、必ずしも剛の有無は問われていない。だが、問われていないのは、あるのを自明としているからかもしれない。

三、「後天の気」をいかにして養うのか

では気育の強化にとって、知の分野での最大の近道は何だろうか。それは有名無名を問わず、歴史にある剛ある者たちの軌跡を知ることであろう。

人物伝の重要なところは、それが史実かどうかわからない以上、伝説の分野が多いところだ。伝説は、正確ではないから重視すべきではない、と主知主義偏重の現代風に考えるのは浅見である。なぜなら、伝説は、如是我聞の領域だから。それも長年に亘り、口伝や「記録」として継承されてきている。荒唐無稽であれば、記憶の世界から淘汰されたであろう。伝説は、書き手や口伝をした者達と読み手や聞き手の共同作業で形作られているものだ。

その内容は、伝説であればあるだけ、生き様での斯《か》くあることが求められる理想像なのである。伝説こそ、その文明史での期待する人の在り方を後世が欲したことによって継承されてきた、と考えるのが自然だろう。日本人は、身命を賭してどのような出処進退を是としてきたか、など。

伝来の日本人が共有するに足るとしてきた記憶の継承が、視野から失せて久しい。剛の気風を日本人の性根から削除するところに、敗戦後の教育は仕組まれていたからだ。平和と文化の重視、それが民主化などという目眩ましを撒き散らされて、過去の栄光ある軌跡を否定した。現在の世相では、やっとのことで、それを自虐史観と言っているものの、まだ少数意見でしかない。

日本文明を担った人物を知ることは、わが身もどこかでそうした先達と繋がっているのを自覚し得ることでもある。伝説が糧になって、現在に生きていても、様々な連想が生じ、それは想念の源泉になり知的な働きを活発にする。さらに知ろうとする意欲も一層喚起することになる。教育の場は、最初にその機会を与えるだけでいい。

近代日本の初等教育が「修身」を重視し、人物の軌跡を取り上げたのは、それなりの意図があったのだ。

歴史認識に歪みがあると、知に陰りが生じ、引いては気力も萎えることになる。現代の日本で最も求められているのは、なぜ斯くも日本人の振る舞いが落ち目になったかの由来を訊ねるところから求められる、「失敗の研究」である。それとともに、剛ある人物の伝記の復興であり、現在の問題状況を踏まえてのそれらのケース・スタディである。剛あっても失敗することもあるから。

両方相俟って、知から触発された気育は充実するだろう。両方向からの学習による気育の強化は、知らずうちに幽顕共生を自覚させる働きをもつものだ。［体育（武道）による気育の強化については、ここでは触れない。因みに、占領軍は公教育の場における武道を禁じる命令を出している］。

四、黙契から已むを得ざるにより動く者

歴史が公教育の場に置いて入試を前提にするところから、年号の記憶に集中されるぐらい愚かなことはない。歴史にある様々な軌跡は、年号を最優先するところに無味乾燥に堕してしまう。史実が記録に堕して、軌跡にある有限の生を発起・発心により躍動させた諸人物像と後世との共鳴する機会は背後に隠れてしまう。

歴史認識において「問題の提起　二、」で触れた、已むを得ざるにより動く感性の持ち主こそ、選良の名に値する。その器量に応じて、剛を渙発する行いも有り得る。已むを得ざるにより動くとは、程度は別にして剛の発露でもあるからだ。その多くは、すでに前述しているように、闘戦経の把握した理義と信条に、その多少はともかくとして即した生き方をしている。

すると、一定の人間の集団の運命とは、已むを得ざるにより発起して己の生を燃焼させた人物像を、共有する記憶としてどれだけ継承できるかに懸っている、と言えるだろう。だから、国賓は招かれた際に、無名戦士の墓に花輪を捧げるのが慣例になっているのだ。戦没者ではなく、戦士なのである。靖国神社と千鳥ヶ淵霊園の違い

である。もしそこに不足あり、継承するはずの世代が世代を越えての記憶の継承に無関心になったり、意図して拒んだりした時、その集団は一体性を失い崩壊霧散に向けた危機の道筋を辿るだろう。現に世界史では、かくて消滅する諸集団は日常茶飯事といっていい。死屍累々である。

半世紀以上の日本社会では、この種の断層が占領統治という外力とそれに呼応した勢力によって遂行された。その趨勢下で、それぞれの現世限りでの自分の範囲で甘んじている。そこでは、もっぱら利への関心が優先する。「生を求めること厚き」結果である（九章、一節、一、を参照）。誇りと名誉は、「生を求めること厚き」態度とは反極にある。

「生活第一」とは、実に言い得て妙である。第一にしたことによって、その集団の生活が緩慢な死を迎える、という見方は想像の外なのだ。「已むを得ず」して苦難に生きるような損な生き方のあるのを知らない。直江兼続の「愛」が現代風の意味で前面に出て、上杉謙信の「第一義」を継承した景勝は背景に置かれることになる。NHKの大河ドラマの製作者には「第一義」を感ずる微かな余地すらない。

已むを得ざるにより動くとは、幾度も繰り返したように信と義の確証があっての振る舞いである。公卿ではない剣を具有した貴族としての出自からそうあるべきことが求められた在り様を、欧羅巴文明では「選らばれし者の責務」（ノーブレス・オブリージュ）と称した。

自分の範囲の利害打算に自足するのを拒む在り方である。そういう生き方を意味あるものとする考え方は、貴族である武家制度の無い現代社会でもかすかに生きてはいる。一時期、死語になり、選ばれし者の範囲に本来は入るはずだった横綱の品格という表現で言われているのは、その必要性のある一端を示唆している。引き際という振舞いを知らない異国出身の今様の横綱の振る舞いに見られるように、実際のところは気息奄々だが。

そうした生き方を選択した人物像を、教育の場で淡々と提示する機会の提供を惜しんでならないと思う。強制しなくてもいい。分からない者に分からせることぐらい困難なことはないが、若年層は世智に埋没するよりもまだ本能的に直き心の感受性が生きていることによって、伝わる者には伝わるものだ。

三節　近代の失敗から現代以降を考える

一、近代日本は、将帥の後継者作りに何故失敗したのか

兵法書として孫子と闘戦経の両者を比べると、すでに明らかのように、闘戦経は実用的な孫子と比べて観念的な印象を如実に受ける。それは、すでに指摘したように、ある想定を描いてそれへの対処の方法を示している孫子の具体性よりは、統率者（将帥）の心の持ち方や在り方に力点を置いているからだ（五章、一節、「三、闘戦経は心の持ち方に重点を置いた」を参照）。

それを直截に示したのは、学の仕方について述べているところである。「先ず仁を学ばんか。先ず智を学ばんか。先ず勇を学ばんか」（第十章）。何を優先したらいいのだろう、と問いかけている。この問いかけに答えはない。ということは、そこに順位はないからだろう。同時進行だ、と言いたいような倭教の示唆は、どのようにすれば修得できるのか。

辛勝とはいえ日露戦争での世界戦争史上稀にみる成果を挙げ得た明治日本。その日本が昭和になって、かくも悲惨な結果をもたらした原因は何か。そのうちで大きいのは、将帥に人を得なかった、という単純な事実だろう。それは明治日本の将帥たちが後継者育成で失敗した、という事実の確認から始める必要がある。成功体験の継承に失敗したのは、成功体験が燦然とあったからという皮肉な現象である。後世は、そのめくるめく輝きの史実に目が眩んでしまい、がんじがらめに硬直してしまったのか。めくるめく輝きの陰の部分を意図して見落としたのか。いや、意図して削除し、継承しないようにした（前掲、扉と十章、四節、二、で扱った『日露戦史』編纂に

際しての「注意」四項目の制約条件の但し書き）。

勝利を収めた。だが、戦争経営での実際は薄い氷上をさ迷うような辛勝、それも天恵のようなもの、その最終局面に至るには、多くの錯誤があったと言った「失敗の研究」は、国民には当然のように提供されなかった。では、統帥部には後継者に向けての「失敗の研究」はされて、蓄積されたのだろうか。この史上ではあり得ない稀有の機会を、後世も日本が隆々と栄えるための糧として活用したのか。実際の経緯を見ると、すでに乃木の死に方にも憂慮がほの観えないか。

成功体験を後世に全体として継承させるには、その裏側にある薄氷を踏んでしまった失敗経験の、詳細な後追い調査研究あってこそ可能になる。成功体験の語りと「失敗の研究」は、本来は表裏一体になっているものなのだ。そういう理解が統帥部にあったのだろうか。そして、後継者育成の糧にしたのか。残念ながら、前掲の「扉」で紹介したように昭和天皇の独白として歴然とした負の証拠が遺されている。

敗戦を迎えた昭和日本の統帥を担った者たちの、この分野での敗戦後の軌跡を見る限り、日露戦争での失敗の研究があり、その継承が将帥育成の陸軍大学校や海軍大学校でされていたのかどうかは、限りなく疑わしい。成功体験の語り継ぎだけに重点をかけていたのではないか、と推察されても仕方ない。

大東亜戦争でも、奇襲に次ぐ奇襲で緒戦の勝利に酔ってしまった周囲の風景を、連合艦隊の千早参謀が記しているのは紹介した（十章、三節、一、の注105を参照）。日露戦以後の統帥部でのこうした背景を念頭に置くと、わかりやすい。この軽さがやりきれない。この状景から想像されるのは、日露戦争の成功体験を「成功」のままで継承してきただろう、統帥部の病理である。

敗者の条件は、成功体験の引き継ぎの仕方に出来上がっていたようである。この項の冒頭で記した心の持ち方に、相当な問題があった、と見るのが自然だろう。昭和の敗戦は、後継者造りでの失敗の証明である。「兵を学んで剛を志す者は敗将」の将官たちが過ったのは、当然であった。その精神面の惨禍から日本はいまだに脱しえず、さらに病患は膏肓に入り始めている。

米軍が安全保障を担ったことで根本的な総括を戦後日本国家はしないで済ませた。そのツケが台湾及び台湾海峡問題や尖閣への対処などで露呈していることが、見える者には見えだしている。

二、昭和の失敗は、どのように現在に継承されているか

前掲（九章、二～三節）で、昭和に輩出した二流選良がなぜ敗戦後の占領下にあっても再生されたかの一端に触れた。そして、その弊風と仕組みは現在にも脈々と再生産されている。なぜそうなるのかの実態を批判的に認識しないと、事態を変えることはできない。

闘戦経風に言うと、「敗将」（第四十章）の再生がされていることに気づかないと、日本文明の前途は危うい。敗将になる運命にある者が将帥になり続ける現在のメカニズムの解消方法を考えねばならない。類は友を呼ぶ。敗将は敗将候補生を好む。生理的に好む。敗将は剛ある者を後継者にしない。生理的に、自分より劣る者を可愛がるからだ。生来、剛ある者は忌避される。それは自分の地位を脅かす存在になり得るから。なぜ、そうなってしまうのか。西郷南洲は、自分より賢人と見たら、すぐに職を譲れ、と言っている。譲れないのは、その動機に私心があるからと（岩波文庫『西郷南洲遺訓』一．遺訓。一．五頁）。

最初にこの問題をもってくるのは、それがいかに大事かを暗示している。そして、それがいかに難しいことかも。しかし、なぜそれが必要なのか。集団や国家の安危に直截に関わるからだ。私事ではなく国事だから。そして、実際は身を引くようにならないからこそ、西郷は敢えて冒頭に自説を持ってきたのだろう。

なぜ、私心の程度が比較して多い者が高位にあり続けるようになったのか。内生面から見ると、それは、昭和敗戦という事実の受け止め方において、戦中派と言われる角栄らに代表される世代は、その前の世代の出処進退での終始狼狽の様から、私心の多いのを看取してしまったからだ、と思う。その前の世代に対する信頼感が多く

ないという面について、前に触れた（前掲、六章、一節、二、を参照）。

そこで被害者意識が強いことにも触れた（前掲、九章、三節、一、を参照）。被害者意識が強いと、事態への当事者意識が相対的に減じる。ということは、当事者責任の意識が足りないことに抵抗感が薄い。問題が発生しても、我が身に引き寄せて我がこととして受け止めなくなりやすい。そればかりか、心理操作として、我がことではないとして引き受けないようになる。

その典型事例が天災から始まった福島原発損壊への関係者や東電から官邸に至る関係機関の迷走に出ている。天災から人災への切れ目が当事者間にどこまで共有されているのやら。それは、一体どこに責任の所在があるのかすら、国内から見ても、国外から見ても鮮明ではないところに露呈している。法制上でも最終責任者が自分にあると思っていた気配が薄い。

国家有事として国事そのものであった福島原発事故の収拾を、当初は東電に押し付けようとした当時の菅《かん》首相の発言は、それである。事態への当事者意識よりも被害者意識での取り組みなのである。首相菅は「なんでも自分にきめさせるな」と部下に言ったという。自分の立場が全くわかっていなかった。

三、「属地」日本の生活を支える企業人

米軍の「属地」と化した日本社会が経済面では自前で辛くも保っているのはなぜか。製造業の分野では、最近は官の無能もあって陰りの兆候を見せている分野もあるが、世界で一流を伍してきたのはなぜか。

超大国以下、現在一流と言われている国は、ドイツの例外を除いて全て核保有国である。米ロ英仏、そして軍事と経済で一流になりつつある中国。いずれも日本を除いて軍事国家でもある。ここで軍事国家という名称の定義はさておこう。

非軍事国家日本の政治は三流以下にもかかわらず、経済、それも製造業が一流であることに由って、日本社会

は保っている。ではは経済が一流になったのはなぜか。企業は優勝劣敗がはっきりとしているからだ。バブル期の銀行が利子の限りないゼロ化でもっている不自然さはあるものの、製造業に関わる企業は、競争に負けると、倒産の憂き目を見る。経営者に人を得ないと全てが霧散してしまう。日本航空と全日空の比較にも出ている。親方日の丸企業は、経営者に当事者意識が無い。尤も武漢肺炎の災禍により両社とも致命的な損失をもたらしているが。結局は、政府の支援で生き残るのだろう。

現在、ＪＲ各社に業績で差が出てきているのも、監督官庁への依存度と相関関係にあるようだ。また、毎年の赤字を積立金を取り崩すことで補てんし、労組に気兼ねして線路の保線すら放置していたＪＲ北海道の経営者？の当事者意識の不在を見ればいい。

最近、企業人の程度も退嬰な時勢との関係で陰りが出始めているのは、ソニー、パナソニックの業績悪化に窺える。技術力を誇ったシャープの救済に金融筋は動かなかった。様子見をしているうちに中国系の外資にもっていかれた。東芝問題も深刻である。三菱など製品の技術面で虚偽申告をする有力企業が頻発する背景の示唆するものか何か。管理面での安易な油断は破局に向かう一里塚である。

一方、国家の安危に関わる安全保障を米軍に委ねてしまったままの日本の政治が、弛緩の一途をたどっているのは、いわば当然の帰結であった。安危に関わることは、例えば北朝鮮に拉致された日本人の救出での遅滞ぶり、北方領土、対馬、竹島、尖閣での明快でない動きは、主権意識の希薄な議員を輩出する結果の産物である。それでも潰れないのは、米軍の保障下にあるからだ。

米軍は日本国を守っているのではなく、米軍基地のある属地日本をついでに守っているにすぎないのは、前掲のように、首相安倍が靖国神社に参拝可否をめぐり、今次、米大統領に当選したバイデンの副大統領時代の非常識なクレームの書簡に出ている。韓国によるロビー活動に動かされたらしいが、それに乗るようでは、日本に主権があるとは観ていないのだろう。今次のバイデン・菅による日米会談での台湾問題の共有とは、それだけ米国の存在の劣化ぶりを示唆しているのは、対岸にある中共党が知っている。

際限も無い弛緩現象は極まり出している。それは一流の企業人とはいえ、情報を商品化する商社出身が外交を担う初の事例となった駐中国大使の振る舞いに出ている。大使の振る舞いには、現在の日本社会の現象である、政経分離ではなく政経乖離の端的な様相が露呈している。国家の尊厳と国益を守る大使の在り方が分別できないのである。大使になる前に企業人の経験では、国事とは何かの切実な修学機会に遭遇しなかったのであろう。これは、彼だけではないので、責められないが。

生き残りという観点から企業と国家を考えると、経営学の範囲では収まりのつかない兵法の存在理由が鮮明になる（前述の十二章、二節、を参照）。企業は倒産すれば終わりだ。倒産させないために社員に生命を差し出せとは言わない。だが、国家は生き残るために構成員である国民に死を求める存在だ。統帥を不可避とする兵法の兵法たるゆえんである。企業人にそれを求めるのは無理というものだ。とくに国事と無縁であることが日常化していた敗戦以後の日本社会では。

四節、最高統帥権者の姿勢を考える

一、闘戦経の指導者論から現代の教育を考える

学ぶといっても、過ぎたるは及ばざる如し、である（第十一章）。沈溺し没入し過ぎても疲労するだけで、そうなってからではどうにもならない（第十章）。頭でっかちの神経衰弱を示唆している。憔悴から生まれるものはない。だから、闘戦経は、知、勇の同時進行的な学びの必要を指摘したのだろう（第五十章）。ここには選良を育成する環境作りが示されている。言うは易し、だが。

将帥論は明快だが、参謀論は無い。それは、トップに適性ある人を得ることができれば、おのずと必要な人材は集合すると見ているのだろう。それは概して妥当な見方でもある。剛ある将帥の下、弱卒なし、だから。問題は、適性ある人材、闘戦経では剛ある人材だが、それを得るにはどうすればいいのか、であろう。そうした逸材が、底辺の格上げや質の向上だけを目的とするような現行の教育制度の網にかかるだろうか。ここで提起した内容を是とする教育観はあるか。半端な学校秀才でしかない気育意識とは全く無縁な文部官僚が推奨する現状の教育環境では、ここで指摘したような人材は枯渇こそすれ、育成は勿論のこと発見が極めて難しい。

マークシートによる知育偏重になればなるだけ、気力は萎えやすい環境ができる。なぜなら、気力を喚起する感激とは無縁な教育環境になりやすいからだ。底上げ教育観やゆとり教育論だけが尤もらしい権威を持つのは、即物的な生活第一に必要なマン・パワー論を根底に置いているからだ。闘戦経の把握し到達した人材観による人材の発掘を、むしろ抑止する仕組みと思考が益々増殖することになる。それは日本文明の本質とその継承が劣化していく力学の強化であり、それが一層促進されることを意味している。その地盤にはＧＨＱが促進したカッコつきの民主化教育が築かれていた。

初等教育と高等教育は違う。前者は底上げ是認で、後者は優勝劣敗でいい、という分け方をすればいいのか。そうでもない。各国が初等を含めて飛び級などエリート教育にも力点を置いている先行事例を考えると、速度はともかく、日本という国と社会が奈落に進んでいるのは明白だろう。教育現場でのいじめに教員が加担したり、自殺すると責任回避する管理者職の横行は、その現実を示している。教育委員会は、教育現場の無責任ぶりを擁護するために存在しているようだ。

初等も高等も教育という表現で括ってしまっているのもその一因だ。初等は教育でも高等課程は教「育」されるものではなく、自らが学ばずして成立しないはずのものである。教「育」ではない教「学」である。

その意志は何によって触発されるものかは、すでに略述した（問題の提起「三、天役としての職分」と、二節、

二、を参照)。そして、その触発の契機が現行の教育・教学過程では極めて貧困であるのも事実だ。それは、近代国家が公教育に取り組んだ際に、程度はともかく共有した低次の効率と効用重視のマン・パワー論が、まだ影響しているのだろう。ここで提起できるのは、選良発掘とその教育の序程度でしかない。問題の所在を明らかにするぐらいしか出来ない。

鍵は前述のように、気育である。すると、これまでの教員養成プログラムは、亡国という奈落へのガイド養成と総括できるかどうかだ。なぜなら、気育の気など全く感知できない知と技偏重の官僚と教育学者による作業の産物が現在の教育制度環境だから。教育基本法の「改正」というような展開では、百年、河清を待つことになる。それまで日本が曲がりなりにも存続していればいいが。現行の憲法と同様に、この基本法も破棄がスジである。

現行の公教育が継続する限り、気育とも表裏の関係になる忠誠心の発揚と真逆の思考が扶植される。時に人は他は生かすために己の生命を賭す場合もあるのが忠誠なのである。敗戦の教育は、発端でそうした仕組みを意図して削除するように作られていたことは略述した。その成果は、国歌、国旗への軽視が一般化しているところに端的に露呈している。その成果は先の東京五輪２０２０でのメダルを得た選手の発言に出ている。教育基本法を日本に押し付けた米国では、忠誠対象の具象としての国旗が、公教育の教室に備え付けられているにもかかわらず。今の日本では五輪選手の多くは国歌も歌えないのではないか。

二、私達はいかにして忠誠心を再生し得るか

上意下達のシステムだけを受容するのが忠誠である、との軍を含む行政指導によりもたらされた錯覚が市井に瀰漫《びまん》して、昭和の日本は敗戦に追い込まれた。軍事優先という戦時体制では、権威主義的な教育が通例となった。元来は、明治時代の初等教育から見ても、おおらかな環境で学習の行われていたものが、昭和の戦時色が濃くなるに従い、徐々に軍のミニチュアに変貌していく。急ぎに急ぐ高度国防国家建設の一翼を担わされたのである。

悪しきナチズムの影響であったのか。

上意下達は下意上達の仕組みが表裏一体の関係になっていて、はじめてその社会の生命力は伸び伸びと発揮する。それが本来の姿である。一方通行だけでは国家は成立しないことの認識が選良らに薄いか見えなくなって、敗戦への転落が始まった。その病理現象は、統帥権が独走した昭和日本を扱った際に触れた（六章、五節を参照。とくに五）。

戦時下の悽み難さもあって、諸悪の根源は、上意下達を強要した軍国主義の社会的な仕組みであり、内面で受け入れを励まされた忠誠心であった、との判断が、占領下でＮＨＫや新聞媒体も動員されて権威化され啓蒙された。そこで、主権の無い日本社会では、下意上達こそが唯一の民主主義として奨励される羽目になった。

あたかも、忠誠心に取って代わって、下意上達だけが悪しき過去と決別した新生日本の唯一の方策であるかの錯覚が大手を振るった。日教組と文部省は、その発想を与えたＧＨＱの走狗になった。下克上による統帥権干犯論議が、別の衣装によって再生したかのようだ。いずれも均衡を逸した点と、背後に一定の思惑があることでは同質である。いずれも、民による「権」ある側への不信を招来する心理的な衝動を惹起しやすい。

敗戦と占領は、そうした衝動を一気に噴出させる環境になった。従来の制度的な「威は久しからず」（第五十章）となったのである。それは日本人をして忠誠心を無意味なもの、不要なものとする思考回路に追い立てる、あるいは遁走を手助けする結果になった。幾度も記した南原繁ら進歩的文化人の跳梁は、そうした思考回路のナビゲーターの役割を担っている。

占領軍の指導した民主化促進のために日本軍国主義の消滅をするという名分の下で展開された日本文明の解体を促進し続けるか、それとも再生の一翼を担うかは、何に対して責任を負うかの決意に懸かっている。占領中に付与された敗戦前までの日本についての根本的な負の印象から自由になるには、巧妙な手口、自発的であるかのような思考回路で、唾を吐きかけることを求められた「敬神崇祖」の再生しかない。その気づきから、日本文明を守ろうとする忠誠心は起きる。忠誠とは、守るべきものを否定する敵に対決し敗北しないための行為に移れる内発力を意味しているから。

三、雑草という名の草はない

ここで問題がある。占領軍による悪意と浅薄な善意あっての日本改造ないし日本人改造計画は、その環境作りが、前述のように近代日本で、とくに欧化の高等教育を受けた選良たちにより準備されていたという側面である（主に、三章、三節、の関係項を参照）。個々の「雑草」としての民草の内面で眠っている心情を再起させないための、環境上の諸条件の根はいまだに深い。

だからこそ、先天、後天に関わりなく気を触発させ強化する気育の回路を、家庭を含む教育の場で創生することが求められている。日本人の心底に隠されてしまっている忠誠心を呼び覚ますには、それしかないと思う。

この76年は負の意味でしか触れられていない近代日本の戦争において、世界各国から賞賛と敬意をもって見られている日本軍による戦闘行為の数々。その由来を尋ねると、結局のところ最高統帥権者に辿り着く。この存在からの命令であったがために、名も無い兵士は果敢に戦闘行為を展開したのであった。その最初が、１９００年の義和団の乱における北京の外交団の救出からだった。

占領下にできた戦後教育の枠組みでの学習指導が、最も正しい歴史認識と錯覚している者は、いまだに多い。その洗脳された思考からは、戦時での日本兵士の勇猛さを、軍国主義教育と軍国主義者に洗脳されたためだと、ほとんど心底から信じ込んでいる。この心理的な惰性が継続する限り、占領下に原型のできた戦後教育の汚染は継続することになる。76年経っても、である。汚染された頭脳では、ここで記された内容など、沙汰の限りでしかない。

最高統帥権者であった昭和天皇は、「雑草という名の草はない。すべてに名がある」と述べられた。この一言の意味するものを、ソ連軍がベルリンに近づいてから独裁者ヒトラーの弱いドイツ民族は滅んでもいいとの確信？ に基く、シュペーアに発したという焦土戦術の命令、ソ連軍の最高統帥権者であったスターリンが死の直前に、「もう誰も信じられない」とつぶやいた、さらに日本人を動物視して原爆投下を命じた米大統領トルーマン、モスクワで東風は西風を圧すると、原爆戦があっても中国は3億人は残ると豪語した毛沢東（七章三節、二、を参照）と比べればいい。日本に向けた軍国主義というレッテルがいかに軽薄で作為に満ちたなものかが観えてくるはずである。尤も、戦時日本では、鬼畜米英という表現が媒体で横行はしたが。ここにも昭和の軍部と日露戦争時の旅順陥落後の乃木司令官による敵将ステッセルへの接遇の在り方に、天地の開きを指摘せざるを得ない。

雑草はないと肝に銘じている最高統帥の下では、多くの兵士は極限まで戦闘行為を展開し得る。現在の上皇両陛下による元戦場の各地への巡礼のような慰霊に、統帥の在り様が継承されている。その兵士の気概の背景にあるものは何かを考えてみたい。

近代日本の国政で雑草の一人として国事に挺した頭山満という市井人がいる。政府に対して、独自の位置を貫いた。しかし、明治・大正・昭和では、想像以上の役割を果たしたのは、知る人ぞ知る、であった。明治天皇に対して敬虔な姿勢を保持して、毎朝、明治神宮に参拝し社前に額ずくのが習いであった、と言われている。

その頭山が自由に述べた『大西郷遺訓』という本がある。復刻もされている。

ここで頭山は多くの箇所でハッとさせられる言動をしているが、この稿との関わりでいうならば、以下の箇所であろう。頭山の権力観というか権力認識が端的に表示されているからだ。太閤秀吉と彼によって釜茹でにされたという石川五右衛門を比べている。風の吹きよで一人は頂点に、一人は一介でしかない大盗賊になった、というのである。無名の兵士には、そうした気概を有していたのも、それなりに居たのであろう。

日本軍の強さは、大勢としては下士官兵の強さであったが、その背景に脈々とあった精神は、上掲の二つの挿話、昭和天皇の感慨と頭山の処世観に象徴的に出ていると思う。池波正太郎の「長谷川平蔵」シリーズが根強く人気を得ている所以もそれである。平蔵のチームは、一介の密偵に至るまでそれぞれが処を得ているのである。

むすび　文明意識としての信を明らかにすると、覚悟が定まる

一、日本文明の国際力を強化するには

信とは何か。信とは正統性に根差している。そこで、義になる。歴代の米大統領が自国民にオウム返しのように繰り返す「人権と自由」は、大英帝国からの独立宣言にある。それを国としての信の中心に据えている。米国の大義名分の根拠である。この名分は、ベトナムで敗れ、アフガニスタンでも破れた。

民、信なくば立たず、とは、信と義が必ずしも一致しない出自のシナ文明とは違い、日本文明では義の所在を表していた。義があると信じられるから、民は立てたのだ。その法的な定義が十七条の憲法であったことは略述した（前掲、二章、二節、一）。しかし、敗戦後の76年、占領中から公的な権力は、古来の日本人が第二の自然にしてきた信の地下水脈をいかに枯渇させるかに狂奔してきた。それを民主化と僭称した。グローバリゼーションであらゆる心的なものがあいまいになりつつある時代状況で、日本文明は、地下水脈としての信の再興が現在ほど求められている秋《とき》はない。

それは、各人が主導権をわが身の内部に築くためである。それには、大自然と共生する幽顕一体の死生観を我がものにするところから始まるだろう。そこに気付くと、古来日本人も日本文明も、一人ひとりの生命の在り方をいかに大切にしてきていたかがわかるだろう。靖国神社問題も、無縁ではない。近代日本における信を構築する一つの仕組みであった、と理解すればわかるはずだ。

日本文明の自己意識化なり自覚なりを確認するための作業は、接触する他文明との関わりから、いやでも実感させられてきた。その実感が希薄になると、滅びが始まるのだろう。詭譎と真鋭の対比は、闘戦経の到達した問

題意識である。そして、兵法の対比を通して、日本文明の根幹とは何かを追求し言語化した。現在の日本文明を取り巻く環境の危うさを乗り越える回路とは何かを解くカギが、この先行事例に秘められている。

国家としての日本を担う選良は、グローバリゼーションに対して、サバイバルのために孫子の兵法から学ぶものが多々ある。パワー・ポリティクスの世界は近未来では無くならないから。とくに統帥に関わる国政エリートは、闘戦経の精神で孫子の技法を習得すれば言うことはない。ダメ押しをするが、あくまで「技法」の範囲、俗な言い方をすれば手練手管の分野である。だが、技法にはその背景に、それを支える価値体系がある。技法の範囲に止《とど》めるには、それとは全く違う倭教としての闘戦経に基づいて距離感を意識していないと、危うい。危ういとは足元を見失うということだ。

二、守るべき信と義が我が身にあるのを自覚する

この半世紀余の日本政治は、国民に対して、そうした見地のあることを一切示さなかった。いや、示せなかった。そういう境地を切実に我が身に必要としなかったからだ、ともいえる。むしろ回避することが政治の目標でもあった。「屈せられ」てしまったからだろう。欲望をそそり（「生之厚」）、それに応えるだけだった（前掲、九章、一節、一、を参照）。属地の政治はそれで十分だったのである。こうした言い回しは、吉田茂には酷だろうが、現在のていたらくを観ると、そのように言わざるを得ない。

「生を求むこと厚き故」だけから生じる有形無形の圧力によって、生き方の選択肢は一つではないという確信が持てないようになっている。生活面からも学校教育でも、そして知的にも著しく狭まっているところが問題である。闘戦経が在り方として掲げた日本文明が、いたるところに融解現象を起している。表層で起きる現象を見ると、融解は益々深化しているように思えてならない。

筆者は、多くの有為の歴史の軌跡を経て築かれた日本人の心情にある良質な部分は、そう簡単に変わらないと

思っている。東日本大震災の直後、親を失い短パンと下着姿の中学生の振る舞いは、ベトナムから帰化して警官になった者の魂を揺るがした。出動していた彼は、少年を可哀想に思い、手持ちの食物を与えた。すると、その少年は、それを被災民へ配布する机に置き、我が物にしなかった。そして配布する列の後尾に並んだという。こうした本性が危機に直面すると集団的に発揮されるかもしれない。孫子とは真逆の世界なのだ。

教育面では解決の回路作りは意外に簡単だとも前述した。闘戦経の各章の示唆するものから幽顕一体を感じられれば成功なのだ。そこから、再生の回路が出てくる。

幽顕一体を知の世界で確認するにはどうすればいいのか。荒御魂の生きる雄々しくありながら、和御魂《にぎみたま》による雅《みやび》を尊ぶ史実の記憶を継承するところに、その糧を確保できるだろう。雅は和《やわらぎ》と共生している。その記憶の継承は、生き方のフォームを形造る糧になる。

それらを体認すると感激が触発される。感激に基づいた生き甲斐を知るとは、死に甲斐を知ることでもあるから。すると、一人で居ても寂しくならない、と思う。一人でないから。

日本文明に基づく日本人の原形質を知ることとは、守るべき信（注124）と義がわが身にあるのを自覚することである。それは同時に、何を守らねばならないかの覚悟を定めることでもある。黙契の内容である。すると、「已むを得ざるにより動く」内容も、それぞれの天役によって明らかになってくる。

（注124）最後にやはり書き加えておくことにする。信は知ではない。従って「信」に「普遍性はなく、独断である。独断を以て、他の正誤を謂うは行き過ぎである」（中野本73頁）。我が信を大切にすればするだけ、独断だという見方を我が身に一分でも内在させる勇気こそが英気というものだろう。その程度や割合は別にして、剛の働きでもある。それは「失敗の研究」を必要とする認識と表裏にある。剛の希薄さが敗因の追求に向かわない心理学については、前掲の十章、三節、二、三、四節、三、を参照。

寺本少将の突き放した物の見方が統帥と国務の中枢に共有されていたら、日本は昭和20年8月15日に戦闘を止めてから

三、最小限度、後世の世代に伝えること

闘戦経の再生を、現代日本の通念からすると、独断と偏見と見られる角度から試みた。説明に用いるコンセプト、信や義はアナクロと受け止めるのが敗戦この方の常識だろう。それは織り込み済みである。闘戦経の在り方の後世への継承は可能だろうか。多くの偏見による壁と隘路がある。

日本文明という見方を考えても、伝えることの努力を惜しんではならないものが多くある。自分の判断する範囲の中で、最優先したいものを一つだけ選択して、心ある後世に伝える努力を惜しんではならないと思う。

筆者が選んだのは、継承すべきものへの嘲笑的な態度の戒めである。それは先人の知恵に足蹴を加えていることだから。敬虔な心情が我が身に生きていることの自覚がある限り、先達の真摯な生き方と死に方から到達した知恵と行としての振る舞いの贈り物は、その器量に応じて知りうる。それは、知る内容に応じて継承され得ることになる。

継承しようとする側が、目の前に在る対象に伝えることに絶望してもいい。伝えようと信じている度合いに応じて、同時代のどこかで受け止めたり到達していたりする者が居るかも知れない、ということを信じよう。信じるという行為は、気持の持ち方でもある。「疑えばすなわち天地は皆疑わしい」（第二十二章）。ということは、気持の持ち方によっては全て疑わしくなる、と闘戦経は説いていることは、先に述べた。ただし、疑わしくなくなるには、「万物の用いると捨つるとあり」（同上）と指摘して、その者の意志による選択のよろしきを得れば、との条件をつけている。

用捨という選択は、見方によっては一種の賭けでもある。それも現世における己の生としての存在を賭した。もしその選択を間違えて、捨てるべきものを用い、用いるべきものを捨てると、失敗に終わる。万物は味方して

くれないからだ。

だが、原則としての在り方で天地に疑惑を持たなければ、その折々の失敗は学習過程でしかない。そこで選択には覚悟が伴う。結果を我が身で引き受ける覚悟があれば、用捨という行為を懼れることはない。

四、愚直を遵守する生き方

そこから、あらゆる認識は勇気を伴っていることがわかる。この勇気の源泉とは何か。黙契である。黙契を支えるのは幽顕一体である。だから、信じるという行為に愚直であることを自覚していればいいだけになる。黙契は幽界との行き来に成立する。だが、我が身の体は顕界にある。顕界にある我が身が、なぜ黙契を必要とするか。それは顕界にある敵を自覚し認識するからだ。黙契は現世にある敵を明らかにするが故に、自ずと求められてくる動作なのだ。敵の無いところ、魂の弛緩は際限がなくなる。

その境地に立てば、行為する者にとっての天地にある万物は、究極で敵対的や破壊的な存在や役割ではないこと、さらに中立的でもないことを予感できるだろう。第二十二章の修辞は、紙背で読むと、味方になり得ると暗示している。生き方としての愚直さが活きると信じられる所以である。

愚直さに価値を置く生き方からすれば、詭譎を厭うのは自然な心の動きになる。詭譎は、愚直と反極にある心理だから。日本で職人芸が発達し、物作りで優れた作品が生活用品で豊富なのは、その証明でもある。口舌で売り込むよりも、物自体で相手に説得するのを尊ぶ方法なりやり方は、身近な事例では、先のトヨタ・リコールでの社長の言動や会社の動向にも、それは発露している(「舌を動かすこと勿れ」。第三十三章)。

古来、日本人は、たとえその局面で誤解を周囲から受けても、気持ちのどこかで安心していられるのは、天地神明にあるのだという信頼が生きているからだ。実際には詭譎が生きる世間でそうならなくても、信じられるのである。だからこそ、後世は、先達、それも愚直さに徹したことで不遇に終わった者たちの顕彰を惜しんではならないのだ。

愚直である自信は、自分の守備位置がわかっているからこそもたらされる。その位置は、何によって見定められるのか。尊敬する者から示唆されて受け止める場合もあるし、自ら求めて発見して、それを我が身に定める場合もある。いずれの場合も、その立ち位置に愚直に参入することだ。それを通して立身安命を得ることが出来る。たとえ、それが劣機、劣勢において、意を得なくともだ。通常は、人生とは意を得ないものである。一生を経ても、だ。

だが、自分は自分の道を黙契に基づいて歩んでいるという自信こそが、事態に対して主導権を持っていることを意味する。そして、そうした姿勢こそが敵とは何かを自ずから明らかにし、やがては明日の闘いに処する気力をもたらす糧なのである。そうした愚直な姿勢とは、忠誠ある姿勢の別の表現でもある。

そのお姿を昭和天皇の敗戦後の生き方に覗うことができる。陛下ほど敬神崇祖に忠なお方は稀だった。後世は、忠なるお姿を、御製を通して知ることができる。だからこそ、扉で紹介した「敗戦の原因」を率直に提示できたのである。


（了）

特論　Neutrino 超核兵器の発想に観る「我武」／アラブ知識人との意見交換から

平成22年12月下旬にエジプトである有力なイマームと意見交換をした。公職の高さで多忙な彼に表敬した後、一つだけ質問してもいいとの同行者の許可を得たので、核兵器の現代文明における問題性と、ニュートリノ(Neutrino)による核兵器無力化の理論的な可能性を提起した。

「核兵器は現在の地球を世俗化で蔽う西洋文明の象徴的な産物と思う。数年前にノーベル物理学賞を受領した小柴博士の弟子筋（菅原寛孝博士）が、カミオカンデでのニュートリノ実験結果に基づいて、超核兵器研究を進めている。その理論的な解明に基づく実物が出来上げれば、あらゆる核兵器を無力化できる。問題は、理論研究を実際の兵器にするには、それなりの初期投資が必要ということだ。一つの有力参考事例として述べる。ここには日本文明の叡智が具体的な動きで出ている」と。

ニュートリノによって核弾頭に未熟爆発（predetonation　早発性爆発、早爆、早すぎ爆発、などと訳す本も有る）を起こして、核兵器を無力化することが原理的には可能だ、と言う「理論」である。

この設問の真意は、状況としてイスラエルの核武装とイランの核保有への意欲という目下の現実がある。思想というか哲学とするか、在り方からして、核武装に核武装で対抗するのは愚策、むしろあらゆる核兵器を無力化し得るニュートリノの発想こそが、今後の地球社会で求められている現段階での最良策。拙見をどう思うか、と尋ねたのである。

イマームは、「プラスの力にプラスで対抗するのではなく、マイナスで対抗する発想は、イスラームの叡智でもある」、と応えた。

面談したいずれのムスリム知識人も、核に敏感だ。そして、欧米核保有国の2重基準に批判的である。イスラエルの核保有を黙認しておいてイランの核保有意志は攻（口）撃する。つまりは論理的にイラン支持になる。故に、発想として核には核武装ではなく核無力化兵器を、という当方の主張に多大の関心を示した。それは人類文明を全面的に破壊する最終兵器としての核は、西洋文明にある西洋ニヒリズムの極致と思うからだ。

わたしには、ニュートリノ理論が兵器として活用できるとしたら、そういう発想を生み出す日本文明に限りない誇りを感じる。それは21世紀という場において、闘戦経でいうところの「我武」観に基く象徴的な営為に思うから。軽微の破壊で無力化する発想は、敵への打撃を最小にして、かつ最大効果を引き出している。そこには破壊ではない共生が息づいている。


この発想者菅原博士の考えを闘戦経に引き寄せて考えるとどうなるか。第二十一章、第三十章、最も説得力のあるのは、第三十一章。鬼智と人智の関係に触れている。笹森は、近似している管子の「之を思い、之を思い、思うて通じざれば鬼神之を助く」を引用して、説明する（笹森本。１０７頁）。古代の知識人管子の心底が、日本人であるわたしにもきわめて身近に感じられた一瞬である。現世にありながら、鬼神の助けを意識しているからだ。これも幽顕一体の感覚と無縁ではない。

ニュートリノを兵器化する発想は、現在の事態に当事者として臨んでいるところから生まれる。しかも事態に主導権を握ろうとする意志の働きでもある。当事者とは、自分たちのいる世界に責任を分有して生きていることを意味する。傍観者なり、随伴者なり、あるいは従属者なりでよしとするところからは、決して生まれてこない発想である。剛の発揚でもある。

そして、核兵器の使用による双方の殲滅ではなく、自分のサバイバルと共に、相手をも生かし得る志向は、毛沢東の現代世界に対峙して産み出した人民戦争—核戦争論と完璧に反極にある。ここが大事なところである。核兵器についての受け止め方では、ユーラシア大陸を出自とする西洋とシナの両文明の一面にある覇権を追うところに生じる負の特徴である虚無観に根ざした妄念を感じざるを得ないから。

同じアジア世界にありながら、日中両文明の軍事（兵事）は、思想的にも心情的にも全く相反している象徴的な事例がここにもある。産霊《むすひ》としての「我武」と破滅に向ってもよしとする東洋ニヒリズムとしての人民戦争。私は、イマームの発言が言挙げとして有難かった。二人は、地球への志として共鳴し得たからである。

拾遺

『闘戦経』の解読の仕方に観る時世

――神島二郎・片山杜秀の思索から

はじめに

第二次大戦が国際社会に日本の敗戦で終わったのは1945（昭和20）年9月。敗戦後に、いわゆる戦中派の発言者として敗戦に至った日本を思想課題にして取り組んだ一人に、法学博士神島二郎がいる。

占領初期に占領軍の命令による「教職員適格審査」（注1）や公職追放により、あるいは自発的に退職して、占領軍が進駐してきた以前にいた選良がいなくなった特殊環境下の日本の学界で、主権を失っている新しい環境から戦時日本や近代日本を思想課題として扱い、占領軍の執拗な思想検閲（江藤淳による実証的な解明がある）に及第し、矢継ぎ早に日本軍国主義あるいは日本ファシズム批判の論稿を発表したのは、東京大学法学部助教授（当時）丸山真男である。神島はGHQ公認のスターになった丸山の弟子の一人である。通説では、神島は丸山政治学と柳田国男民俗学を繋いだところに独自性を得た、ともいわれているのだが。

（注1）教職適格審査については、後掲の四節、三、の（特注）を参照。

神島と丸山をつなぐ回路あるいは共有するものは、日本占領の特殊性を踏まえれば明らかになるだろう。その神島は、闘戦経の提示した表現を、後述のように日本思想史解釈の有力なキー概念として用いている。その神島の解釈を多少の留保をつけはしたものの、無批判に用いたのが片山杜秀である。その解釈の恣意性の実態を、以下明らかにしつつ、そうした恣意が根強い背景にある現在の時世の特質をも暗示しようと思う。ここでいう時世とは、戦後という時代思潮というか時代風潮といってもいいだろう（注2）。

そうした敗戦後の時世に抗して、闘戦経の本質はそういうものではないという見地からの、ほとんど戦後育ちによる思索もある。後掲の窪田哲夫や家村和幸である。時代思潮に抗するそれらの立ち位置も明らかにしておきたい。闘戦経を扱いながら、否定と肯定の二つの見方が生じる理由も明らかにする。すでに本文で明らかのように、わたしの立ち位置も今の時代の通念に抗している。

（注2）その一例は、東アジアにおける中華思想について、韓国での「小中華」から引き出して日本の「中華」思想まで
に及ぶ、比較中華思想史論を展開した古田博司にも見られる。彼の開拓した見地は興味深いので、他に扱うつもりだが、闘戦経について、「海軍大学校で『闘戦経』を講義した禅の大家、寺本武治海軍少将」は、現実無視の「多くの『儒者軍人』を『徳育』した」と、冷笑した。抽象的な観念に溺れて、冷厳な現実を無視した、といいたいのだ。その旨を明言している。だが、そのシニカルな批評には、敗戦後のステロタイプ化した戦時の軍人への批判を素直に受けるあまりに、闘戦経も観念的だとの一方的な思い込みが露骨に示されている点では、片山と認識を共有している。なぜなら、高みからの論《あげつら》いではあるものの、その内容にまでは及んでいないからだ。読んだのかしらん。同『東アジアの思想風景』56頁。岩波書店。1998年。

読んでいないのだろう。また、寺本は軍人としての職務を全うするためには、現実を無視しては成立しないことを知っていた。その一端を教え子で心服していたらしい源田実が自著『海軍航空隊始末記』で紹介している、海軍大学校での授業風景に覗うことができる。実松譲『海軍大学教育』からの孫引き。200～203頁。光人社NF文庫。1993年。

なお、敗戦を迎えた数日後に寺本は海軍軍令部の参謀であった高松宮に会い、闘戦経についての下問に応えていたという行《くだり》が実松の前掲書にある。その内容がどういうものだったのかの記録はない。だが、『高松宮日記』（中央公論社）には、面談の記録もない。不文の部分に関心が湧く。

一節　神島による戦争体験の受け継がれ方

一、神島二郎の「真鋭」解釈

神島は、ＮＨＫでの市民講座で放送した内容を、後にまとめて『政治を見る眼』（ＮＨＫ　ＢＯＯＫＳ。日本放送出版協会）として刊行した。わたしが目を通したのは新版である（平成３／１９９１年）。

神島は、１９４２年（昭和17年）に東京帝国大学法学部政治学科に入学。翌年の学徒出陣で入隊、44年1月から8月にかけて予備士官学校に入校。同年12月からフィリピンに派遣されて、現地で敗戦を迎えている。収容所生活をして46年1月に帰国し復員。復学して47年に学部卒後に大学院特別研究生になり、49年に修了している。典型的な戦中派である。この軌跡は、彼にとって自分の戦争体験だけでなく、そうした事態をもたらした総体を嫌悪すべきものにしている。同書の「おわりに」でも、「あの戦争で失った『いのち』はすべてまったくムダ死にであった」（１９８頁）と断定しているくらいだ。

神島は、「従来一般に闘争の拠り処は暴力＝武力だと考えられがちだが、それは間違いである。暴力が拠り処になるのは、闘争ではなく支配である。闘争の拠り処を直截に示すのはマナであり、これが平安末期日本の兵書＝『闘戦経』に受け継がれて「真鋭」と呼ばれた」。闘争の根拠を、ここで唐突に「マナ」＝「真鋭」とした。彼にとってこの付会はなぜかの背景は記されていない。直観による？

此処で用いられた「マナ」とは、メラネシア島嶼の人々が信じる精霊現象を指している。転じて、民俗学の用語で超自然的な力を意味している。まま、憑依霊の働きにもなるようだ。

神島は続けて、「真鋭とは鋭さを最高度に研ぎすまされた極限の士気であり、斃れて後止むのではなく斃れてなお止まず、死にかわり生きかわって貫通せずばやまぬ「最期の一念」と同じである」（121頁）。そうした一念は長じて、「切腹といい、「死に狂ひ」の武士道といい、第二次大戦中の「玉砕」戦術といい、この論理から出てきたものに外ならない」（同上）。

神島が描くようなこの種の直情径行な働きを論理と称していいものかの懸念はさておいて、さらに、ほぼ結論として、以下のように断定する。西欧キリスト教文明と比較して、「神人隔絶教の伝統と神人合一教の伝統の下では、その現われ方がおのずと違っている。わが国において真鋭の観念が結晶し、西欧において人権の観念が形成された…」（127頁）という展開になる。

ここには、闘戦経のキー概念ともいえる「真鋭」は、彼も理想として追求すべき西欧文明のもたらした人権と対比して、「ムダ死に」をもたらした諸悪の根源になっている。そこで、日本文明の産物は、唾棄すべき遅れた非近代の反動の象徴としての地位しか与えられているに過ぎない。ここには、一連の戦後民主主義者のもつステロタイプがある。

この執拗な攻撃的な言辞には、自分の青春を曰く言い難い真鋭とかいう非合理的なマナによって振り回された、とするやり場のない憤りがある。同世代の多くは戦死、戦病死、場合によってはニューギニア戦線のように餓死するのを余儀なくされた、と看做している。その修辞の仕方は、明らかに憎悪が込められている。そうさせたのは、西欧文明によって作られた「人権」に基づく近代性とは全く無縁な、珍妙な心的な作用であった。そのように思えば思うだけ、自虐による無間地獄に落ち込むことになるのだが。

二、片山杜秀による「神島・闘戦経批判」の継承

片山は、『未完のファシズム「持たざる国」日本の運命』（新潮選書。2012年）で、副題にある昭和「日

本の運命」の最終局面での解明に、神島の闘戦経解釈を全面的に受け入れて、さらに精緻に追求し跡付けた。大戦末期の未完ではあるものの日本ファシズムの様相作りに決定的な影響をもたらした、と考える文脈を提示した。

真鋭については、笹森本の釈義を解読している。ただし、神島の解釈が先行しているので、偏向した読み方になる。それは、真鋭を「勝ち負けの合理的予測とは関係なく、死ぬまでひたすら闘うのが「真鋭」であるという神島説を継いでいるところに出ている（前掲書。２４２頁）。

しかし、片山が部分的に引用する笹森の釈義に、そういう表現はないことを片山本の読者は知らない。片山が大胆に意訳した笹森の釈義は、「常に正々、恒に堂々と真鋭をかざし、光明昭々、大道蕩々と進むべしとするのが、『我武』の本然の教えである」の行であろうか（笹森前掲書51頁）。この部分は、真鋭という表現の登場する第八章の釈義の末文である。

では、真鋭という表現は何から生まれたと笹森は考えたかを、彼の記述から参考までに触れておこう。『孫子』「九変篇第八」一の文中にある、「鋭卒には攻むること勿かれ」（金谷前掲書訳。「鋭卒勿攻」）の注にある「鋭は精鋭なり」に、闘戦経の作者は留意した、と考えたのである。その意を深めて、「精鋭と云わず真鋭という所に更にすぐれた絶対的の鋭さを示す日本的意義がある」（同上）、と笹森は読み評価した。引用文にある注とはどの孫子本の注か、その原典は不明である。因みに、金谷本には、この注は無い。

片山は、神島の解読した前掲の「勝ち負けの合理的予測とは関係なく、死ぬまでひたすら闘うのが「真鋭」であるという」「この神島の解釈が正しいとすれば」（２４２頁）、との前置きというか留保をつけている。つけてはいるものの、「物量において負けると分かっている戦争をなぜしたのであろうか。」「神島の問いへの答えの一端も、実は「真鋭」にあるといってよいでしょう」と、結局は共鳴し加担している（２４３頁）。笹森が存命で片山の解釈ならない牽強付会の見解を読んだら、どういう反応が生じたであろうか、気になるところだ。

片山は、『戦陣訓』（注３）の作成に関与もしたらしい中柴末純（注４）の思索展開にも、上掲の闘戦経の認識が全面的に活かされている、との判断を下した。この部分での片山の見方は、神島の「発見」から思い至った認識と共棲関係にあると見ても不自然ではない。この部分での片山の執拗な探索は、今回の試みでの白眉の部分であろう。なるほど、そういう展開になるのかと寒心するからである。

（注3）本文「七章、二節、四、『戦陣訓』の視野狭窄と『持久戦』の長期政略」を参照。

（注4）同『闘戦経の研究』昭和19／1944年。本文「四章、二節、一、」の（注49）に引用している。

二節　闘戦経の解読で見落とされているもの

一、闘戦経は勝敗度外視への沈溺を認めているのか

片山は、「「真鋭」という、勝ち負け生き死にに関係なくがむしゃらに闘い続けるのを純正な戦士の態度として称揚する概念は、中柴の戦争哲学を大いに力づけました。この哲学は、『戦陣訓』の「攻撃精神」や「生きて虜囚の辱を受けず」にも直截に接続していきます」（275〜276頁）と捉えた。

その結果、戦局が厳しくなった、つまりは敗色が濃くなった末期になると、中柴によって、「玉砕こそが軍上層部による見事な作戦指導であると述べ」るまでになったと、その倒錯現象を指摘している（282頁）。中柴の前掲書『闘戦経の研究』は、その理論構成になる。神島流にいえば、「マナ」が全面に出て来て、すでにオカルトの世界に軍上層部が支配されているかの描写である。この行での片山の説得力は高い。

では、神島、片山の二人の解釈は妥当なのか。二人の解説なり解読なりを読んでいくと、とんでもないミスリードに我が身を委ねてしまうことになるのに注意しなければならない。ミスリードの判断が妥当かどうかを知る

には、常識にゆだねるしかない。

神島説も、それを援用した片山解釈になる闘戦経観が妥当であるかどうかは、原典に直接に当たってから判断するのが常識であろう。そこで、誰にも分かりやすい最も卑近な面に留意して、検討してみることにしよう。それは、この小見出しにあるように、勝敗度外視が真鋭の本質であると観るのが妥当なのか、闘戦経の原典から眺めてみることにする。

原典の二つを取り上げる。第十七章と第五十三章である。読み下しの仕方は既往の他と同様に、笹森による。また、必要に応じて彼の釈義も参考にする。元来が漢文風なので、読み下しの仕方で解釈も微妙に変わる場合もあることは、拙本文でも指摘したところだ。

前者は、「軍なるものは、進止有って奇正無し」（第十七章）。

軍事行動とは、進むこともあれば止むこともある、と明示している。止むとは、「斃れて後止む」だけではなく、矛を収める場合もあることの示唆である、あるいは他日を期しての休戦もある、とわたしは読む。後に続く「奇正無し」は、進む場合も止める場合も正々堂々という在り方を示唆しているのだ、と思う。

場合によっては敗戦も含めた休戦も有り得るのを示唆し補完しているのは、第二十七章である。「取るべきは倍取るべし。捨つべきは倍捨つべし。鵄顧し狐疑する者は智者依らず」。

「捨つべきは」の行は、敗戦の心構えとしても受け止められうる。

第二次大戦における広島と長崎への原爆二発の投下、弱みに乗じてのソ連軍の満洲、内蒙古への侵入により加速した日本の終戦決定。御前会議でのポツダム宣言受諾可否で、最高中枢の見解が割れた際の「聖断」と後に表された降伏条件の潔さに、それは表出しているではないか。中立国を通しての日本政府の要求は文書に残されている。「国体を護持しえて」と明言した終戦の詔勅は、それを意味している。そこにはからくも智者による知が活きていた、と思う。俗語にある、身を捨ててこそ浮かぶ瀬もあれ、である。

問題は、身の捨て方に懸っている。自力の捨て方か、それとも「時運の趨《おもむ》くところ」（詔勅にある修辞）、流れに身を任せるか。前者だとするところに、この史実の本質を後代へ記憶として継承することの大事さが浮上されてくる。どうやら、終戦時の閣議は、時運をもってきたことによって、時の流れに身を任せてしまったようだ。だから、同時代の一介の予備士官上がりの神島や、その解釈を継承した後世の片山らの問題意識をもたらしてしまったのである。時運に委ねた「輔弼の臣」により構成されていた閣議の罪は重い。想像以上に重い。

その経緯は、関西師友協会編『安岡正篤と「終戦の詔勅」』（ＰＨＰ研究所。２０１５年）を参照。

二、「玉砕の必勝哲学」は「用兵の神妙」とは無縁である

後者は、最期の章である第五十三章。「用兵の神妙は虚無に堕ちざるなり」。

片山が痛恨を込めてと思うが解析した結果は、中柴も関係した『戦陣訓』に集約的に用意されていた「玉砕の必勝哲学」（前掲書同上頁にある小見出し）が、闘戦経の内在論理の産物だという断定である。たとえ「持たざる国」という制約があるのであれ、それを自覚したところでの到達した結果と観るのは、明らかに初めに結論ありきの論理展開である。闘戦経の基軸概念である「真鋭」がそのような倒錯をもたらしたとする「論理」は論理にもならず、浅い。

神島が想定し片山が紹介した中柴のカッコつきの信念は、「真鋭」に裏付けられていたと観ていいのか。わたしには、中柴の倒錯論理は、闘戦経のいう「虚無」の範囲の働きに括られるとしか思えないからである。終戦の詔書案作成で義命の代わりに「時運」を持ち出しそれに乗って違和感を抱かなかった前掲の閣議の面々も、そうした気分と無縁ではない。

その深浅はともかくとして、神島も片山も、二人はなぜかこの五十三章の示す境地を重視しなかった。その示

唆するものは、実に興味深い。彼らの感受性に触れなかったところが、奇妙といえば奇妙なのである。彼らの思考回路の不明なところだ。

後世からの見方ではあるが、常識的に考えて、「第二次大戦中の『玉砕』戦術」（前掲、神島の言）には、どこに「用兵の神妙」があるだろうか。どのように拡大解釈しても、ありはしない。戦術にもならない。国家の存亡を賭しての政策と政略に裏付けられることが求められる統帥の発動とは無縁な思い込みであった、と観るのが穏当であろう。こうした心理操作は、目前の戦場における下級指揮官の在り様でも困る。「真鋭」の原義とは全く関係ないから。

むしろ、そうした幻想、「百万年の昼寝かな」（注5）が統帥の中枢を占拠するに至った経緯と由来を、多元的にクールに解析する必要がある。戦闘と戦争の間にある違いの分別に混迷がある。戦闘の管理における合理性の欠如の生じた背景にあるものとは何であったか、である。ありていには、中柴のような現状追従の頽廃が生じた所以を明らかにする作業が残されている。それについては、本文（注6）では、闘戦経・第四十章にある敗将の条件の意味するところをどう受け止めたらいいのか、丁寧に追求したところなので、繰り返さない。

この問題は、日本文明の在り方に起因すると大げさに考えるまでもなく、後述（三節、二、を参照）のように、多分もっと簡単ではないかと思う。

（注5）陸軍特攻の生みの親視されている大西瀧治郎の辞世の句の末節

（注6）十章　敗者の条件、一節　剛を志した昭和の将帥たち。十三章　将帥（指導者）の生まれ方、一節　かくも素晴らしき選良有資格者論があるか？　等を参照。

三、精神主義への沈溺は『闘戦経』の本質か?

古典の中国思想を専門とするらしい湯浅邦弘は、『軍国日本と「孫子」』(ちくま新書1127)という見方によっては卓抜な題名で、明治から大正・昭和、さらに敗戦を経ての軍の消えた戦後日本をも視野に入れて、「孫子」が日本人にどのように受容されてきたかの経緯を明らかにした。

ここで言うところの「卓抜」とは、あまり深い意味はない。その内容はともかく、刊行は時宜に叶っている。著者が、私の言う「時宜」をどこまで自分の問題意識に入れているかどうかは別にしてだが(注7)。この著作を、注で扱うかどうか迷った。だが、その接近の仕方から本文に入れても問題は生じないと判断した。要するに、神島、片山と同系統なのである。

此書の内容は、近代における日本の軍事面での展開から、その折々の日本人研究者による反発と否定も含む「孫子」解釈の軌跡を追っている。ここで著者は、満洲事変や五・一五事件からの世相の変換を意識して、『闘戦経』執筆の動機であり問題意識であった「孫子」評価の再検討が始まったという。時代の思潮がこの古典、しかも忘れられていたこの書を復活させた、と言いたいのである。こういう接近の仕方は、概して読者をして安心させるものだ。なんとなく得心できるから。だからこそ困る、というのが私の見方でもあるのだが。

湯浅は、『闘戦経』に関して、直接間接を問わず、五つの論考を取り上げる。最初は、海軍兵学校編で昭和9(1934)年に刊行されたこと。テキストに用いられていたことを紹介している(187頁)。次いで、ここでも負の意味で取り上げた、敗色が庶民にも覗えるようになった1944(昭和19)年に刊行された中柴末純の著作、最後は、海軍有終会の機関誌に発表された、ミッドウェイ敗戦後に反省の意味もあったらしい海軍中将・市村久雄による「大東亜戦争と孫子」である。海軍の場合、闘戦経がテキストになり、10年を経て、その一つの段落が市村の論考というのは、湯浅の暗示でもあろうか。

湯浅は、中柴の著作を『闘戦経』の精神を継ぐものと断定している。そうした解釈では、神島と片山の同類であろう。その最初の例証が、本文に入る前に、軍人勅諭、大東亜戦争開戦の詔書、戦陣訓が掲げられているのは、闘戦経の志向や思考と、この三つの文書の趣旨は一緒であることを中柴は示唆しているのだと、湯浅も片山と同様に見ているから。その判断は間違っていない。だが、私の解釈からすると、それは戦局の悪化に乗じた中柴の妄想でしかない、とは前述した（例えば、本文Ⅰ部一章一節、四、「真鋭を構成するもの」を参照）。

湯浅の断定する、中柴は『闘戦経』と『戦陣訓』とをつないでみせた」（197頁）というのは妥当である。だが、それは中柴が「戦陣訓」に強引に結びつけただけで、ここでの追求にもあるように、その結び付けが『闘戦経』の内容を規定するものではない。例えば、「第九章　兵の道は能く戦うのみ」を捉えて、これでは「兵法」はなくなり、後に残るのは精神の問題だけになる、「兵術、兵法はその意味を失ってしまう」（189頁）と断定している。闘戦経は、戦闘という行為を可能性の技術とは考えずに、ただ我武者羅に勝敗を無視して突き進む教えであるか、にしてしまっている。中柴の解釈はそうだったろうが、それで闘戦経が終わりはしないのは、すでに本文で明らかにしたところだ。

また、湯浅が書き下し文として引用し、本文でも重視して引用している笹森順造の解釈とは真逆にあるのも確かであるから。湯浅は、近代日本の「軍閥」批判では徹底している笹森の理解を一顧だにしない勇気の持ち主でもある。勇気というか思索の偏頗な態度である。

笹森は、軍閥を構成した面々は、闘戦経の伝えるものを学ばなかったと激烈に批判している。軍閥が称揚した精神主義と闘戦経の在り方にある「精神」の意味づけは無縁であったのを、釈義で明らかにしたのである。しかも、その釈義の追求の原型は、戦時中であったところに深く注目せざるを得ない。中柴と笹森は、真逆な関係にあった。それに応えない湯浅や、さらに片山は、不思議な思考の持ち主である。書き下し文は活用しているからこそ、その偏向した思索の罪は重いとしなくてはならない。

（注7）湯浅による「軍国日本」という命名はあるいは、習近平が抗日戦勝利70周年の講話や75周年記念日での座談会での発言で執拗に豪語するように、そうした意味で時宜を得ている。超限戦流であるいは「認知戦争」（cognitive warfare）での強意で言えば、不要に自ら「敵を利する」という言い方もできるだろうか。

三節　二つの反証から浮上する別の視点

一、米軍から見た『日本軍と日本兵』

神島や片山の精神史解釈でいけば、玉砕を作戦指導とするような倒錯が罷り通った「現実」は、もっぱら真鋭のなせるわざとなっている。

しかし、目前の敵である日本軍の生態を、前線で実際に戦闘していて捕虜になった日本兵からの聞き取りや作戦行動の実際から、戦闘に役立てるために1942年から46年にかけて記録された米陸軍軍事情報部の編集になる月刊『情報公報』には、別の日本軍と将兵の姿がある。そこでの記述から覗える内容は、かならずしも真鋭即「玉砕の必勝哲学」を裏付ける現象だけとはいえない。その内容を『日本軍と日本兵』と題して整理して紹介した近著がある（一之瀬俊也。講談社現代新書）。

著者は、「はじめに――我々の日本軍イメージ」で、冒頭に片山の前掲書を取り上げて「注目すべき一冊である」としている。しかし、上述の米軍側の実証文献を閲覧調査した上で、「太平洋戦争時の日本陸軍は顕教にもとづく「玉砕」ばかりを絶叫していたのではない」（前掲書、八頁）、との実証に基づく反論を記している。片山の史実認識の軽率さを明かにしている。

特徴的な事例を、ここでは一つだけ挙げておこう。本文でも紹介した大岡昇平による『レイテ戦記』（注8）

にも出てくる米軍上級将校による、満洲の関東軍の最精鋭であった第一師団の作戦行動への評価は興味深い。つまり、戦闘という行為で最も必要とされる合理性が第一師団の将兵の動きに活きており、「戦闘は天皇のための死という強固な決意ではなく、適切な戦術上の教義に基づいていた」という。「無思慮な突撃、無意味な犠牲、戦術上の原則違反はほとんどなかった」（198頁）。当然とはいえ、べたほめである。

（注8）大岡は、この米軍高級将校の観察を視野に入れてはいるものの、彼の戦記の基調ではさほど重視しているようにも見えない。日本軍の作戦行動を評価すると、彼の考える全体の枠組みに狂いが生じるとして、避けたのかどうかまではわからない。この辺りの評価は微妙である。大岡は神島と同様に、前線で指揮統率に振り回されたと信じている一人だから。

補給の欠乏による兵站の不十分ななかでの戦闘は、最期には作戦行動を必要としないバンザイ攻撃しか選択肢がなくなったのかもしれない。しかし、将校からは、「天皇のための死よりも生きることの必要性を説きはじめ」、「我々に生の哲学は死ではなく、任務達成の度合いによって解決される」「と無謀な玉砕戦法を戒め、生きて徹底抗戦するよう兵に求めたのであった」（212頁）。これは米軍側の記録である。

このように戦闘という現場での日本軍は、指揮官によっては、敵側の米軍から見て合理的とみなされる行動をとっていた事例が常識であったと思われる。硫黄島における栗林中将もそうだ。だが、戦争指導という大局的な取組みが求められる統帥中枢で、本土決戦やスローガンとはいえ一億玉砕が叫ばれた末期においては、「空気」（山本七平）として、前掲の第五十三章の提示した「虚無」にも至らない退嬰心理が浸透していたのではないか。しかし、それは真鋭とはまったく無縁であった。闘戦経での表現を用いれば、「我武」を喪失したやわな感情への沈溺であった。

二、「玉砕、特攻」が制度化した背景理由を探る

戦法にもならない玉砕という表現が出てきたのはアッツ島の全滅であった（1943年5月）。出来事の実際に反して、当時の大本営を構成する敗将群による国民に向けた犯罪的な情報操作による演出があったのは、NHKスペシャル「玉砕　隠された真実」（2010／08／12）に解明されている。全滅を玉砕にした陰謀といってもいい共同作業には、大本営中枢による事実認識からの逃避が明白になっている。因みに、NHKのこの番組では、最高指揮官であった大元帥陛下が、玉砕という下司からの報告に接した際の、あまりに悲痛な重ねての指示の挿話には触れていない。創作という説もあるからか。

全滅を隠ぺいし玉砕と美化する工作にこそ、軍官僚による組織犯罪としての「共同謀議」がある。この種の韜晦《とうかい》というか創作は、「兵を学んでの敗将」（『闘戦経』第四十章）らによる弱さの産物と看做していい。個人の死生観の在り様が、制度化した集団自殺の強要にまで変異してきているのが覗えるから。そこには、日本ファシズムは無責任の体系と攻撃したのは、こうした出来事においては一面で妥当であろう（同日本軍国主義批判3部作を参照）。

戦争を経営する立場、あるいは兵を戦場に送る統帥を担った選良たちの中からは、敗色が濃くなるに従い、顕教であろうと密教であろうと、このような倒錯した形容矛盾や論理矛盾を、当初は建前であれ「逃げ」であれ、確かに共有するようになった場合もあったのであろう。前述のように、そうした事態は、投げやりともみられる職責放棄に陥った様相を呈していると観ることができるのは、一概に否定できない。

命じる立場にいる者つまり将帥の責任は、そこに、一介の兵士とは違う在り方あるいは倫理と態度が求められるはずである。それは、時に兵士のそれと真逆の場合もありうる。戦場や戦闘に送ることを命じるとは、死と隣り合わせになる状態を求めることでもあるからだ。統帥を担う中枢にある者は、弾丸や砲弾の行き交う実際の前

線にはいない。

「玉砕、特攻」が戦局の悪化とともに制度化した背景を解明することを惜しんではならない。問題は、一元的に解釈できるとするかどうかである。そして歴史を訪ねて、唐突に「発見」した例えばマナをコンセプトを当てはめて決めつければ済むのか。

一つの有力な参考になるのは、ハンナ・アーレントの『イスラエルのアイヒマン』で提示された「凡庸な悪」(the banality of evil) という概念であろう。別宮暖朗は、前掲書『帝国陸軍の栄光と転落』の締め括りを、「危機においてサラリーマン化した軍人たち」という小見出しにして終えている。サラリーマン化した「凡庸な悪」の感性による同様な現象は、本文でも触れたように、3・11からの福島原発の危機に遭遇した東電の中枢と官邸トップや高級スタッフの動向にも覗うことができる（古賀茂明『日本中枢の崩壊』講談社。2001年）。

アッツ島から度重ねる援助要請を結局は無視して、玉砕と言いくるめる振る舞いに見られるのは、明白に「凡庸な悪」である。この振る舞いには、絶望的な戦いを強いられている現場としての戦場にある兵士らに対しての痛覚を感じ取れない。大本営発表でラジオに向って「玉砕」と称して虚偽の言辞を放送したあの軍人の、敗戦後の生き方を追ってみたい気もする。補給の途絶えた戦場で戦うのを余儀なくされた兵士との「関係性」が切れているように観えてならないから。昭和の戦時という異様時での日本人論の一つになるだろう。

三、問題の整理と分別が必要のようだ

敗戦末期の統帥中枢の醜態は、神島が発見し片山が援用した闘戦経の摂理とはあまり関係がない。「死ぬまでひたすら闘うのが「真鋭」である」とはいうが、別宮は、高級参謀の「多くは、太平洋戦争に敗北し米軍が進駐したあと、米軍に雇われて糊口をしのいだ」（前掲書、240頁）と呆れている。本文で指摘した陸軍選良の服部卓四郎の生き方は、この事例にあてはまる。

召集されて生き延び復員した無名の兵士の多くは、敗戦後の混乱で生活に困窮していた。かつての敵国に奉仕する高級軍人の出処進退に見られる有様を、神島や片山は「死に狂ひ」になるらしい真鋭とどう結びつけて説明するのだろう。服部（注9）らは例外として済ませるのか。こうした現象はブラック・ユーモアにもならないアイロニーでしかない。シェイクスピアのいう、悲劇と喜劇の転倒現象である。悲劇は、つねに喜劇と隣り合わせになっていることが、これほど端的に出ているのも珍しい。

（注9）服部の軌跡は、本文の九章、二節、三、の（注97）に紹介してある。

アッツ島の全滅でも遺憾なく発揮された大本営における陸大出身者という選良による創作行為については、本文でも触れた（「十章、一節、三、統帥を担う者たちの戦争指導は、コピー作りに堕した」を参照）。では、特攻はどのように理解したらいいのだろうか。この戦術ならない自殺行為も、「玉砕の必勝哲学」と同種類ではないのか。それは、本文で、この「作戦」（？）を開始した海軍将官大西滝治郎のふるまいから推察したところである（注10）。

（注10）本文、十章、二節、一、特攻隊という統帥の外道にも継承されたか真鋭、を参照。

すでに出発時で、「統帥の外道」という自覚があった。敗戦必至の極限状況での作戦にもならない非常手段である、との認識があった。しかし、制度化されるに及んで外道という自覚が統帥側に薄れていき、当然視されるようになった、というのが定説である。しかし、海軍中堅による証言『反省会』（NHKスペシャル 2009年8月9日‐11日・「証言録 海軍反省録」PHP研究所。2009年）によると、軍令部ではどうやらすでに検討されていて、敗戦後は大滝にすべてをおっかぶせたようである。

志願という初期の在り様が、「志願の指導」という転倒した行為になっている。ここにも、指導した側と志願させられた側の「関係性」の内容に注目せざるを得ない。発端にある出撃すれば必死の「真鋭」の働きは、制度化にいたって、明らかに消えて指導する側の退廃が生じていないか。この分別を間違えてはならないと思う。

従って、玉砕という創作行為と共有するようになるのは、外道であったはずの特攻が制度化され「変則」の常道になってからであろう。全滅を玉砕と言いくるめる創作にも、外道を制度化して不思議としない日常化作用の退廃にも、指揮権を有している上層部での「凡庸な悪」が万遍なく働いていたと観た方が自然であろう。

それに比して、玉砕命令に内面はともかく外面では黙々としたがった兵士たち、特攻志願を指導されて燃料のないところでの充分な訓練もなしに乗機して戦場に向かった若い搭乗員の切実な心情を想うと、繰返すようにその落差には迫るものがある。この行為は、本来の意味での「真鋭」に相当するのだろう。

神島も片山も、このあたりの分別にはあまり興味はないようである。それは、こうした作戦にならない諸行為が日本文明の根幹にある「死に狂ひ」の真鋭の産物であると看做さないと、二人の模索し文脈付た論理に一貫性が無くなるからである。すると、別宮が批判した「死に狂ひ」を軍内外に称揚したはずの高級軍人による、占領後の出処は説明がつかなくなる。

四節　相反する認識がなぜ生じるのか

一、闘戦経の境地を否定する者と肯定する者

神島は予備士官としての戦争体験を有している。敗戦後に、その経験を思索してか、彼流儀の直感か閃きにより「真鋭」やマナを見出し、解釈することで納得に辿り着いた。復学してから以後、長年にわたり、戦時の我が身と周辺を振り返り、合理的な妥当な解釈はそれしかないと考えるに至った。１９６３年生まれの片山は、その

境地を援用しての文脈追求による歴史認識は、上述のようになった。この二人による断定の根拠は、日本文明の到達した境地を否定するところにある。

一方、本文で取り上げた、刊行順序からいえば、窪田哲夫『「闘戦経」日本最古の戦略思想』と、家村和幸『闘戦経』は、闘戦経の内容を丸ごと肯定する見地に立っている。二人のうち窪田は、表紙に、「正々堂々、人生を闘う指針」と記し、家村は、「武士道精神の原点を読み解く」と記している。

彼らと神島の二つの見地が折り合う場所は無いようである。否定と肯定が折り合うはずもないからだ。だが、一致するところはあるように思う。肯定する二人は明言はしていないが、否定する二人の昭和史への評価では同様の立場を取っているように思われる。

それは、１９４５年の敗戦は日本文明にとって「致命的であった」という見方である。後者の二人の著作には、昭和日本の戦争についての記述はない。敗戦は致命的という見地では、多分、神島や片山と同じでも、その判断に至る経緯や文脈は全く違うからだと思われる。二人は、明言してはいないが、闘戦経の明示するものに従っていれば、敗戦はありえなかった、という見地にある、と推察するからだ。笹森と同様と見ていい。

しかし、それを明言したくない。それは、窪田の場合は、旧軍人大橋武夫を師と仰いでいるからかもしれない。旧軍批判は、神島もその一人だが、旧日本を批判し総否定する側が、敗戦以来継続してやりすぎるくらいやっている。昭和の統帥批判に結果的であれ同調することは、総否定に同調しているかに見られる。それに強いて加担する必要もない。わかる者にはわかるという、闘戦経の黙示を弁えているからだろう。

自衛隊と防衛大学校出身の家村も同様ではないかと推察する。それまでの職域で真摯な旧軍人との接触もあったであろうから。二人の先人へのこの謹慎と謙譲の心根を評価したい。この禁欲の姿勢こそ、闘戦経の示す在り方の一面でもある、と思う。そして、神島と片山には旧軍のそうしたひとかどの人物との触れ合いや文章からの触発は無かったようだ。

窪田と家村二人の振る舞いにある礼譲の在り方を評価するものの、そろそろ昭和の戦争という国史にとって「致命的」の内容を、闘戦経の世界認識から解き明かす試みに着手してもいいのではないか。それこそが、闘戦経の伝えるところを世に啓蒙する有力な手段ではないか。

そこでの批判的な研究は、肉を切らせて骨を切る手法というか接近になるのだろう。それは、闘戦経の境地から見れば「敗将」（第四十章）であったとみなさざるを得ない中柴らの言辞に象徴的に出てくる、圧倒的な環境変化に即応できない弱さに由来すると推察される、現状を無為に糊塗する性癖などの告発の試みである。そうした試みあって、神島の見地や片山の思索の持つ皮相な面を暴露することができるのだ。と同時に、そうした作業は、昭和の統帥を担った中枢の知見の狭さや浅さ、そして弱さ、その結果から生じる命令を下す側に在った者としてのけじめのつけ方の甘さをも明らかにするだろう。

二、行為的な認識と観照的な認識の距離と錯誤

闘戦経の示す摂理を、神島と片山は「玉砕の必勝哲学」というパラドックスの論理をもたらした原因、と捉えた。窪田や家村は拙見に反対しないと思われるが、わたしは、『戦陣訓』に象徴される妄言の作成を「敗将の論理」のもたらしたものと捉えた。この食い違いの生じる背景にあるものは何かを明らかにしないと、闘戦経の摂理は神隠しにあったように、現在という時世から消えていくだろう。現在ほど求められている時機は無いにもかかわらず。

第四十章の将帥論がわかるには、行為的認識が求められる。中柴のような倒錯した論理は、闘戦経の期待する将帥からは決して生まれない。闘戦経が求める将帥からすれば、玉砕の必勝哲学は観念遊戯でしかないからだ。さらに言い募れば、「持たざる国」という現実を前にして「心先づ衰ふる」（第十四章）ところから出てきた、窮余の理屈ならない自滅の論理であろう。「用を得て体を得る者は変ず」で、「兵を学んで剛に志す者は敗将となる」

（『闘戦経』第四十章の一節）そのままを歩んだ一人が中柴である。

「玉砕の必勝哲学」という論理が生まれた背景を考える必要がある。行為的な認識と観照的な認識の違いである。将帥にとって、戦争を経営するとは、第一に兵站を整えることである。片山風に言うなら、それは密教である。顕教は兵を起こすことの大義名分とそれに基づく必勝の信念の鼓舞であっても。兵站とは、第二十九章がいうところの「食うて万事足り」である。従って、食えない、つまりは「持たざる国」認識を踏まえての、玉砕という必勝哲学は、闘戦経の世界観とは無縁の倒錯した観念操作でしかない。

そうした操作に比重がかかっていることに中柴らが気付かなかったのか。気づいていて、重視しなかったとしたら、確信犯罪である。気づかなかったとしたら、事態を受け止めるのに、行為的な認識ではなく観照的な認識に沈溺したからである。つまりは、観念としての修辞に逃避したのである。

ここでの逃避とは、言霊の悪用である。悪用は、敗戦という現実の前に、その意図するものはうたかたのように消えた。観念はいくらでも飛躍は可能である。だが、食えないという現実に飛躍はない。もたらしたものは敗戦だった。敗戦に至る理由は色々と挙げることはできる。が、「陸軍若手エリート参謀は軍功に興味がなく、省部からの転出を左遷と思い、アメリカに対して戦争をやる意義も勝算もわからなかった」と論難したのは、別宮である（同書240頁）。いくらなんでもそれが全てではなかろうと思うが、かく見ると、敗戦を招来した有力原因は、出世欲は旺盛な、しかしその性根は「凡庸な悪」（H・アーレント）（注11）党らにより、なるべくして成った事態であった、と言える見地も成立する根拠がある。なんとも凡庸な、あまりに凡庸な事態ではあるからやりきれないが。しかし、ここには神島が想定した「真鋭」に基いた「玉砕への遁走」は、全く感じられないのも確かだ。

（注11）同『イスラエルのアイヒマン―悪の陳腐さについての記録』。1963年に雑誌『ザ・ニューヨーカー』に連載したアドルフ・アイヒマンの裁判傍聴記録。訳書『イスラエルのアイヒマン』みすず書房。

三、近現代を通してのヤワな「知」の働き

日本文明の軌跡から自覚された貴重な結晶である「真鋭」を、こうした事態に当てはめて理解しようとする安易でヤワな知性にもならない知性?それをもたらした近現代日本の思潮史とは何であったのかの考究が、片山の推論がまだ評価されるような世相では、益々求められている。高学歴者が有するこうした思考の弱点ないし意志薄弱は、何から生じているのか。それを問題意識とするのは、1945年の敗戦と占領中に育成された知識人の輩出が、現在に至るも継続している由来を追求することをも意味する。こんな有様では日本はまた敗れる。

昭和の戦争を経営した統帥中枢に浸透していた陸大の教範を作ったメッケル(注12)に始まり、『統帥参考』(注13)を経て、『戦陣訓』に至った、剛を志した敗将の修学と作為の系譜も、占領中である戦後の公認された知の先行条件になっているのも観えてくるだろう。戦後に公認されていた知の胡散臭さについては、既成概念の破砕が求められている(特注)。

以上の紹介からも、闘戦経の基軸概念である「真鋭」が、勝敗を度外視したマナの働きなのだという憶説は、一つの理念型(idealtypus)?になりえたとしても、かなり強引な牽強付会とみなすのが穏当であろう。

(注12) 本文、十章、一節、一、「兵を学んで剛を志す者は敗将」となった昭和日本、の(注100)を参照。

(注13) 本文、七章、二節、四、『戦陣訓』の視野狭窄と『持久戦』の長期政略、を参照。

(特注) 占領中のGHQに指導された文部省による教職適格審査という思想統制についての実証的な分析は、池田憲彦『占領下における教職〝追放〟(教職員適格審査)〜文部省の自己総括と大学の適応過程の検証〜』。しかし、占領軍という外力の指示を名分に行われた、日本弱体化ではないポツダム宣言流にいえば日本民主化を実際に展開した文部官僚の手法の原型は、昭和戦前の思想統制における文部行政にあった。

その解明は、同じく『文部省による思想管理の実態〜昭和5(1930)年から16(41)年の拓殖大学史から〜』。高等教育情報センター(KKJ)のウエブサイト「〝私論公論〟の場」Vol.1-4を参照。

いずれも、国家官僚にとっては、主権のあった敗戦以前の日本であれ、主権を失った占領下であれ、思想信条が操作対象になっているのに抵抗がないのがわかる。軍官僚の作為と同時代性で共有しているのは、改めて指摘するまでもない。

こうした軽さは、「上滑り」の文明開化＝欧化＝近代化の果ての、思考にもならない思考形態である。「凡庸な悪」、強いて言えば「凡庸な小悪」がここでも横行し、現在もさほどの変化はない、と見ていいのかどうかの検証はしていない。

理外の理、法外の法、そして戦略戦術の範囲にも収まらない、「玉砕、特攻」が統帥を担う中枢による「必勝の哲学」にまで昇化する現象は、敗戦が必至の予感が統帥を担う選良に浸透した結果であろう。明治・大正と栄光の日本帝国を継承したと思っていたはずの昭和の選良たちは、偏頗な欧化技術で育成された知的空間における視野狭窄から来る半ば見通しの悪さにより、彼我の比較もままならず、不明の自覚も薄かった。

そこに、戦局の悪化という予期せぬ事態の現出に、要は狼狽えてしまった。そのあげくに見当識を失った結果が「玉砕、特攻」の制度化に収斂していった、と観ていいのであろう。後世の我々は、負の極まった成果による史実として受け止めていかねばならない。淡々と、である。繰返すまでもなく、彼らは闘戦経で指摘する敗将そのものだったのだ。闘戦経に内在する理義とは無縁である。

戦争経営における、または指揮統率における大破局を、劣った日本文明が未曾有の危機に遭遇して保有する病的な論理の働きで対応した過程と観るか、表面上の欧化の移入に健気に取り組んだあげくに、常識に根ざす自立した判断力を欠いて、収拾できなくなって破綻した過程と観るか、で事態の様相認識は全く姿を変える。

神島はマナである真鋭を発掘したとして、先祖がえりしたのだと強弁した。片山も、その文脈を多くの資料を渉猟して跡付けた。窪田と家村は、豊富な経験や追体験に基く思索を通して、闘戦経の提示するものから多くの智慧を修得会得いや体得して、後世に伝えようと試みている。どちらの成果も得るところ大であるのは、受け止め方一つである。願わくば、行為的な認識が望ましい。我が身の知力の鍛錬と強化になるからだ。

五節　素直に継承すればいいのに

一、再度、黙契という心的作用を考える

観照的な認識に照射されて浮上するものの印象と、行為的な認識に照射されて浮上するものの理解には、どうやら本質的な違いがあるようだ。それは現実の観方や把握の仕方と相関している。つまりは、大局としての事態の展開を把握し省察するのに、内因外因の相関をその折々でどう観るかに懸っている。それは、事態への関わり意識と関係しているからだ。観照では事態とは無縁である。そこで、戦闘・戦争を問わずインテリジェンスの大事さが改めて痛感させられる。それは、現象認識における合理的な姿勢とは何かを不断に問われていることを意味してもいるからだ。

ここでインテリジェンスという思考の生きるための背景条件を、改めて考えてみよう。ここで提起した二つの捉え方の生じる認識上の背景環境である。認識する対象とのつながりの仕方に、全ての始まりがあるような気がする。本稿本文では、「つながり」という関係性を表す心的な作用である有力な一例として、死生観をベースに置いた「黙契」を取り上げている。近代的な認識の世界では排除された心の在り方であった。

ではここで、心的作用での不在から生じる限界を敢えて指摘しないのはなぜか。読み手の思索に委ねる意図があるからだ。ことは、真逆と観ていい判断が生じる所以を明らかにする試みである。この種の思考過程では、用心に用心を重ねてもいい。

対象との繋がりの仕方に触れた。対象との間に繋がりを拒んだ者、関わりを一切断ち切ったところに始まった考察が、現象把握における近代科学一般の認識での通念である。神島の接近方法の背景でもある。そこには、一

見すると客観性を意図しているようだが、以前にその対象の中に居たという記憶があるために、その記憶されている内容への絶縁意志が働いている。そのために、対象への憎しみに近い心理衝動が働いているように思える。多分、本人は、客観的と思いこんでいるが、気づかないうちに被害者意識が働いでいるのであろう。

だが、こうした衝動は神島だけのものではない。敗戦後に日本列島は勝利者である主力は米軍という連合軍の占領下に置かれたことによって、あらゆる知的な営為の公表は独特の管理下におかれた。それはGHQのプレス・コードを見ればいい。

GHQにしてみれば、ポツダム宣言に即した方針、現在から見ればマインド・コントロールを自明にして下部を構成する「日本政府」に接した。前項の（特注）に記した「教職員適格審査」も、占領政策の一環である。その意図に反するものは公表の機会を与えられなかった。与えられ奨励されたのは、継承を前提にしたあらゆる「黙契」を全否定する言辞であった。継承そのものを悪とする、当時の言い方では軍国主義とレッテル張りをして一蹴する論理体系が囃された。メガネに叶うと、印刷する紙の配給があった。

敗者の恨みは占領者に向けさせない心理工作とは、全ての「悪行」を旧体制に転嫁させればいい。その計算された誘導に、屈折していた敗者心理と被害者意識は乗ったのである。そこには、どこまでの自覚があったのか。過去を否定するところに新日本・平和国家が建設される、と錯覚したようである。現象を把握する認識力の劣化であろう。この種の劣化は剛とは無縁の反極にある弱さに起因している。

ここで、継承を不可避とする「黙契」（注14）は、世迷言の反動とされた。だから、継承を意図する笹森の釈義は、片山や湯浅にとっては一顧だにしないでも、何等の心理的な抵抗はないのである。本来は、自分の帰属するはずの文明とは無縁になっている。
（注14）本文、「三章　黙契を成り立たせる信、一節　黙契という心の在り様」、等を参照。現代日本では死語となっていることの表現は、闘戦経の骨格を知る貴重な回路の一つである。

二、現実に即して事態を把握できないのは

神島と片山は、昭和の統帥を構成した者たちの限界を、日本文明が元来から蓄積していた思考形態にある極致に由来すると断定した。突き放した内因重視である。そこには、近代日本の文明開化における「上滑りの」欧化思考に、高等教育を受ければ受けるだけ沈溺した結果から招来した、限界がある側面への省察は全く無い。自分たちもその只中にいるにも関わらず、だ。神島による真鋭と「人権」の対比で得心したのは、彼の知の限界が直截に露呈している。

神島らが理想とする近代西欧文明での人権が、第二次大戦前ではどういう代物であったか、実際を眺めてみよう。第一次大戦後の1919年に、ベルサイユで開催された講和会議の延長から設立が意図された国際連盟の規約制定に際して、日本代表団が提出した「人種差別撤廃」明記要求の扱いに見られる。

議長であった米大統領のウイルソンは議長職権と称して議案を没にして、米国に帰国、つまりは緊急避難してしまった。多数決では容認されていたこの条規を、ウイルソンが議長として許容したら、帰国後に殺されていた、と想像するのは容易い。アフリカ系米国人の公民権拡充を進めていたケネディが暗殺される（1963）58年前のことである。オーストラリアやカナダも上程には強硬に反対。

豪州では、原住民であるアボリジニは移住者の英国系によって、動物扱いでまだ暇つぶしに殺されていた記録が残っている。カナダでは、最近になって原住民の子供が親元から隔離された集団で埋葬されている事例が発見されている。ここには彼らのいう代物、近代ヒューマニズムの内実が露呈している。神島は、アボリジニの事例は少し調査すればわかったはずである。しかし、一顧だにしない。片山も同様である。

ウイルソンの2重基準は、国内の奴隷解放後のアフリカ系の人々の差別撤廃が、米社会では実際上から不可能と判断してのものであった。アフリカ系の人権を認める余地はなかった。当時の欧米世界（the West）の人権

意識では、カラード日本人は便宜的に名誉白人でしかなかったのである。

神島の視野には、このあたりの現在に至る深刻な問題性への顧慮は無い。だから、臆面もなく、西欧文明のいうところの人権を不磨の大典のように振りかざすことができる。さすが南原繁が総長をしている大学に戻っただけのことがある。

日本の国際政治史を扱う者たちも、前年に出したウイルソンの14か条を「民族自決」を謳ったといって称揚するが、これはハプスブルグ帝国崩壊後のヨーロッパ内の問題処理で述べたのに過ぎない。非西欧である the Rest は「民族自決」の対象に入っていない。GHQ御用達の「戦後民主主義」で育った今様の学者の多くは、日本代表団の提示した人種差別撤廃の提案とウイルソンの14か条の質的な違い、どちらが近現代史で意味が重いか、には触れない。ローカルな問題とグローバルな問題の軽重にも気づかないのだ。軽い歴史認識に基くこの知的な鈍感さは犯罪的である。

ここには、西欧文明に即自的に範をとることに全く違和感がない思考が息づいている。だから、問題対象への接近の仕方への反省もありえないことになる。そして、この種の欧化知識人の皮相さがいやでも印象づけられる。

欧化に触発された知識人といっても、青山学院の院長にもなり日本クリスチャンとしても一流、文武両道の伝統的な知識人でもある笹森のような存在もある。神島が、西欧キリスト教文明の精華として「人権」を持ち出し、真鋭と対比して後者を貶め、さらに非近代性を象徴するマナと看做していたことを知ったら、その非合理的な思索にならない思索に、笑止として黙殺したであろう。近代西欧文明を高みに置くことに全く抵抗がない神島のような態度は、the West の偏見としての安易なオリエンタリズムの風潮に自ら参加する愚を演じている、としかいえないからだ。

むすび　自《おのず》からなる『闘戦経』の読み方

神島や片山の観念遊戯と違い、窪田や家村には、そうした軽薄さはない。現場での試行錯誤を通しての体験から掴んだ行為的な認識がある。いや神島とて、過酷な戦争体験があるではないか。その戦場体験を窪田や家村は有していないではないか。そこは、どのように判断したらいいのか。

問題は、体験の受け止め方にある。窪田は、敗戦後の日本社会での、当初はＧＨＱの奨励した労働運動の中で、基本的「人権」を掲げながら職域倫理を無視した革命を求める当面の敵との遭遇において、これは破壊への無限連鎖だから間違っている、という確信を得たのだろう。そうした選択では、家村の行き方も同様であったと推察される。ここには、敗戦と占領という未曾有の事態が続く中で、範を勝者にとるか敗者にとるかの深刻な選択があったはずである。二人は、『闘戦経』を読んで、その到達した境地に自己発見をした場合が多かったはずである。その得心に不自然さもなかったと思う。

神島は志願して戦場に臨んだわけではない。素直に国家の命令に従っていただけだったのであろう。だからこそ、敗戦を迎えての心理的な反動はややこしい過程を経ることになる。その思考は一種の自壊行為になっている。そうした表現が冷淡なら、幻想を抱いて現実を裁断しているというべきか。または、臆断の自説に基づき虚空に虹を掴める、と思っていたのか。

本文で明らかにしたように、占領統治の意図と、それに基づいた心理環境が、とくに知の世界ではいまだに強固であることを改めて痛感する。敗戦と占領下に置かれて、日本人が洗礼を受けた最大のものは、日本文明の根幹への懐疑心を助長することであった。前掲のバーンズの広言を見よ。その風潮は近代の文明開化で、高等教育世代にすでに蒔かれていた。そして、占領軍の意図したのは、統帥を成り立たせる従来の強固な忠誠心をいかに粉砕するかにあった。知の分野での革命が求められた。文明開化で、すでに地ならしの先行はあったのだが。

革命と言えばなんとなく聞こえはいいが、従前の日本文明の精神的な中核の破壊である。全てをご破算にしなくては牙を抜かれたカッコつきの民主主義社会にならない、と占領当局は考えた。それには、日本文明は基本部分で問題アリと思わせることである。その作業はいまだに猖獗し収まる気配はない。神島は確信犯であるが、片山や湯浅の場合、破壊の先兵の一人になっていることに気づかないところが、この種の「善意に満ちた」作為の怖いところである。

（了）

巻末

闘戦経・笹森順造釈義による仮名混じり読み下し文

若干の前置き

原文は漢文、したがって「読み下し」には違いが生じる。そこから、解釈も意味も微妙な違いが起きる。本来は、諸家の読み方の比較検討をすべきだが、その作業は取り組む後世の他者に任すところとする。ならば、原文をそのまま紹介すべきではないか。漢文の素養の無い者には異国語に接するようなものだから、関心のある向きは原典に当たられたい。漢文の専門家ならいざ知らず、歯が立たないと思う。

筆者にとっては笹森の「読み下し」が身近に感じたので、再録した次第。ただし、笹森の「読み下し」も漢文、漢書の素養のある世代のものなので、その素養から切れている現代の読者には、読みにくいことおびただしいものがあると思われる。仕方がない。必要最小限度カッコでひらがなを入れてある。（ ）は笹森の読み下しにあるルビである。筆者の補足は［ ］内である。その他、旧仮名遣いを今様に変えた場合もある。

なお、意図あって笹森が記したであろう各章の表題は省略した。

第一章

我が武は天地の初めに在り、しかして一気に天地を両（わか）つ。雛の卵を割るがごとし。故に我が道は万物の同根、百家の権輿なり。

第二章

これを一と為し、かれを二と為せば、何を以て輪と翼と諭（さと）らん。奈何（いか）なる者か、蔕（へた）を固め萃（はな）を載する。信なる哉（かな）。

天祖瓊鉾（ぬぼこ）を以て磤馭（おのころじま）を造る。

第三章

心に因（よ）り気に因（よ）る者は未（いま）だしなり。心に因（よ）らず気に因（よ）らざる者も未（いま）だしなり。知りて知を有（たも）たず。慮って慮を有（たも）たず、竊（ひそか）に識りて骨と化す。骨と化して識る。

第四章

金は金たるを知る。土は土たるを知る。即ち金は金たることを為す。土は土たるを為す。ここに天地の道は純一を宝と為すことを知る。

第五章

天は剛毅を以て傾かず。地は剛毅を以て堕ちず。神は剛毅を以て滅びず。僊は剛毅を以て死せず。

第六章

胎に在りては骨先づ成り、死に在りては骨先づ残る。天翁地老と強を以て根となす。故に李真人曰く、其の骨を実にす、と。

第七章

風黄を払い、霜蒼きを萎（しぼ）ます有り。日南して暖無し。仰いで造花を観るに断有り。吾武の中に在るを知る。

第八章

漢（から）の文は詭譎有り。倭（やまと）の教は真鋭を説く。詭なるかな詭や。鋭なるかな鋭や。孤を以て狗を捕へんか、狗を以て狐を捕へんか。

第九章

兵の道は能（よ）く戦うのみ。

第十章

先ず仁を学ばんか。先ず智を学ばんか。先ず勇を学ばんか。壮年にして道を問う者は南北を失ふ。先ず水を呑まんか。先ず食を求めんか。先ず枕を取らんか。百里にして疲る者は、彼れ是をいかんせんとする。

第十一章

眼は明を崇［たっと］ぶと雖［いえど］も、豈［あ］に三眼を願はんや。指は用を為すと雖も、豈に六指をもちいんや。善の善なる者は却って兵勝の術に非ず。

第十二章

死を説き生を説いて、死と生とを弁ぜず。而して死と生とを忘れて死と生との地を説け。

第十三章

孫子十三篇、懼の字を免れざるなり。

第十四章

気なる者は容を得て生じ、容を亡（うしな）って存す。草枯るるも猶（な）ほ疾を癒す。四体未だ破れずして心先づ衰ふるは、天地の則に非ざるなり。

第十五章

魚に鰭［ひれ］有り蟹に足有り。倶に洋に在り。曾［かつ］て鰭を以て得と為［な］さんか。足を以て得と為さんか。

第十六章

物の根たる者五あり。曰く、陰陽。曰く、五行。曰く、天地。曰く、人倫。曰く、死生。故にその初めの始を見る者は神たり。神にして衆人のために舌たる者を聖となす。

第十七章

軍なるものは、進止有って奇正無し。

第十八章
兵は稜［ろう］を用う。
第十九章
儒術は死し、謀略は逃［にぐ］る。貞婦の石と成るを見るも、未だ謀士の骨を残すを見ず。
第二十章
将に胆有りて軍に踵［きびす］無きは善なり。
第二十一章
先ず翼を得んか。先ず足を得んか。先ず背を得んか。背無き者は命を全くし難し。翼無き者は蹄を遁［のが］れ難し。足無き者は食を求め難し。嗚呼我是を奈何せんや。却て蝮蛇毒を生ず。
第二十二章
疑えば天地は皆疑わし。疑わざれば万物皆疑わしからず。唯だ四体の存没に随［したが］って万物の用いると捨つるとあり。
第二十三章
呉起の書六篇は、常を説くに庶幾（ちか）し。

第二十四章

内臣は黄金のために行わず、外臣は猶予のために功あらず。

第二十五章

草木は霜を懼［おそ］れて雪を懼れず。威を懼れて罰を懼れざるを知る。

第二十六章

蛇の蜈（むかで）を捕らうるを視るに、多足は無足にしかず。一心と一気とは兵勝の大根か。

第二十七章

取るべきは倍取るべし。捨つべきは倍捨つべし。鴟顧（しこ）し狐疑する者は智者依らず。

第二十八章

木火（や）け、石火け、水また火く。五賊倶（とも）に火有り。火なる者は太陽の精、元神の鋭なり。故に守って堅からず、戦いて屈せられ、困（くる）しんで降る者は、五行の英気あらざるなり。

第二十九章

食うて万事足り、勝ちて仁義行わる。

第三十章

小虫の毒有る、天の性か。小勢を以て大敵を討つ者もまた然（しか）るか。

第三十一章

鬼智もまた智なり。人智もまた智なり。鬼智、人智の上に出［い］づと。人智、鬼智の上にいづること無きこと有らんや。

第三十二章

戦国の主は、疑を捨て権を益すに在り。

第三十三章

手に在りては指を懐［おも］うことなかれ。口に在りては舌を動かすことなかれ。懐うと動かすとは将（まさ）に災心有る者は虎にして羊とならんとす。

第三十四章

変の常たるを知り、怪の物たるを知れば、造化と夢との合うがごとし。

第三十五章

胎子に胞有るを以て造化は身を護るを識るなり。

第三十六章
瓢は葛に生じ、毒は蝮に有り、芥子は須弥を入る。天地の性豈に少なしと謂（い）わんや。
第三十七章
先ず脚下の虵を断ち、しかして重ねて山中の虎を制すべし。
第三十八章
玉珠温潤なるは知か。影は中に在り。故に知は顧みるべし。炎火光明なるは勇か。影は外に在り。故に勇は進むべし。是れ陰陽の自然か。自然を以て至道となさざれば、至道もまた何をか謂わんや。
第三十九章
鼓頭に仁義なく、刃先に常理なし。
第四十章
体を得て用を得る者は成り、用を得て体を得る者は変ず。剛を先にして兵を学ぶ者は勝主となり、兵を学んで剛を志す者は敗将となる。
第四十一章
亀の鴻を学ぶこと万年、終にならず。螺［たにし］の子を祝すこと一朝にして能く化す。得ると得ざるとはそれ天か。

第四十二章
龍の大虚に騰［のぼ］るは勢なり。鯉の龍門に登るは力なり。

第四十三章
単兵にて急に擒にするには、毒尾を討つなり。

第四十四章
箭［せん］の弦を離るるは、衆を討つの善か。

第四十五章
輪の輪たるを知ればすなわち蜋［かまきり］の臂（ひじ）伸ぶべし。輪の輪たる所以を知らざればすなわち蜋の臂折るべし。しからざればすなわち智は初めにして勇は終わりたらんか。昔人船を作る者有り。或るひと問うて曰く、帆を作りて後、楫［かじ］を作るか、楫を作りて後帆を作るか。舟工、鑿［のみ］を擲（なげう）ちて曰く、子いづくんぞ洋海を渡る人たるを得んやと。

第四十六章
虫にして飛ぶを解するか。蝉［せみ］にして蟄することを知るか。一物にして二岐となり、彼を得れば是れなく、是れを得れば彼なし。

第四十七章

人、神気を張れば即ち勝ち、鬼、神気を張ればすなわち恐る。

第四十八章

水に生くる者は甲有り鱗有り。守る者は固きを以てす。山に生くる者は角有り牙有り。戦う者は利きをもってす。

第四十九章

石を擲（なげう）ちて衆を撃つは力なり。矢を放って羽を呑むは術なり。術は却て力に勝る。然りといえども兵の術は草履のごとし。その足健にして着すべし。あに跛者の用うるところとならんや。

第五十章

化して龍となり、雲雨を致さんか。化して虎となり、百獣を懼れしめんか。化して狐となり、妖怪をなさんか。龍となるものは威なり。虎となるものは勇なり。狐となるものは知なり。威は久からず。勇は欲［か］けやすく、知は実なし。故に古人は威に頼らず、勇に頼らず、知に頼らざるなり。

第五十一章

斗の背に向かい磁の子を指すのは天道か。

第五十二章

兵は本、禍患を杜（ふさ）ぐにある。

第五十三章

用兵の神妙は虚無に堕ちざるなり。

あとがき

本書の原題は「『闘戦経ノート』／日本文明／原形質の模索」であった。しかし2010年代後半から顕著になり過ぎた中国の露骨な覇権追求による摩擦が顕著になってきた。実際は容易でない事態になっているのだが、日本人の多くはノーテンキな状態である。そこで、『中国という覇権に敗れない方法』と名付けて、闘戦経の本義を明らかにすることにした。シナ古典の戦争学である孫子に、平安時代の末期に日本知識人は真正面から対峙していたからだ。

そして、相手が強面に出る背景には怯えがあることを、兵法で「懼の字を免れざるなり」（第十三章）で指摘している。対峙する前に腰が抜けていることにも気づいていない現在の知識人？　とは、立ち合う姿勢が違う。

本書と同時に別冊として、副題「令和版『闘戦経ノート』Ⅱ」、本題『「超限戦」に敗れない方法』を上梓している。

出版不況の現在、このような地味な論策を出版する勇気は、闘戦そのものである。斎藤社長をはじめ、関係各位に心からの感謝の意を捧げる。

検索を用いて、章文の引用頻度を調べてみた。闘戦経・五三章の中で、どこに私の関心が主に惹いているかを浮上させたかったからだ。以下の数字は、編集調整後のものではある。第一章と第二章は別格にして、最も多かったのは第四十章だった。16回も引用している。指導者としての将帥の資質に関わる「剛」について、闘戦経の示唆に相当衝撃を受けたことがわかる。

次いで、10回から12回に及ぶのは、第十四章、第二十二章、第二十九章、第三十章である。第二十八章は13回。これは、章文を読めば、わかるものである。我が思惟を想う時、なるほどそういうことかと一人合点をしたりした。


わたしは、現在における日本の思想的な混迷は、まだ当分の間は続くと思っている。それは立脚点が自前ではなく、かつ変則、そこで歪んでいるから。闘戦経で言うなら、第五十一章の、磁石は北を指す、という自明が不明なのである。ならば、その延長線上の思索に狂いが生じるのは当然のことである。その思索者の思惑を越えて、異様な転倒した結果に及ぶことになる。つまりは非常識な結論に至る。

では、その歪みは、何によって常態化されるのが自然の成り行きなのだろう。

やはり、日本列島の内外の状況が苛烈さを帯びないとダメなようだ。つまり、既存のヤワな思考では、とうてい事態を乗り切れない時勢になって、本源に覚醒する者が出てくる。そして、その覚醒を素直に受け入れる境地が台頭してくるのである。

アフガニスタンでの20年続いた内戦から米軍の撤退も、やがてボデイ・ブローのように効いてくる。それまでは試行錯誤を繰り返すしかない。では、その過程は無駄なのであろうか。いや、いずれ死屍累々となり果てても、それらの全ては、反面教師としては肥やしになり、それなりに有効になるのであろう。

中国による対日攻勢は超限戦略の一環であるが、この問題性については、別冊『超限戦に敗れない方法』にある二部「超限戦の攻勢に直面している日本文明」を参照。これは、前述の「事態を乗り切れない時勢」が近づいているのを示唆している。

本稿の結びは、現在は全く忘れられた山梨県中巨摩郡（旧）敷島村出身の歌人　三井甲之の絶唱「ますらをのかなしきいのち　つみかさね　つみかさねまもる　やまとしまねを」である。長々と記述してきたこの拙文は、甲之のこの絶唱にしかず、と思っている。

彼の心事から迸った「やまとしまねを」の大和島根とは、古代から国土の危機に遭遇した際に、敵を鮮明にし得て戦った丈夫《ますらお》によって守られてきたのである。

令和三年九月〇一日

著者略歴

池田 龍紀（いけだ たつき）

1941（昭和16）年生。父親の職業柄、北京、天津、南京で終戦を迎える。旧日本軍の厩（うまや）で集団生活に入るも、途中で我が家族だけ上海に。一年弱後に佐世保に引揚げ。父親の郷里、旧清水市（現静岡市清水区）に居住するも、後に朝鮮半島経由で帰国した父親の仕事で、静岡、名張市、木曽福島、古知野市と転々として、再び清水にもどる。小学校3年。

中学校、高校と郷里で卒業。上京して大学に進学。

20代の半ばに西欧に遊学。60年代後半で、西ドイツやフランスは新左翼全盛の頃。西欧に飽きたので人脈をたどり、西アフリカのケニヤ、クーデタ後の内陸のスーダンからエジプトなどを遍歴。イスタンブールを起点にしてヒッピー全盛の西南アジアを陸路行く。テヘラン、カブールなどに滞在。インド、ネパール、マレーシア、タイ、香港、台湾は高雄から台北を経て帰国。3年弱。

30代半ばまで、アルバイト生活。35歳から、政府系の公益法人で東南アジア、主にインドネシアでの地域開発事業計画に従事。この仕事が一段落ついたので、タイ農村での地域開発のパイロット事業の策定に着手するも、カウンター・パートの事情で壁にぶつかり、打開のために40代早々にバンコクのマハニカイ系の僧院にて得度。僧伽の活用を考えた。拠点作りの候補地で、紹介されたのは泰緬鉄道のタイ側の起点カンチャナブリ。意図する方角が逆だった。東北部の真ん中にあるコン県も提起されたが。

帰国後に辞職して、千葉で拠点作りのために農場を創設するも、経営に失敗して6年で撤退。

天安門事件の１９８９年の末に、北京大学から旧満洲のハルピンに行き、その後に主要都市の大学を歴訪。ソ連の動揺が中国の大学人に伝播しているのを目の当たりに。一方で鄧小平の改革開放路線が着実に浸透しているのを実感。翌年にハバロフスク経由でウラジオストックと旧樺太の豊原（ユジノサハリンスク）を度々視察。ソ連社会の本格的な動揺を知る。沿海州の某大学との間で協定を結び、ソ連崩壊後のビジョンに関わるプロジェクト事業を行った。中国人とロシア人の違い、日本人への対応の微妙な違いを知る。

１９９３年春に北京経由でモンゴルのウランバートルへ。帰国後に、ペシャワール経由でウズベキスタンのタシケント、カザフスタンのアルマータ（当時は首都）等を最初に訪問。

その年の秋から、数年間、或るプロジェクトを建て内陸アジア・５カ国のアカデミー関係者を集めて定期的に各地で研究会合を持つ。事務局はタシケントに。会長は最初の出会いのウズベクの出身者にし、当方は顧問に就任。会議は持ち回りにして、初年度１９９４年春はタシケント、次いで、翌年はキルギスのイシククル湖保養地、次いでアルマータ。ここではモンゴルからも参加。タジキスタンのドシャンベは内紛で治安上の問題があり避けた。最後はトルクメニスタンのアシハバードで開催。そこで締め括った。ソ連時代の負の慣習から自立性と国際常識に問題あり、世代が交代しないかぎり無理、と判断したからである。

１９９８年以後は、モンゴルに集中した。ソ連の影響下でも僧伽《さんが》が死んでいなかったのに注目したから。モンゴル仏教はチベット仏教の影響を受け、生まれ変わりを信じている。だから、高僧には清の時代から中共の文化革命の時代でも、統治者側から殺されるのを知っても淡々とその運命を受容している。武漢肺炎（コロナ）で飛行機の定期便が止まり鎖国状態のために、２０１９年11月を最後にして、訪問できない。

中国という覇権に敗れない方法
令和版・『闘戦経』ノート

令和3（2021）年12月8日　第1刷発行

著　者　池田 龍紀
発行者　青木 孝史
発売者　斎藤 信二
発売所　株式会社 高木書房
〒116 - 0013
東京都荒川区西日暮里5 - 14 - 4 - 901
電　話　　03 - 5615 - 2062
FAX　　03 - 5615 - 2064
メール　　syoboutakagi@dolphin.ocn.ne.jp
装　丁　　株式会社インタープレイ
印刷・製本　株式会社ワコープラネット

乱丁・落丁は、送料小社負担にてお取替えいたします。

定価はカバーに表示してあります。

 Printed in Japan　ISBN978-4-88471-822-0　C0031